全国河长制湖长制适用技术指南

河海大学河长制研究与培训中心
全国河长制湖长制适用技术指南编写组 组织编写
李一平　鞠茂森　主编

中国水利水电出版社
www.waterpub.com.cn
·北京·

内 容 提 要

本书共九章，介绍了河长制湖长制推进过程中实用或先进的河湖治理技术，分别为绪论、河长制湖长制“一河（湖）一策”方案编制技术指南、水资源保护技术指南、河湖水域岸线管理保护技术指南、水污染防治技术指南、水环境治理技术指南、水生态修复技术指南、河长制湖长制执法监管技术指南、河长制湖长制信息化建设技术指南，内容涵盖中共中央办公厅、国务院办公厅印发的《关于全面推行河长制的意见》《关于在湖泊实施湖长制的指导意见》中提到河长制湖长制的六大任务，可为各级河湖长的治理工作提供重要参考。

本书主要供全国各级河长或湖长、河长制湖长制执法监管工作者、河长制湖长制信息化建设者以及相关人员参考使用。

图书在版编目（CIP）数据

全国河长制湖长制适用技术指南 / 李一平，鞠茂森主编 ; 河海大学河长制研究与培训中心，全国河长制湖长制适用技术指南编写组组织编写. -- 北京 : 中国水利水电出版社，2019.6(2020.9重印)
ISBN 978-7-5170-7808-1

Ⅰ. ①全… Ⅱ. ①李… ②鞠… ③河… ④全… Ⅲ. ①河道整治－中国－指南 Ⅳ. ①TV882-62

中国版本图书馆CIP数据核字(2019)第142416号

书　名	全国河长制湖长制适用技术指南 QUANGUO HEZHANGZHI HUZHANGZHI SHIYONG JISHU ZHINAN
作　者	河海大学河长制研究与培训中心 全国河长制湖长制适用技术指南编写组 组织编写 李一平　鞠茂森　主编
出版发行	中国水利水电出版社 （北京市海淀区玉渊潭南路1号D座　100038） 网址：www.waterpub.com.cn E-mail：sales@waterpub.com.cn 电话：(010) 68367658（营销中心）
经　售	北京科水图书销售中心（零售） 电话：(010) 88383994、63202643、68545874 全国各地新华书店和相关出版物销售网点
排　版	中国水利水电出版社微机排版中心
印　刷	天津嘉恒印务有限公司
规　格	184mm×260mm　16开本　13.75印张　335千字
版　次	2019年6月第1版　2020年9月第2次印刷
印　数	2001—4000册
定　价	**68.00**元

本书编撰委员会

主　　任：徐　辉

副 主 任：孙金华　武文相　朱党生　范治晖　郑金海　鞠茂森

委　　员：陈凯麒　李贵宝　肖新民　徐剑秋　王沛芳　杨　涛
　　　　　唐德善　方国华　左其亭　李一平　黄海田　李伯根
　　　　　何伶俊　陈国松

主　　审：朱党生

本书编写组

主　　编：李一平　鞠茂森

副 主 编：王宗志　钱　宝　贾　鹏　田卫红　唐颖栋　张松贺
　　　　　赵　旭　张春雷　李兆华　蒋　咏　孙　哲　杜建强
　　　　　戚晓明　唐春燕　李景波　陈　刚

参编人员：杨　兰　章双双　黄齐东　常仁凯　包　晗　康　群
　　　　　朱立琴　蒋裕丰　汪金成　丁　雯　柯雪松　黄毕原
　　　　　张　瑛　赵杏杏　罗　凡　翁晟琳　赖秋英　施媛媛
　　　　　朱晓琳　周玉璇　魏鎏鎏　黄亚男　蒲亚帅　朱　雅
　　　　　程一鑫　徐芸蔚　潘泓哲　程　月　潘汉青

序

保护江河湖泊，事关人民群众福祉，事关中华民族长远发展。我国新老水问题交织，水资源短缺、水生态损害、水环境污染十分突出，水旱灾害频发。河湖水系是水资源的重要载体，也是新老水问题体现最为集中的区域。河湖管理保护涉及上下游、左右岸、不同行政区域和行业，十分复杂。以习近平同志为核心的党中央从人与自然和谐共生、加快推进生态文明建设的战略高度，作出全面推行河长制湖长制的重大战略部署。中共中央办公厅、国务院办公厅2016年11月印发《关于全面推行河长制的意见》，2017年12月印发《关于在湖泊实施湖长制的指导意见》，水利部2018年10月印发《关于推动河长制从“有名”到“有实”的实施意见》。在国家有关部门和各级党委政府的共同努力下，河长制湖长制已经在全国全面建立，省市县乡村级河长湖长总人数超过100万人，在实践中产生良好成效，为探索形成有中国特色的生态文明建设体制积累了宝贵经验。

全面推进河长制湖长制包含水资源保护、河湖水域岸线管理保护、水污染防治、水环境治理、水生态修复、执法监管六大任务，属于跨行业、多专业交叉的细分领域，对河长湖长和相关部门来说是责任重大，任务艰巨。要坚持节水优先的治水方针，用系统治理的思维，统筹协调综合施策。河长制湖长制的推行和落实过程中，不仅需要一定的行政管理手段，还需要相关专业知识，特别是涉水方面的专业知识。河长制湖长制的实施，涉及环境、水利、水务、海绵城市、水污染防治、生态修复、滨水景观等多种工程和多项专业技术，全流域治理需要综合性的技术标准体系支撑。由于我国还未建立统一规范的河长制湖长制技术标准体系，故上下游技术提供方之间沟通交流渠道不够顺畅，水环境综合治理领域还未形成完整的产业链，难以提供河长制湖长制实施中流域环境综合治理的系统解决方案。为解决该问题，服务河长制湖长制从“有名”到“有实”转变，强化对河长制湖长制工作的科技支撑，河海大学河长制研究与培训中心组织业内知名专家学者编写的《全国河长制湖长制适用技术指南》（以下简称《技术指南》）及《全国河长制湖长制适用技术细则》（以下简称《技术细则》）非常必要、非常重要、非常及时。

《技术指南》和《技术细则》中列举的适用技术涵盖了水资源保护技术、河湖水域岸线管理保护技术、水污染防治技术、水环境治理技术、水生态修复技术、河长制湖长制执法监管技术、河长制湖长制信息化建设技术等。充分借鉴了水利部、生态环境部推荐的相关技术，并充分吸纳了当今国内外常用的、成熟的先进技术。可以说，这是一套内容非常丰富的、很有针对性的河长制湖长制适用技术指南和细则，为河湖治理提供了科技含量高、操作性强、经济有效的技术依据。全国各地水环境状况和污染特征不同，技术使用单位可根据现场实际情况，因地制宜的选择单项技术或组合技术进行应用。希望借助此书的出版，促进我国流域综合治理的技术标准和行业技术标准体系研究，为维护河湖健康生命、实现河湖功能永续利用提供技术支撑。

2019年5月

目录

第1章　绪　　论

1.1　编制目的

河湖管理保护是一项复杂的系统工程，涉及上下游、左右岸、不同行政区域和行业。2016年11月，中共中央办公厅、国务院办公厅印发《关于全面推行河长制的意见》（以下简称《意见》）。河长制湖长制明确由党政领导担任河长湖长，依法依规落实地方主体责任，协调整合各方力量，有力促进了水资源保护、水域岸线管理、水污染防治、水环境治理、水生态修复等工作。很多河流实现了从“没人管”到“有人管”、从“多头管”到“统一管”、从“管不住”到“管得好”的转变，生态系统逐步恢复，水环境质量不断改善，“河畅、水清、岸绿、景美”的健康河湖正变成现实。截至2018年年底，全国31个省（自治区、直辖市）已全面建立河长制湖长制，共明确省、市、县、乡四级河长30多万名，四级湖长2.4万名，另有村级河长93万多名，村级湖长3.3万名，打通了河长制湖长制“最后一公里”。

2018年10月9日，水利部印发《关于推动河长制从“有名”到“有实”的实施意见》（以下简称《实施意见》），提出要聚焦管好“盆”和“水”，集中开展“清四乱”行动，系统治理河湖新老水问题，向河湖管理顽疾宣战，推动河长制尽快从“有名”向“有实”转变，从全面建立到全面见效，实现名实相符；提出要夯实工作基础，依法划定河湖管理范围，明确管理界线、管理单位和管理要求；建立“一河一档”，完善河湖基础信息；编制“一河一策”，明确河湖治理保护的路线图和时间表；抓好规划编制，让规划管控要求成为河湖管理保护的“红绿灯”“高压线”；推广应用大数据等技术手段，为各级河长决策和河湖的精细化管理提供技术支撑。当前我国治水的主要矛盾已经从人民群众对除水害兴水利的需求与水利工程能力不足的矛盾，转变为人民群众对水资源水生态水环境的需求与水利行业监管能力不足的矛盾。全面推行河长制湖长制，是解决我国复杂水问题的重大制度创新，是保障国家水安全的重要举措。

本指南旨在推进和规范河湖建设，系统总结涉及河长制湖长制工作中水资源保护、水域岸线管理、水污染防治、水环境治理、水生态修复、执法监管、信息化建设等的常用技术方法，细化各项技术的基本原则与内容，明确各项技术的适用范围与适用条件，为进一步解决我国复杂水问题、维护河湖健康提供参考依据，为我国河湖健康保障提供技术支持。

1.2　适用范围

本指南依据河长制湖长制《意见》与《实施意见》要求，广泛收集整理河长制湖长制信息与资料，汲取已成功实施全面推行河湖长制部分省（自治区、直辖市）的先进做法，可操作的技术案例以及国内外相关实用与适用技术。本指南适用于以下三个方面：一是指导河长制湖长制相关工作内容的落实；二是指导河湖长制各项任务涉及技术的设计、实施与维护管理；三是指导全国河长制湖长制制度规范化、整治技术科学化、执法监督高效化。

1.3 基本原则

本指南主要对河长制湖长制工作中常用技术方法进行了说明和阐述，供各级河长制湖长参考。在具体实施过程中，各级河长制湖长根据负责河湖（河段）的自然特征、资源开发利用状况、河湖地理位置、人文社会环境条件和区域经济发展水平，综合考虑河湖周边用地布局、污染输入类型和水体自净能力，选用适宜的河湖管理和保护技术体系。

1. 明确目标，整体规划

各地河湖管理保护工作要与流域规划相协调，强化规划约束。对跨行政区域的河湖要明晰管理责任，统筹上下游、左右岸，加强系统治理，实行联防联控。综合分析河湖（河段）水环境问题和水污染特征，合理制定水质目标，针对性提出治理任务，制订可行的总体方案和具体工作计划。

2. 因地制宜，综合治理

结合河湖（河段）水质特征、污染现状以及未来城市规划，明确水体功能定位和水质目标，合理应用点源、面源、内源污染控制和生态修复与水体水质保障等技术，提出治理措施和任务布局。

3. 协调同步，多管齐下

坚持政府主导，鼓励多渠道融资，与当地社会经济发展相协调，与各行业部门的计划、规划相协调。

4. 分类分区，控制重点

根据不同水体的特征，综合考虑区段内点源污染、面源污染、内源释放等水体污染的特点。优先选择污染控制的重点区域，划分控制单元，分类分区选择治理和保护技术。

5. 强化监督，公众参与

综合应用执法监管、信息化建设技术，强化全过程监督，建立湖库水体水质监测、预警应对机制。鼓励公众参与，接受社会监督。

1.4 工作流程

本指南编制过程中，充分调研了国内外河湖管理先进技术与理念，充分借鉴了水利部、生态环境部已经推荐的相关适用技术，并充分吸纳了当今国内外常用的、成熟的先进技术，经过大量的对比与分析，筛选出了河长制湖长制的适用技术。适用技术围绕《意见》中水资源保护、河湖水域岸线管理保护、水污染防治、水环境治理、水生态修复、执法监管六大任务涉及的主要技术展开，辅以信息化建设的智能辅助管理与决策技术，形成了《全国河长制湖长制适用技术指南》（以下简称《技术指南》）及《全国河长制湖长制适用技术细则》（以下简称《技术细则》）。《技术指南》中围绕《意见》中六大任务所需技术从整体宏观的角度在适用范围、技术要点、技术方法、限制因素、技术比选等几个方面展开论述，《技术细则》则注重单项适用技术的介绍，围绕技术简介、应用范围、技术原理、技术要点、技术必选、应用前景、典型案例等展开。《技术指南》和《技术细则》各有侧重、互为补充，共同为促进河长制湖长制从“有名”向“有实”转变提供技术支撑。工作流程如图1.1所示。

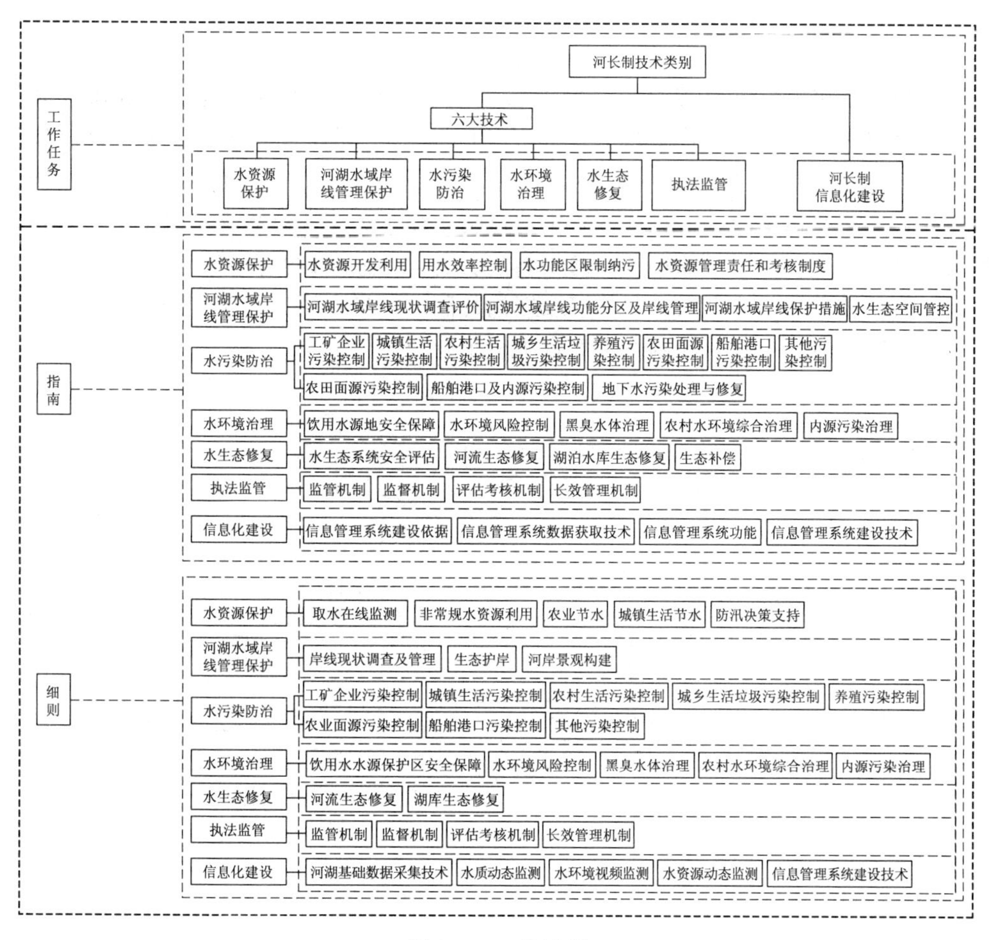

图1.1 工作流程

第2章　河长制湖长制“一河（湖）一策”方案编制技术指南

河长制是落实绿色发展理念、推进生态文明建设的内在要求，是解决我国复杂水问题、维护河湖健康生命的有效举措。“一河（湖）一策”是河湖治理保护的“路线图”和“施工图”，建立“一河（湖）一档”、制定“一河（湖）一策”是河长制湖长制精准施策的关键。河长制湖长制的最终目标不是定责追责，而是为了更好地保护水环境，解决各种导致水资源短缺、水质恶化的难题。河长制湖长制“一河（湖）一策”方案编制的技术指南路线图如图2.1所示，本章分别从河长制湖长制“一河（湖）一策”编制流程、河长制湖长制“一河（湖）一策”编制技术要点进行了介绍。

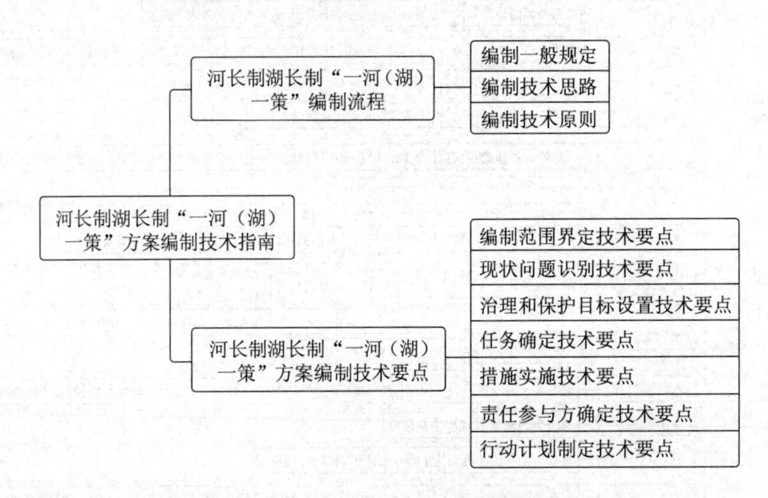

图2.1　河长制湖长制“一河（湖）一策”方案编制技术指南技术路线

2.1　河长制湖长制“一河（湖）一策”编制流程

2.1.1　编制一般规定

1. 适用范围

该技术适用于指导设省级、市级河长制湖长制的河湖编制“一河（湖）一策”方案，只设县级、乡级河长湖长的河湖，“一河（湖）一策”方案编制可予以简化。

2. 编制原则

(1) 坚持问题导向。围绕《意见》提出的水污染防治任务，梳理河湖管理保护存在的突出问题，因河（湖）施策，因地制宜设定目标任务，提出针对性强、易于操作的措施，切实解决影响河湖健康的突出问题。

(2) 坚持统筹协调。目标任务要与相关规划、全面推行河长制湖长制工作方案相协调，妥善处理好水下与岸上、整体与局部、近期与远期、上下游、左右岸、干支流的目标任务关系，整体推进河湖管理保护。

(3) 坚持分步实施。以近期目标为重点，合理分解年度目标任务，区分轻重缓急，分步实施。对于群众反映强烈的突出问题，要优先安排解决。

(4) 坚持责任明晰。明确属地责任和部门分工，将目标、任务逐一落实到责任单位和责任人，做到可监测、可监督、可考核。

3. 编制基础

编制“一河（湖）一策”，在梳理现有相关涉水规划成果的基础上，要先行开展河湖水资源保护、水域岸线管理保护、水污染、水环境、水生态等基本情况调查，开展河湖健康评估，摸清河湖管理保护存在的主要问题及原因，以此作为确定河湖管理保护目标、任务和措施的基础。

4. 编制对象

“一河一策”方案以整条河流或河段为单元编制，“一湖一策”原则上以整个湖泊为单元编制。支流“一河一策”方案要与干流方案衔接，河段“一河一策”方案要与整条河流方案衔接，入湖河流“一河一策”方案要与湖泊方案衔接。

5. 编制主体

“一河（湖）一策”方案由省、市、县级河长制办公室负责组织编制。最高层级河长为省级领导的河湖，由省级河长制办公室负责组织编制；最高层级河长为市级领导的河湖，由市级河长制办公室负责组织编制；最高层级河长为县级及以下领导的河湖，由县级河长制办公室负责组织编制。其中，河长最高层级为乡级的河湖，可根据实际情况采取打捆、片区组合等方式编制。“一河（湖）一策”方案可采取自上而下、自下而上、上下结合方式进行编制，上级河长确定的目标任务要分级分段分解至下级河长。

6. 编制要求

(1) 方案针对性。要针对河湖存在的突出问题，解决影响河湖健康生命的关键瓶颈，回应人民群众的重点关切。

(2) 方案合规性。与相关流域区域涉水规划以及最严格水资源管理、河湖管理、水污染防治等计划相协调。

(3) 方案协调性。流域区域、河湖及河段成果相协调。涉及跨省级行政区河湖省界断面的主要指标，应符合流域综合规划、水功能区划等相关规定。

(4) 方案操作性。要便于组织实施、检查监督和考核问责。

7. 方案审定

“一河（湖）一策”方案由河长制办公室报同级河长审定后实施，省级河长制办公室组织编制的“一河（湖）一策”方案应征求流域机构意见，对于市、县级河长制办公室组织编制的“一河（湖）一策”方案，若河湖涉及其他行政区的，应先报共同的上一级河长制办公室审核，统筹协调上下游、左右岸、干支流的目标任务。

8. 实施周期

“一河（湖）一策”方案实施周期原则上为2～3年。河长最高层级为省级、市级的河湖，方案实施周期一般为3年；河长最高层级为县级、乡级的河湖，方案实施周期一般为2年。

2.1.2 编制技术思路

“一河（湖）一策”方案内容涵盖河湖现状基本情况及存在问题、治理管理保护目标任务与指标要求、河湖（河段）及支流具体目标落实、治理管理保护对策措施与计划安排等，其核心可以概括为“5+2”（图2.2），即问题清单、目标清单、任务清单、措施清单和责任清单五张清单以及河段目标分解表、实施计划安排表两张表。“五张清单”“两张表”是方案成果内容的集中体现，也是对河湖管理保护目标要求进行实化量化的关键。

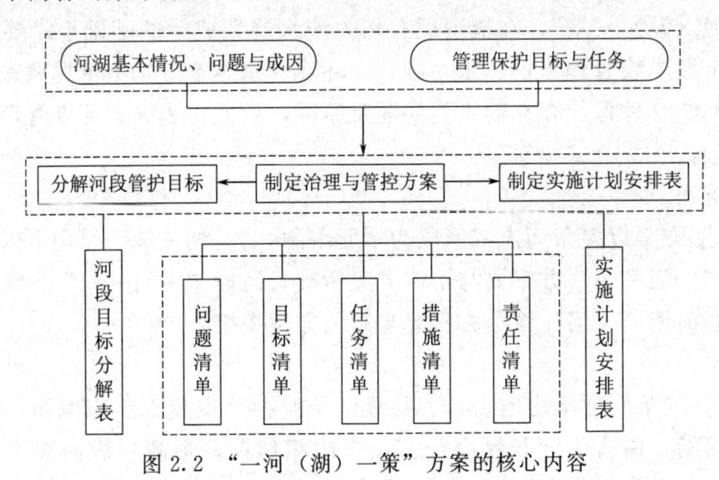

图2.2 “一河（湖）一策”方案的核心内容

“一河（湖）一策”方案编制的基本技术思路是通过情况摸查、问题诊断与分析，系统梳理河湖存在的突出问题和原因——形成问题清单；以问题为导向，以相关规划和方案为依据和基础，确定河湖管理保护目标——形成目标清单；根据河湖管理保护目标要求和差距，明确河湖治理保护的主要任务——形成任务清单；根据已确定的各项任务，提出具有针对性、可操作性的治理与保护措施——形成措施清单；明确各级河长责任、各项措施的牵头部门和配合部门，落实相关责任人与责任单位——形成责任清单。按照河长制、湖长制分级管理的需要，将河湖管理保护的总体目标、主要任务和控制性指标分解到本河湖各分段（分片）以及支流入干流河口断面——形成河段目标任务分解表；根据问题的紧迫性和预期成效，确定措施安排优先顺序——形成实施计划安排表。

2.1.3 编制技术原则

1. 先难后易、先简后全、先静后动

“一河（湖）一策”方案编制中首先要建立“一河（湖）一档”，它是反映河湖自然特征、开发利用与管理保护情况及变化动态的各类信息数据集合，是动态了解和掌握河湖状况的最基础的数据文档信息资料。“一河（湖）一档”信息内容多、数据量大，而各地基础条件不一，需要围绕河长制湖长制工作的信息需求，针对具体河湖的实际情况，按照建档指南确定的信息内容和总体要求，以“先难后易、先简后全、先静后动”的原则，分阶段、有侧重地进行建档。基础条件较好的河湖，“一河（湖）一档”应尽量做到信息内容全覆盖；基础条件相对较差、监控监测类信息相对缺乏的河湖，现阶段以基础信息为主进行“一河（湖）一档”建档工作，在完成河湖基础信息收集填报基础上，注意动态信息内容的收集整理。

2. 满足可量化、可监测、可评估、可考核的要求

“一河（湖）一策”方案是针对具体河流、湖泊而言的，与以往的流域规划、区域水利规划、江河治理方案、水利工程建设方案等相比有明显的不同。“一河（湖）一策”方案编制的着眼点是解决河流、湖泊的重点个性问题，关注的是今后2～3年能够实现的目标，目的是在较短时期内解决河流、湖泊、河段的突出问题，并提供可行的操作方案，为近期河长制湖长制实施和考核提供依据。编制时需要突出强调针对性和可操作性，满足可量化、可监测、可评估、可考核的要求。

3. 问题导向、统筹协调、分步实施、责任明晰

“一河（湖）一策”方案编制时要遵循编制指南明确提出的“问题导向、统筹协调、分步实施、责任明晰”编制原则，要从河湖自身特点和现状出发，针对河湖管理保护的重点问题和突出问题，研究制定解决措施；要遵循最严格水资源管理、河湖管理、水污染防治等方面的宏观要求，协调处理支流、河段、湖片等局部与流域、区域、干流、湖泊等整体之间的目标指标，与相关流域、区域涉水规划、河湖（段、片）已有方案成果相协调；要以近期为重点，兼顾未来发展和需要，以解决影响河湖健康生命的关键瓶颈和群众重点关切等问题为重点，明确今后2～3年河湖治理保护与治理的具体内容；要注意河湖治理保护与治理措施内容的具体化和实际操作性，明确各地区责任和各部门分工，需要将具体的管护责任逐一落实到责任单位和责任人，便于组织实施、监督检查和考核问责。

4. 侧重河长制湖长制六大任务要求中涉及的内容，原则上不扩大

“一河（湖）一策”方案编制时还需要特别注意的是：方案内容的把握要侧重于《意见》以及《指导意见》中六大任务要求中涉及的内容，原则上不扩大。重点对有关上位规划和河流湖泊自身已有规划、方案确定的目标、任务和措施进一步分解和细化到本河流、本湖泊和河（湖段、片）、支流入河控制口，并具体落实到计划安排上；编制过程中充分收集和利用已有相关成果，要依托已有和在编的流域综合规划/区域水利综合规划、流域/区域防洪规划、水资源规划、水污染防治规划和其他水利专业专项规划、涉水规划，防止一切从头来的做法；要注意避免将“一河（湖）一策”方案编制成为流域/河流规划或水工程项目建设规划、建设方案等。

2.2 河长制湖长制“一河（湖）一策”方案编制技术要点

“一河（湖）一策”方案编制技术要点分别为编制范围界定、现状问题识别、治理和

保护目标设置、任务确定、措施实施、责任参与方确定。

2.2.1 编制范围界定技术要点

1. 以干带支，水陆兼顾

"一河（湖）一策"方案的编制范围应突出干流或湖区，包括入河（湖）支流部分河段的，需要说明该支流河段起止断面位置。落实"以干带支、水陆兼顾"的原则，重点针对河道（湖区）内水域与河湖岸线开展工作，重点关注干流（湖区）取水、排污、涉水工程建设、采砂、岸线利用与涉水管理等事项，以及各支流汇入的水量水质等基本情况，然后从干流保护管理的层面，对各支流水量水质提出具体管理保护要求与限制。

2. 加快推进河湖管理范围的划定

河湖管理范围的划定是推动河长制从"有名"向"有实"转变的重要抓手，"一河（湖）一策"方案的编制范围也可参考河湖管理范围的划定。2018年12月《水利部关于加快推进河湖管理范围划定工作的通知》中指出：河湖管理范围划定工作应依据法律法规和相关技术规范开展；河湖管理范围可根据河湖功能因地制宜划定，但不得小于法律法规和技术规范规定的范围，并与生态红线划定、自然保护区划定等做好衔接，突出保护要求。

3. 编制范围覆盖要全面

编制范围要考虑河湖的上下游、左右岸，要充分纳入河湖管理范围、饮用水源保护区范围、生态红线管控范围，对于湖库，要考虑入湖库支流，充分体现流域治理与区域治理相结合的理念。

2.2.2 现状问题识别技术要点

现状问题识别应重视河湖基本情况调查了解，加强问题排查，全面梳理河流湖泊存在的问题，找出影响河湖健康的关键问题、突出问题，找准突破口、提高针对性；分析问题产生的深层次原因，找准症结和障碍，为确定"一河（湖）一策"方案提供准确标靶。相关单位也应重视已有相关规划、方案等成果的收集、梳理和系统分析，重点厘清上位规划对本河流湖泊的管理保护控制要求，使编制"一河（湖）一策"方案有据可循，提高方案的符合性；根据河长制、湖长制六大任务要求，针对本河流湖泊关键问题、突出问题，理出近阶段需要解决、应该解决和可以解决的具体问题，问题的识别要做到"定性""定量""定责"，为确定目标、指标和措施等提供明确方向，提高方案内容的合理性和针对性。

1. 河湖现状基础资料梳理

问题识别是编制"一河（湖）一策"方案的工作基础，也是全面掌握河湖自然属性与社会属性的客观要求。问题识别应遵循"眼见为实、数据说话"的基本原则，围绕河长制、湖长制六大工作任务，充分利用已有的各类调查、普查、规划和方案等成果（避免开展大量基础性调查与计算），梳理河湖治理保护现状基本情况，明晰河湖基础资料。

2. 河湖现状补充调查

在梳理现有资料的基础上，对于基础资料条件相对薄弱的，应结合方案编制工作需要，适当开展重点区域、领域现状补充调查工作，组织水资源、水环境、水生态与河湖管理等相关专业的技术人员，沿着河湖岸线，特别是人口活动较为密集的城镇河段（湖区）

开展现场查勘，补充调查的关注重点，参考梳理现有资料中的关注重点，分析河湖管理保护现状，清晰水资源、水域岸线、水环境、水生态等方面保护和开发利用现状，河湖管理保护体制机制、河湖管理主体、监管主体，落实日常巡查、占用水域岸线补偿、生态保护补偿、水政执法等制度建设情况。查明河湖管理队伍、执法队伍能力建设情况等，积极与地方河长办、水利、环保等河湖保护管理相关部门以及当地群众交流座谈，了解河湖保护管理现状，查证突出的涉水保护管理问题。

3. 数据资料合理性评估

现状问题识别还应坚持用数据为河湖代言，对收集的水资源、水环境与水生态监测与管理相关数据进行核实，甄别与评估数据资料的合理性与有效性，依据技术标准或规程规范量化分析取用水量、用水效率与用水强度、各种污染源的排污量、水功能区与控制断面水质达标率、河湖生态水量（位）、水土流失治理率、岸线利用率、水行政执法情况等。

4. 问题优先级判定

综合现场查勘与数据分析的结果，按照轻重缓急提出水资源保护、水污染防治、水环境治理、水生态修复、水域岸线管理与水行政执法等方面的突出问题和主要短板，尤其需关注中央环保督查发现的、群众反映强烈的以及能够短期整改落实的问题。

2.2.3 治理和保护目标设置技术要点

重视河湖治理和保护目标指标的筛选和定量分析，要注意考虑河流湖泊的功能定位和在当地的作用，以本河流湖泊或河段湖区直接相关的、能够反映当地现实且易量化的各项指标为重点选择指标项，提高指标内容、指标要求的客观性和可行性；确定各项指标的分阶段标准时，要注意分析把握可行性和可达性，提高其合理性；要注意各项目标的协调性分析，避免不同河段、湖片或干支流、左右岸间的不衔接、不平衡。

治理和保护目标应从水资源可持续利用、水域岸线生态空间维护、水污染负荷削减、水环境质量提升、水生态状况改善等方面，根据河湖功能定位，进行综合确定，也可结合河湖实际对指标进行必要的调整。

2.2.4 任务确定技术要点

河长制湖长制六大任务可概括为“三查、三清、三治、三管”。“三查”是严查污水直排入河、垃圾乱堆乱倒、涉河湖违法建设；“三清”为清河岸、清河面、清河底；“三治”为水污染防治、水环境治理、水生态治理；“三管”为严格水资源、河湖岸线、执法监督管理。按照河湖治理保护目标和指标要求，针对河湖现状情况及主要突出问题，查找与河湖治理保护目标要求的差距，从保护水资源、管护水域岸线、防治水污染、改善水环境、修复水生态、加强河湖管控等方面，确定河湖治理保护的主要任务，管理保护任务既不要无限扩大，也不能有所偏废，要因地制宜、统筹兼顾，突出解决重点问题、焦点问题。

水利部2018年强调，河湖“清四乱”专项行动是推动河长制从“有名”向“有实”转变的第一抓手，是水利行业强监管的重要内容，是对各级河湖长和水行政主管部门履职尽责的底线要求，并公开明确了“乱占”“乱采”“乱堆”“乱建”等问题的认定以及相应的清理整治标准。“乱占”问题包括：围垦湖泊；未依法经省级以上人民政府批准围垦河道；非法侵占水域、滩地；种植阻碍行洪的林木及高秆作物。“乱采”问题包括：未经许可在河道管理范围内采砂，不按许可要求采砂，在禁采区、禁采期采砂；未经批准在河道管理范围内取土。“乱堆”问题包括：河湖管理范围内乱扔乱堆垃圾；倾倒、填埋、储存、堆放固体废物；弃置、堆放阻碍行洪的物体。“乱建”问题包括：水域岸线长期占而不用、多占少用、滥占滥用；未经许可和不按许可要求建设涉河项目；河道管理范围内修建阻碍行洪的建筑物、构筑物。方案编制中需要依据《中华人民共和国水法》《中华人民共和国防洪法》《中华人民共和国河道管理条例》等有关法律法规要求，结合本地实际，梳理出台本地区“清四乱”专项行动问题认定及清理整治具体标准、明确整改任务。

2.2.5 措施实施技术要点

重视措施的分析制定，要注重充实分项措施，切实反映其具体内容，提高各项措施的可操作性；要注意分析河长制湖长制整体推进的工作要求和部署，针对当地河湖实际，选择重点突出问题（如河湖岸线侵占、垃圾堆放、网箱养殖等）研究制定专项整治行动，反映河长制湖长制工作的现实需求。

各项措施的设置应具体并分解到位，主要考虑以下四个方面：

(1) 以管理措施为主，工程措施为辅。“一河（湖）一策”实施周期不到3年，应优先考虑取水排污规范化监管、水域岸线垃圾违建整治、打击非法采砂、下泄生态流量、划定与监管畜禽养殖“三区”（禁养区、限养区、适养区），同时兼顾黑臭水体治理与水土流失防治等。

(2) 优先考虑已落实资金或在建的工程措施。工程项目如污水收集管网、污水处理厂与水系连通等资金需求量大，前期论证与建设周期长，不易短期内建成并取得成效，此类任务和工程措施可暂缓考虑。

(3) 加强任务措施实施后河湖保护管理目标可达性的论证。解决某个河湖保护管理问题可能有多种措施，应充分考虑比较各项任务措施的技术经济可行性，以便较经济地实现河湖保护管理目标。

(4) 明确任务措施的实施责任主体。可实施与可考核对“一河（湖）一策”至关重要，河长制湖长制六大工作任务涉及多个部门，应将具体任务措施分年度、分部门分解，明确实施责任主体与负责人，提高执行效率，以免推诿扯皮。

2.2.6 责任参与方确定技术要点

“一河（湖）一策”方案从编写到实施涉及多专业、多部门与多个利益相关方，“开门编写、广泛参与”是提升“一河（湖）一策”方案质量、增强“一河（湖）一策”生命力的根本保障。

(1) 问题识别过程中，应注重与各级河长、地方河长办与河湖沿岸群众的沟通交流，筛选确定群众反映强烈与河湖管理近期急需解决的突出问题。

(2) 管理目标的设置，应充分考虑各级河长的巡河治河思路，征求河长办、水利、环保等河湖保护管理相关部门在总体管理目标与具体指标设置方面的建议，形成一套利益相关方均认可的管理目标及指标体系，相关涉及部门有水利、国土、环保、住建、农业等。

（3）任务措施安排方面，咨询水资源、水环境、水生态与水管理等专家对各项任务措施的实施建议，并在年度实施安排、任务措施分解与资金筹措等方面与水利、环保等责任部门达成一致，确保各项任务措施责任主体明确，实施安排有序，资金保障有力。

“一河（湖）一策”方案为河长制湖长制工作明确了目标、细化了任务、部署了措施和分解了责任，各级河长湖长应加强领导协调，始终坚持高位推动，促进各项任务措施的落地，其中县级河长是河长制实施的关键。

河长办应及时向河长反馈各项任务措施的实施进展及面临的问题，积极协调跨区域、跨部门履行职责，衔接上下游、左右岸之间的工作，保质保量完成各项任务。平岗换职位、高升、正职变为高一级副职以及前后交接的情况下，需要做好事务交接工作，交接河道对应六大任务的整治工程开展的程度，便于后续工作的进行。此外需要因地制宜，真正理解河湖长制需配备河湖长的数量规模，避免人力物力资源分配不合理的情况。辖区内无河湖的乡镇（街道）级河长也应积极配合其他河长的工作，同时对污水河道进行监管，可行的措施包括：加强区域内污染源管控和环境卫生管理，及时清理街区、居民小区、道路等区域内垃圾；加强种植养殖面源污染防控；加强雨箅子维护、养护，防止污染随径流携带入河。

2.2.7 行动计划制定技术要点

“一河（湖）一策”行动计划将任务具体化，推进有效施策。按照治理任务具体化的要求，分门别类细化量化任务，推动治理。明确任务类别、任务内容、完成时限、进度安排、投资来源、责任单位等，确保落到实处。

1. 河段目标任务分解

河段目标任务分解需考虑任务特点、相关规划要求、任务可达性、任务协调性。任务特点：重点针对具有代表性的重要指标进行分解，面上型指标（如区域用水总量、水域面积等）可不做分解；遵照相关规划要求：结合河湖分段（分片）功能定位要求，细化各河湖段的任务要求；考虑任务可达性：充分考虑河湖分段（分片）和支流的现状水量、水质和水生态环境状况，分析各分段任务的可达性和合理性；确保任务协调性：协调上下游河湖段指标值的关系，在考虑河湖分段（分片）自身特殊性的前提下，要尽量做到“标准一致、合理合规”，确保相邻河湖段任务的协调。

2. 实施计划编制

实施计划编制需要做到重视措施的分析制定、重点安排部署以及制定实施计划安排表。重点安排部署：重点考虑河湖现存问题的社会影响以及治理预期成效，确定措施优先安排顺序。对河湖治理与保护措施的核心环节及重大事项进行重点安排，对能够形成“以点带面、以少带多”局面的措施进行重点部署。制定实施计划安排表：细化分年度实施计划，明确治理措施、预期效果和时间节点要求，制定实施计划安排表。

第3章　水资源保护技术指南

《意见》中对水环境保护提出了明确的要求，即落实最严格水资源管理制度，严守水资源开发利用控制、用水效率控制、水功能区限制纳污三条红线，强化地方各级政府责任，严格考核评估和监督。实行水资源消耗总量和强度双控行动，防止不合理新增取水，切实做到以水定需、量水而行、因水制宜。坚持节水优先，全面提高用水效率，水资源短缺地区、生态脆弱地区要严格限制发展高耗水项目，加快实施农业、工业和城乡节水技术改造，坚决遏制用水浪费。严格水功能区管理监督，根据水功能区划确定的河流水域纳污容量和限制排污总量，落实污染物达标排放要求，切实监管入河湖排污口，严格控制入河湖排污总量。

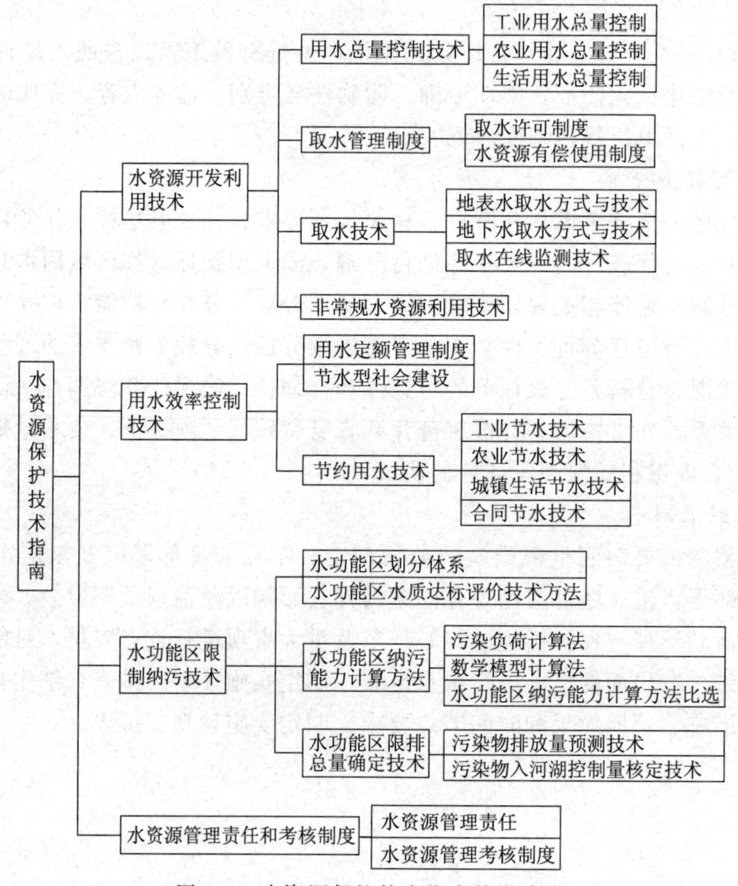

图3.1　水资源保护技术指南技术路线

根据《意见》要求，为了贯彻“节水优先、空间均衡、系统治理、两手发力”的方针治水，实行最严格的水资源管理制度，坚持绿色发展理念，树立底线思维，以水资源节约、保护和配置为重点，加强用水需求管理，以水定产、以水定城，建设节水型社会，促进水资源节约集约循环利用，保障经济社会可持续发展的目标。本章分别从水资源开发利用技术、用水效率控制技术、水功能区限制纳污技术、水资源管理责任和考核制度四个方面对水资源保护的内容与相应技术、制度进行了介绍。本章技术路线如图 3.1 所示。

3.1 水资源开发利用技术

3.1.1 用水总量控制技术

3.1.1.1 工业用水总量控制

（1）基本内容。工业用水指工矿企业在生产过程中用于制造、加工冷却、空调、净化、洗涤等方面的用水，按新水取用量计，不包括企业内部的重复利用水量，水力发电等河道内用水不计入用水量。工业用水总量控制主要是对所有工业用水户的用水总量进行控制，包括重点取用水户（公共供水户和自备水源年取水量达到一定规模的工业取用水户）和非重点取用水户（自备水源年取水量小于一定规模的工业取用水户）的用水，要做到节水优先，严格落实建设项目节水设施“三同时”制度，科学经济合理用水，兼顾发展，以供定需，确保万元工业增加值用水量达标，保障水资源可持续利用。

（2）基本方法。重点取用水户全部作为统计对象，非重点取用水户按照抽样（典型）调查方法选取样本。统计调查对象的江河湖库取水口、地下井取水口等取水量，可采取在线监测、水表计量、实物量折算、移动式计量等方法监测用水量。

3.1.1.2 农业用水总量控制

（1）基本内容。农业用水总量控制主要是对农田灌溉用水量、林果地灌溉用水量、草地灌溉用水量和鱼塘补水量进行控制，要做到标准化灌溉、定额配水、量化管理，即做到灌区分级核定水量、渠系分级配水；做到农业用水户实施“地有定额、户有总量”量化管理；做到科学配水、用水计量、严格执行灌溉制度；做到计划用水、合同配水、定额管理、超定额实行累计加价。

（2）基本方法。农业用水总量控制采用的方法主要包括标准化灌溉、定额配水、量化管理、科学配水、用水计量、计划用水、合同配水、定额管理、超定额实行累计加价等。对于灌区，实行分级核定水量；对于渠系，实行分级配水；对于农业用水户，实施“地有定额、户有总量”量化管理。

3.1.1.3 生活用水总量控制

（1）基本内容。生活用水总量控制主要是对城镇生活用水和农村生活用水进行控制。城镇生活用水由居民用水和公共用水（含第三产业及建筑业等用水）组成，统计工作由各级住房和城乡建设委员会负责；农村生活用水除居民生活用水外，还包括牲畜用水在内，统计工作由各级水利局负责。

（2）基本方法。实行计划用水，定额管理，大力推进节水技术改造，提高用水效率。

3.1.2 取水管理制度

3.1.2.1 取水许可制度

（1）基本内容。取水许可制度包括取水许可审批管理制度、取水许可限批制度。严格规范取水许可审批管理制度，各级水行政主管部门认真核实各用水户用水情况，对新建项目严格按照取水许可论证、取水申请、验收等程序办理，对延续取水许可证的做到重新复核、评估，符合规定后准予延续换证；严格按照下达到各区域的用水总量进行审批取水许可，对取用水总量达到或超过控制指标的地区，暂停审批建设项目新增取水；对取用水总量接近控制指标的区域，限制审批建设项目新增取水。

（2）基本目的。用制度来保障取水许可的实施，对水资源进行合理及有效配置，实现水资源的统一管理，保护水量及水质，促进用水趋于合理、水资源的节约利用、遏制水资源的浪费现象以及促进计划用水等制度的实施。

（3）基本要求。取水许可制度涵盖三点要求：第一，用水从事的活动须有益经济发展及人民生活，不得浪费用水；第二，经批准新获得用水权不得妨害水体的功用，不得损害其他用水人员的正当、合法、合理权益；第三，由不可抗力因素导致的用水额减少，国家在做出限制及暂停供水的相关措施时，可以不对持证人进行赔偿。

3.1.2.2 水资源有偿使用制度

（1）基本内容。水资源有偿使用制度是国家为实现所有者权益，保障水资源的可持续利用，对直接取用江河、湖泊或者地下水资源的单位和个人征收水资源费的一种制度，农业灌溉以及家庭生活、零星散养、圈养畜禽饮用等少量取水和省人民政府规定的其他少量取水的除外。

（2）基本目的。我国水资源人均极缺，时空分布极为不均。因此对水资源实施有偿使用，利于国家对水资源进行统一管理，实现国家对水资源的长期有效控制及合理配置，水资源的合理开发及高效利用，实现水资源可持续利用。

（3）基本要求。严格水资源费征收、使用和管理，完善水资源费征收、使用和管理的规章制度；水资源费主要用于水资源节约、保护和管理，加大水资源费调控作用，严格依法查处挤占挪用水资源费的行为。征收水资源费全额纳入财政预算管理，全部用于水资源的合理开发、保护和管理工作。

3.1.3 取水技术

3.1.3.1 地表水取水方式与技术

地表水取水方式主要有岸边式取水、河心式取水、斗槽式取水以及活动式取水，取水要严格遵守有关法律法规确定的取水顺序和规程；严格执行申请审批程序；严格遵循取水许可监督管理办法；严格实行总量控制；严格实施动态监督管理。

1. *岸边式取水技术*

（1）适用范围。岸边式取水技术适于河岸较陡，岸边有一定水深，水质及地质条件较好，水位变幅不大的水源。

(2) 技术要点。岸边式取水设施由进水间和泵房两部分组成，采用岸边式取水时直接在岸边建筑进水井安装由管道、水泵组成的综合工程设施。

(3) 限制因素。岸边式取水对于水中泥沙、漂浮物和冰凌较严重的河流不适宜采用。

2. 河心式取水技术

(1) 适用范围。河心式取水技术适用于河岸较平坦，枯水期主流离岸较远，岸边水深不足或水质不良，而河心有足够水深或较好水质的水源。

(2) 技术要点。河心式取水的工程设施主要由取水头部、进水管（自流管或虹吸管）、集水间、泵站四部分组成，与岸边式取水一样直接从江河岸边取水，但进水管伸入江河中，一般包括自流管取水、虹吸管取水和水泵直接吸水。

(3) 技术方法。采用自流管取水时，自流管淹没在水中，河水靠重力进入集水间；采用虹吸管取水时，河水通过虹吸管进入集水井中，然后由水泵抽走，河水高于虹吸管顶时可自流进水，河水低于虹吸管顶时需抽真空，虹吸管的允许虹吸高度为7m，一般采用4～6m，即虹吸管管顶可以敷设在河流最低水位以上的高度加上虹吸管水头损失不超过7m的地方，这样就可以减少水管埋深，施工方便，造价节省。但当管径较大，管线较长或河水位较低时，抽真空时间长，管理不便；虹吸管的施工质量要求高，须保证严密不漏气；采用水泵直接取水时，不设集水间，水泵吸水管直接伸入河中取水，取水构筑物要求吸水管不能太长，吸水管的接头要严密，不漏气。

(4) 限制因素。敷设自流管时开挖土石方量较大；虹吸管对管材及施工质量要求较高，运行管理要求严格，需装置真空设备，工作可靠性不高；桥墩式取水构筑物建在河中，缩小了水流过水断面，容易造成附近河床冲刷，基础埋深大，水下工程量大，施工复杂，需要设置较长的引桥与岸边连接，影响航运。此外，对于河流漂浮物较多的水源地段也不适宜采用河心式取水。

3. 斗槽式取水技术

(1) 适用范围。斗槽式取水技术适用于取水量较大、河流含沙量较大、漂浮物较多以及冰凌严重的水源地段。

(2) 技术要点。斗槽式取水是在岸边式或河心式取水构筑物前面设置进水斗槽的取水综合设施。斗槽可在河流岸边用堤坝围成，或设在凹岸靠近主流的岸边处，以便利用水力冲洗沉积在斗槽内的泥沙，便于泥沙在斗槽中沉淀和防止冰凌进入取水口。

(3) 限制因素。斗槽式取水构筑物施工量大，造价较高，排泥困难，并且要有良好的地质条件，采用较少。

4. 活动式取水技术

(1) 适用范围。活动式取水技术适用于水位变动幅度较大，或供水要求甚急的取水工程。

(2) 技术要点。利用可以活动的压水管（摇臂、活动接头等），以适应水位变化，取水构筑物一般由取水平台（缆车或趸船等）、压水管道、活动执行结构等部分组成，通常采用浮船取水或缆车取水。

(3) 技术方法。浮船取水是将浮船置于水体中，吸取河、湖或水库内的水，在船舱中装有取水设备并用联络管与岸上输水管相连；缆车式取水是通过建造于岸坡上的缆车吸取河流或水库表层的水，主要由泵车、坡道、输水斜管和牵引设备组成，通过卷扬机绞动钢丝绳牵引设有水泵机组的泵车，使其沿着斜坡上的轨道随着水位的涨落而上下移动取水。

（4）限制因素。活动式取水易受水流、风浪、航运等影响，操作管理比较复杂，取水的安全可靠性较差。

5．地表水取水方式及技术比选

地表水取水方式及技术比选见表3.1。

表3.1 地表水取水方式及技术比选

地表水取水方式	适用范围
岸边式取水	适于河岸较陡，岸边有一定水深，水质及地质条件较好，水位变幅不大的水源
河心式取水	适用于河岸较平坦，枯水期主流离岸较远，岸边水深不足或水质不良，而河心有足够水深或较好水质的水源
斗槽式取水	适用于取水量较大、河流含沙量较大、漂浮物较多以及冰凌严重的水源地段
活动式取水	适用于水位变动幅度较大，或供水要求甚急的取水工程

3.1.3.2 地下水取水方式与技术

地下水取水方式包括管井取水、大口井取水、渗渠取水以及辐射井取水，采取地下水要根据地下水保护与可持续利用的要求，统筹考虑、综合平衡地下水可开采量和天然水质状况、区域经济社会发展对地下水开发与保护的需求、生态环境保护的要求等，以实现分区地下水采补平衡和可持续利用。

1．管井取水技术

（1）适用范围。管井取水技术适用于任何砂、卵石、砾石地层及构造裂隙、岩溶裂隙地带，地下水埋深在200m以内，常用在70m以内，含水层厚度大于5m或有多层含水层。

（2）技术要点。管井取水主要由井室、井壁管、过滤器及沉砂管构成，井管从地面打到含水层。

（3）技术参数。管井的直径为50～1000mm，常用150～600mm；井深为20～1000m，常用在300m以内。

2．大口井取水技术

（1）适用范围。大口井取水技术适用于砂、卵石、砾石地层，渗透系数最好在20m/d以上，地下水埋深在10m以内，含水层厚度为5～15m的地区。

（2）技术要点。用钢筋混凝土、砖、石或其他材料衬砌井壁的垂直集水井，由人工开挖或沉井法施工，设置井筒以集取浅层地下水。

（3）技术参数。大口井的直径为2～10m，常用4～8m；井深在20m以内，常用6～15m。

（4）限制因素。大口井对地下水位变动适应能力很差，在不能保证施工质量的情况下会拖延工期、增加投资，易产生涌砂（管涌或流砂现象）、堵塞问题。在含铁量较高的含水层中，这类问题更加严重。

3．渗渠取水技术

（1）适用范围。渗渠取水技术适用于补给良好的中粗砂、砾石层、卵石层，最适宜集取浅层地下水（河床地下水或地表渗透水），地下水埋深一般在2m以内，含水层厚度一般为4～6m。

（2）技术要点。水平铺设在含水层中的一种管（渠）系统，壁上开孔，以集取浅层地下水。

（3）技术参数。渗渠直径为450～1500mm，常用600～1000mm；埋深在10m以内，常用4～6m。

（4）限制因素。渗渠出水量一般较少，施工难度较大，造价较高。

4. 辐射井取水技术

（1）适用范围。辐射井取水技术适用于补给良好的中粗砂、砾石层，但不可含有漂石，用于汲取含水层厚度较薄的浅层地下水，地下水埋深在12m以内，含水层厚度一般大于2m。

（2）技术要点。由集水井与若干辐射状的水平或倾斜的集水管系组成的取水设施。

（3）技术参数。集水井直径为4～6m，井深一般为3～12m；辐射管直径为50～300mm，常用75～150mm，管长为10～30m。

（4）限制因素。施工难度较高，施工质量和施工技术水平直接影响出水量的大小。

5. 地下水取水方式与技术比选

地下水取水方式与技术比选见表3.2。

表3.2 地下水取水方式与技术比选

地下水取水方式	适用范围		
	地下水埋深	含水层厚度	水文地质特征
管井取水	地下水埋深在200m以内，常用在70m以内	含水层厚度大于5m或有多层含水层	任何砂、卵石、砾石地层及构造裂隙、岩溶裂隙地带
大口井取水	地下水埋深一般在10m以内	含水层厚度为5～15m	砂、卵石、砾石地层，渗透系数最好在20m/d以上
渗渠取水	地下水埋深一般在2m以内	含水层厚度一般为4～6m	补给良好的中粗砂、砾石层、卵石层
辐射井取水	地下水埋深在12m以内	含水层厚度一般大于2m	补给良好的中粗砂、砾石层，但不可含有漂石

3.1.3.3 取水在线监测技术

（1）适用范围。取水在线监测技术适用于从江河、湖泊和地下水取水的各类取水户的水资源取用水计量监控。

（2）技术要点。采用智能水表、电磁流量计、超声波流量计等各种智能计量仪表，并结合计算机、网络通信和传感器等技术，达到对取水用户实施水量自动监控的目的，实现实时在线监测、数据统计与查询、取水计划管理与控制等功能。当现场无供电条件时，可选用电池供电计量、测量设备，只读取流量信息。数据上报频率要求高时选用水资源测控终端，上报频率要求不高时选用电池供电无线抄表器。

（3）技术方法。取用水户水量监测技术。

3.1.4 非常规水资源利用技术

（1）适用范围。非常规水资源利用技术适用于处理雨水、再生水（中水）、海水等非常规水资源，实现对非常规水资源的利用，拓宽水资源的来源，缓解我国水资源短缺的状况。

（2）技术要点。非常规水资源最常利用的包括雨水、再生水（中水）和海水，对应的技术为雨水利用技术、再生水（中水）利用技术和海水利用技术。

（3）技术方法。雨水利用技术包括收集、处理、使用、回灌、入渗等方面。再生水利用工艺由再生水水源收集、再生水净化处理、再生水输水管网建设、再生水目标用户培养等四部分组成。海水利用技术包括海水淡化技术、海水直接利用技术和海水化学综合利用技术，其中海水淡化技术包括多效蒸发法、多级闪蒸法、电渗析法、反渗透法、低温多效蒸发法等；海水直接利用技术包括海水冷却、海水脱硫、海水回注采油、海水冲厕和海水冲灰、洗涤、消防、制冰、印染等；海水化学综合利用技术主要包括海水制盐、苦卤化工，提取钾、镁、溴、硝、锂、铀及其深加工等。

（4）限制因素。目前非常规水资源鼓励政策措施不够健全，无法得到有力推动；现有法律规定缺乏有效支撑，法律规定并没有将非常规水利用上升为国家水资源管理战略的高度，仅以鼓励性规定为主；现有产业政策手段措施不够健全，非常规水利用发展基础薄弱；现有管理体制机制不顺畅；广泛宣传和民众参与不充分。

3.2 用水效率控制技术

3.2.1 用水定额管理制度

用水定额是水资源管理重要的基础工作，是衡量一个地区水资源，统一管理和节约用水管理工作水平的重要指标，是节约用水制度体系的关键因素，它是用水指标和计划制度实施的前提，并且具有较高的强制性，同时也是水行政主管部门下达计划用水指标的重要依据。

（1）基本内容。科学合理的用水定额标准，对于用水（节水）部门，尤其对大多数未达到用水定额标准的用水户而言，不仅是一种统一考核的尺度，也是主要的管理目标。它包括：

1）对节水工作的指导、协调。节水管理部门必须要切实掌握各地区、各部门分类的用水定额现状，掌握分类用水户的先进标准，掌握地区、城市的万元用水量情况。

2）编制节水规划和年度计划。确定节水目标和指标，考虑水资源条件，进行水资源和节约用水的专项规划或论证，以水定规模、以水定产量，评判高耗水工业和农作物，这些都离不开用水定额。

3）节水法制和资金管理。节水技术改造评判标准，必然要用到用水定额。节水基金用于支持节约用水技术改造、管理以及补助对节水工作做出重大贡献的单位和个人。在落实项目、分配和安排基金使用时，要求实施后达到一定的先进用水定额是其决策的依据之一。

4）建立节水型用水标准化体系，开展创建“节水型”社会活动。制定有关节水的标准，包括用水节水基础标准、用水节水管理考核标准、设施与产品标准及节水技术规范等，要做到技术先进，经济合理，并不断加以完善和改进。应编制用水定额，并在此基础上建立万元用水量参照体系，健全节水指标体系，促进“节水型”社会创建活动的深入开展。

（2）基本目的。通过用水调查，掌握现状用水水平和节水潜力，制定合理可行的工业和城市生活用水定额，为统一规划、调配城乡水资源，提高节约用水和计划用水创造必要的条件。

（3）基本要求。严格执行用水定额管理规定，把用水定额作为企业用水管理、取水许可审批和用水计划核定等取用水管理的重要依据。

3.2.2 节水型社会建设

（1）基本内容。制定节水政策，编制节约用水发展规划，经同级人民政府批准后，由地方人民政府水行政主管部门牵头组织实施；制定主要行业、产品和城乡居民生活用水定额，制定用水总量控制指标和供用水计划，对用水实行总量控制和定额管理相结合的基本管理制度；调整产业结构，实现优化配置；加强节水工程建设，进行节水技术改造，提高用水效率；完善节水管理制度，建立节水管理信息系统；改革水资源管理体制，建立合理的水价形成机制；建立稳定的节水投入保障机制和良性的节水激励制度；推动节水服务体系建设，开展相关专题研究；制定节水指标体系，建立监测监督检查系统。

（2）基本目的。通过生产关系的变革进一步推动经济增长方式的转变，推动整个社会走上资源节约和环境友好的道路。

（3）基本要求。节水型社会建设要做到合理开发利用水资源，在工农业用水和城市生活用水的各方面，大力提高水的利用率，要使水危机的意识深入人心，养成人人爱护水，时时处处节水，使资源、经济、社会、环境、生态协调发展。

3.2.3 节约用水技术

3.2.3.1 工业节水技术

（1）适用范围。工业节水技术适用于工艺落后、设备老化的工矿企业；水资源紧缺、供需矛盾突出的地区和高耗水行业。

（2）技术要点。进行工艺改造和设备更新，淘汰高用水工艺和落后的设备；针对不同的高耗水行业，应用节水和高效的新技术；根据水资源条件，合理调整产业结构和工业布局；制定合理的水价，实行优水优价和累进制水价收费制度；对废污水排放征收污水处理费，实行污染物总量控制；加强节水技术开发和节水设备、器具的研制。

3.2.3.2 农业节水技术

（1）适用范围。农业节水技术适用于农业、土肥、植保、经作、园林等农技推广，或者农业科技示范区、农场等大型农业生产；叶菜类、茄果类、瓜果类、功能性蔬菜、中药材及各种芽苗菜的种植，花卉及苗木快繁等领域；政府部门通过行政手段达到区县整体节水效果；农业高效节水、现代农林业领域以及灌溉工程。

（2）技术要点。农业节水可从几个方面进行：一是农艺节水，即农学范畴的节水，如调整农业结构、作物结构，改进作物布局，改善耕作制度（调整熟制、发展间套作等），改进耕作技术（整地、覆盖等）；二是生理节水，即植物生理范畴的节水，如培育耐旱抗逆的作物品种等；三是管理节水，即农业管理范畴的节水，包括管理措施、管理体制与机构，水价与水费政策，配水的控制与调节，节水措施的推广应用等；四是工程节水，即灌溉工程范畴的节水，包括灌溉工程的节水措施和节水灌溉技术，如精准灌溉、微喷灌、滴灌、涌泉根灌等。

3.2.3.3 城镇生活节水技术

（1）适用范围。城镇生活节水技术适用于宾馆、酒店、医院、学校、洗浴、服装厂、专业洗涤公司、工厂、矿山、饭店、敬老院、幼儿园、军营、企事业单位、铁路、航空、公路客运部门等的洗衣房，为其提供环保型工业洗衣机，替代原有传统型工业洗衣机；汽车的清洗和保养；公共机构、居民住宅、员工宿舍等建筑节能节水改造和新建建筑用水器具安装。

（2）技术要点。城镇生活节水包括实行计划用水和定额管理、加强节水宣传与教育、调整水价及改革水费收缴制度、推广使用节水器具、中水利用和改造城市供水管网降低管网漏失率等；禁止生产、销售不符合节水标准的产品、设备；公共建筑必须采用节水器具，限期淘汰公共建筑中不符合节水标准的水嘴、便器水箱等生活用水器具；鼓励居民家庭选用节水器具；更新改造供水管网，积极推行低影响开发建设模式，建设滞、渗、净、蓄、用、排相结合的雨水收集利用设施。

3.2.3.4 合同节水技术

（1）适用范围。合同节水技术适用于政府和企业联合推动下的新型市场化节水商业模式。

（2）技术要点。合同节水一般采用生态格网结构技术。

（3）技术方法。首先，政府依托创新节水技术，及时更新该技术所涉应用领域的用水定额。其次，在相关领域实行按照新旧定额划定多级累进水价区间的多级累进水价制度。用水量在新定额范围内水价格不变，实行基础水价，用水量在新旧定额之间实行按照水资源价值计算的市场调节水价，超出旧定额实行特殊水价。最后，在该技术所涉应用领域推行合同节水管理，由社会力量投建节水工程，政府严格执法精确计量，根据节水效果，按照水资源价值购买节水服务。

（4）限制因素。合同节水管理是一种新的节水管理模式和投资方式，由于刚刚起步，可供借鉴的成熟经验不多，目前激励政策不到位、配套制度不够健全、机制创新模式尚未形成且技术支撑薄弱，从全国层面总体看，推行合同节水管理工作进展还比较缓慢，社会力量参与节水的积极性还不够高。

3.3 水功能区限制纳污技术

3.3.1 水功能区划分体系

水功能区划分采用两级区划，水功能一级区划分为四类，包括保护区、保留区、开发利用区、缓冲区；二级功能区划分重点在开发利用区内进行，分七类，包括饮用水源区、工业用水区、农业用水区、渔业用水区、景观娱乐用水区、过渡区、排污控制区（图 3.2）。一级区划主要解决地区之间的用水矛盾，二级区划主要解决部门之间的用水矛盾。水功能区划分及开发限制要求见表 3.3。

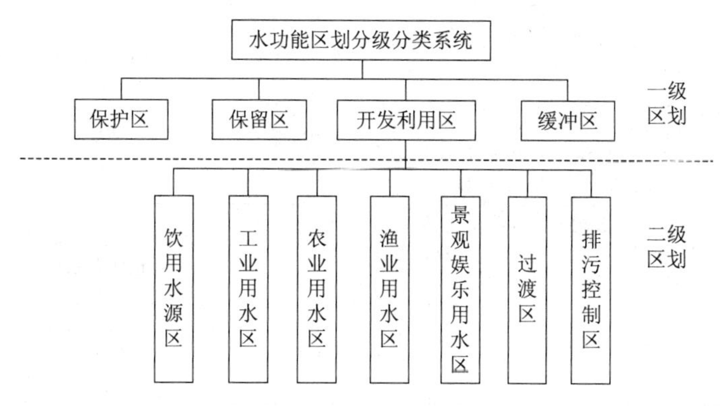

图 3.2　水功能区划分级分类体系

表 3.3　　水功能区划分及开发限制要求

<table>
<tr><th>一级区划</th><th>二级区划</th><th>分区描述</th><th>主要控制指标</th><th>开发限制要求</th></tr>
<tr><td rowspan="4">保护区</td><td>源头水保护区</td><td>人烟稀少、经济不发达、人类活动对水资源质量影响较小的河源地区，水资源质量基本保持天然的良好状态</td><td rowspan="2">水质、水量、水位</td><td rowspan="4">禁止在饮用水水源一级保护区、自然保护区核心区等范围内新建、改建、扩建与保护无关的建设项目和从事与保护无关的涉水活动</td></tr>
<tr><td>自然保护区</td><td>位于自然保护区范围内和具有典型生态保护意义的水域</td></tr>
<tr><td>大型区域调水水源地</td><td>各个水资源区均有分布</td><td rowspan="2">水质、水量</td></tr>
<tr><td>集中式饮用水水源地</td><td>人口稠密、经济发达城市的周边水域</td></tr>
<tr><td rowspan="4">开发利用区</td><td>饮用水源区</td><td>满足生活用水的水域</td><td>水质、水量、取水口分布</td><td>禁止设置（含新建、改建和扩大，下同）排污口；预留饮用水源区，加强水质保护，严格控制排放污染物，不得新增入河排污量</td></tr>
<tr><td>工业用水区</td><td>满足工业用水的水域</td><td>水质、水量、取水口分布、工业产值</td><td rowspan="2">优先满足用水需求，严格执行取水许可有关规定。在用水区设置入河排污口的，排污单位应当保证该水功能区水质符合工业和农业用水目标要求</td></tr>
<tr><td>农业用水区</td><td>满足农业灌溉用水的水域</td><td>水质、水量、取水口分布、灌区面积</td></tr>
<tr><td>渔业用水区</td><td>具有鱼、虾、蟹、贝类产卵场、索饵场、越冬场及回游通道、养殖水生动植物用水的水域</td><td>渔业生产条件及生产状况</td><td>维护渔业用水的基本水量需求，保护天然水生生物需要的重要场所，禁止排放对鱼类生长、繁殖有严重影响的重金属及有毒有机物</td></tr>
</table>

续表

一级区划	二级区划	分区描述	主要控制指标	开发限制要求
开发利用区	景观娱乐用水区	满足以景观、疗养、度假和娱乐等为目的的江河湖库等水域	景观娱乐类型规模	不得危及景观娱乐用水区的水质控制目标
	过渡区	使水质要求有差异的相邻功能区顺利衔接区域	水质、水量	确保下游水功能区水质符合要求，严格控制可能导致水体自净能力下降的涉水活动
	排污控制区	接纳生活、生产污废水比较集中，接纳的污废水对水环境无重大不利影响的区域	水质、排污量、排污口分布	排放废污水不得影响下游水功能区水质目标，逐步减少排污控制区
缓冲区	为协调省际、矛盾突出地区间的用水关系、衔接内河功能区与海洋功能区、保护区与开发利用区水质目标划定的水域		水质	严格管理各类涉水活动，防止对相邻水功能区造成不利影响
保留区	排污量很少、水质较好、取水量较少，为未来开发利用水资源预留和保护的水域		水质	控制经济社会活动对水的影响，严格限制可能对水量、水质、水生态造成重大影响的活动

3.3.2 水功能区水质达标评价技术方法

(1) 适用范围。水功能区水质达标评价方法适用于水功能一级区中的保护区、保留区、缓冲区，水功能二级区中的饮用水源区、工业用水区、农业用水区、渔业用水区、景观娱乐用水区、过渡区和有水质管理目标的排污控制区。

(2) 技术要点。关于水功能区水质达标评价，目前常用的方法有水质浓度加权法和评价结果加权法。

(3) 技术方法。关于水质浓度加权法，在《地表水资源质量评价技术规程》(SL 395—2007) 中规定，有2个或2个以上代表断面的水功能区，应以代表断面水质浓度的加权平均值或算术平均值作为水功能区的水质代表值，然后对照《地表水环境质量标准》(GB 3838—2002) 进行水质类别评价；评价结果加权法不进行代表断面水质浓度加权，而是先对水功能区每个断面分别进行评价，得到各断面的全年水质达标率，然后用各断面的水质达标率与相应的河长、面积、蓄水量进行加权平均，得到水功能区全年水质达标率。

(4) 限制因素。《地表水资源质量评价技术规程》(SL 395—2007) 对不同类型水功能区水质达标评价的条件从评价周期、监测频次等方面提出了具体要求。评价周期内监测次数达到6次，水功能区水质达标评价宜采用评价结果加权法进行评价。但是，由于现实工作中水质监测的基础薄弱，部分水功能区监测不到位，监测数据缺失，使得水功能区评价只能采用浓度加权法。采用浓度加权法进行评价，容易导致排污企业在80%的评价期内按水质目标排污，但是在20%的评价期内严重超标排放。这既不利于进行限制排污总量控制方案的制订，又为水资源保护和水污染防治工作埋下了安全隐患和工作盲点。

(5) 技术比选。对于水功能区水质达标评价，宜采用评价结果加权法进行评价，但由于现实工作中存在困难，使得水功能区评价只能采用浓度加权法；采用浓度加权法进行评价，容易给水资源保护和水污染防治工作带来安全隐患和工作盲点。因此，不能单纯地评判浓度加权法与评价结果加权法哪种方法更合理，建议现阶段采用二者同时评价，为水功能区监督管理提供较全面的依据。

3.3.3 水功能区纳污能力计算方法

3.3.3.1 污染负荷计算法

（1）适用范围。污染负荷计算法适用于水质现状较好、水质目标原则上维持现状水质的保护区和保留区以及现状水质较好、用水矛盾不突出的缓冲区。

（2）技术要点。根据现状污染物入河量确定水域纳污能力，一般采用实测法、调查统计法、估算法。

（3）限制因素。由于污染负荷计算法依据现状入河量确定水域纳污能力，其计算要在现状排污条件下功能区水质满足计算水域的水质目标要求的前提下进行。

3.3.3.2 数学模型计算法

（1）适用范围。数学模型计算法适用于水质较差的保护区和保留区、用水矛盾突出的缓冲区以及开发利用区。

（2）技术要点。根据水域特性、水质状况、设计水文条件和水功能区水质目标值，应用数学模型计算纳污能力，一般可采用控制断面达标法、混合区范围控制法、《水域纳污能力计算规程》（GB/T 25173—2010）中的模型计算方法。

（3）限制因素。模型建立过程比较复杂，工作繁琐，在模型建立过程中需要对河流、排污口等进行概化，容易造成计算结果与实际情况有所差异。

3.3.3.3 水功能区纳污能力计算方法比选

水功能区纳污能力计算方法比选见表3.4。

表3.4 水功能区纳污能力计算方法比选

水功能区纳污能力计算方法	适用范围
污染负荷计算法	适用于水质现状较好、水质目标原则上维持现状水质的保护区和保留区以及现状水质较好、用水矛盾不突出的缓冲区
数学模型计算法	水质较差的保护区和保留区、用水矛盾突出的缓冲区以及开发利用区

3.3.4 水功能区限排总量确定技术

3.3.4.1 污染物排放量预测技术

1. 废污水排放量预测方法

（1）适用范围。废污水排放量预测方法适用于对规划流域（区域）规划水平年废污水的排放量进行预测。

（2）技术要点。结合以往开展的水资源保护规划及实际工作经验，规划中采取的预测方法应具备操作简单、认知度高、资料获取相对容易的特点，常用的两种预测方法为定额预测法和需水预测法。

（3）技术方法。定额预测法是利用各项排水定额及有关社会经济指标的变化、以现状调查的工业废水和生活污水排放量为基础，预测规划年废污水的排放量；需水预测法是以已有规划水资源配置方案中的需水量为基础，推求废污水的排放量。

2. 污染物排放量预测方法

(1) 适用范围。污染物排放量预测方法适用于对规划流域（区域）规划水平年污染物的排放量进行预测。

(2) 技术要点。污染物排放量预测主要对生活污水、工业污水等中的污染物排放量进行预测。

(3) 技术方法。对于生活污水，污染物排放量＝浓度推荐值×生活污水排放量，其中有污水处理厂的功能区，污染物排放量＝浓度推荐值×未处理的污水浓度＋污水处理厂出水浓度×处理量；对于工业污水，污染物排放量＝平均排放浓度×工业污水排放量（经源内处理后），污染物排放量＝浓度推荐值×工业污水排放量（未经源内处理）。

3.3.4.2 污染物入河湖控制量核定技术

(1) 适用范围。该技术适用于江河湖泊水功能区入河湖量核定。

(2) 技术要点。江河湖泊水功能区入河湖控制量，应在核定水域纳污能力的基础上，结合全国水资源综合规划和各流域综合规划修编成果、区域经济技术水平、河流水资源配置等因素，严格控制入河湖排污总量，综合确定江河湖泊水功能区分阶段入河湖控制量方案。对于不同类型的功能区，控制方案的制订不同。功能区类型划分为现状水质达标的水功能区，大江大河干流的保护区，省界缓冲区，饮用水源区及其他重要水功能区，现状水质不达标但入河污染物削减任务较轻的水功能区，由于上游污染导致本功能区水质不达标的或污染来源难以控制、污染物削减可达性较差的水功能区，现状水质不达标且入河湖污染物削减任务较重的水功能区。

(3) 技术方法。对于现状水质达标的水功能区，污染物入河湖量小于纳污能力，应根据水域纳污能力，结合限制污染物入河量和社会发展需求合理确定规划水平年入河湖控制量。确定的污染物入河湖控制量应小于或等于水域纳污能力；对于大江大河干流的保护区、省界缓冲区、饮用水源区及其他重要水功能区，原则上应在规划年达到水功能区水质目标要求，以核定的纳污能力作为规划年入河湖控制量；对于现状水质不达标但入河湖污染物削减任务较轻的水功能区，原则上近期期间应优先实现水质达标，即采用核定的纳污能力作为规划年入河湖控制量；对于由于上游污染导致本水功能区水质不达标的，或污染来源难以控制，污染物削减可达性较差的水功能区，其水平年仍不能达标，应根据本水功能区纳污能力确定规划年入河湖控制量进行污染控制；对于现状水质不达标且入河湖污染物削减任务较重的水功能区，综合考虑水功能区现状水质、现状污染物入河湖量、污染物削减程度、社会经济发展水平、污染治理程度及其下游水功能区的敏感性等因素，预计规划年仍不能实现水功能区水质达标的，按照从严控制、未来有所改善的要求，确定水功能区规划年入河湖控制量。

3.4 水资源管理责任和考核制度

3.4.1 水资源管理责任

(1) 基本内容。将各级政府对河湖环境质量负责的法定要求落实到具体行政负责人，形成一荣俱荣、一损俱损的责任链条；多部门协同，明确各类主体的职能和责任，形成上下游、干支流、沟渠一体化的系统治理；加快推进河湖长制立法，科学设置河湖长责、权、利，规范河湖长职责、河湖长履职与部门执法的联动机制、河湖长的考核和问责机制；建立河湖日常监管巡查制度，落实河湖管理保护执法监管责任主体，加强执法监管，开展专项督察，真正形成责任明确、协调有序、监管严格、保护有力的江河湖库管理保护机制，对落实不到位的，严肃追究河湖长的责任。

(2) 基本目的。确保最严格水资源管理制度主要目标和各项任务措施落到实处。

(3) 基本要求。坚持党政领导、部门联动，建立健全以党政领导负责制为核心的责任体系，明确各级河湖长职责，强化工作措施，协调各方力量，形成一级抓一级、层层抓落实的工作格局；坚持生态优先、绿色发展，牢固树立尊重自然、顺应自然、保护自然的理念，处理好河湖管理保护与开发利用的关系，强化规划约束，促进河湖休养生息、维护河湖生态功能；坚持问题导向、因地制宜，立足不同地区不同河湖实际，统筹上下游、左右岸，实行“一河（湖）一策”，解决好河湖管理保护的突出问题；坚持强化监督、严格考核，依法治水管水，建立健全河湖管理保护监督考核和责任追究制度，拓展公众参与渠道，营造全社会共同关心和保护河湖的良好氛围。

3.4.2 水资源管理考核制度

(1) 基本内容。水资源管理考核内容为最严格水资源管理制度目标完成情况、制度建设和措施落实情况，包括用水总量控制、用水效率控制、水功能区限制纳污、水资源管理责任和考核等制度建设及相应措施落实情况。根据不同河湖存在的主要问题，实行差异化绩效评价考核，将领导干部自然资源资产离任审计结果及整改情况作为考核的重要参考；县级及以上河湖长负责组织对相应河湖下一级河湖长进行考核，考核结果作为地方党政领导干部综合考核评价的重要依据；实行生态环境损害责任终身追究制，对造成生态环境损害的，严格按照有关规定追究责任。

(2) 基本目的。对管辖范围内的河道、湖泊逐条逐个明确由各级党政领导担任河湖长，负责落实该河道、湖泊的整治和管理等各项措施，以实现河道、湖泊水质与水环境的持续改善，保障和促进经济社会的可持续发展。

(3) 基本要求。年度考核排名倒数第一且考核结果不合格的河湖长，由上一级河湖长对其进行诫勉谈话；年度排名倒数第二且考核结果不合格的河湖长，对其发出预警提示；对连续3次考核排名后两位且有一次考核不合格的河湖长，实行“一票否决”，建议对其工作岗位进行调整，并在两年内不予提拔重用；对连续2次考核排名后两位且有一次考核不合格的河湖长，予以通报批评，并由上一级河湖长对其进行诫勉谈话；考核结果不合格的市、县（市、区）及省直有关单位，应在考核结果通报一个月内，提出整改措施，向省河湖长制办公室书面报告。

第4章　河湖水域岸线管理保护技术指南

《意见》对河湖水域岸线管理保护提出了明确的要求，即严格水域岸线等水生态空间管控，依法划定河湖管理范围。落实规划岸线分区管理要求，强化岸线保护和节约集约利用。严禁以各种名义侵占河道、围垦湖泊、非法采砂，对岸线乱占滥用、多占少用、占而不用等突出问题开展清理整治，恢复河湖水域岸线生态功能。

河湖水域岸线包括河湖水域与岸线，岸线为水陆边界线一定范围的带状区域，河湖水域是指江、河、湖泊、水库、塘坝、人工水道等在设计洪水位或历史最高洪水位下的水面范围及河口湿地（不包括海域）。为了保护河湖水域的生态功能及提高河湖水域的经济效益，合理并有效地利用和管理河湖水域岸线，规范地划定水生态空间，本章从河湖水域岸线现状调查评价、河湖水域岸线功能分区及岸线管理、河湖水域岸线保护措施和水生态空间管控四节内容展开介绍河湖水域岸线管理保护技术指南的内容。本章技术路线如图4.1所示。

4.1　河湖水域岸线现状调查评价

4.1.1　岸线及利用情况调查及评价技术

（1）适用范围。该技术适用于河湖水域岸线的基本特征调查、沿岸堤防险工段及崩岸段情况调查、岸线功能区调查、岸线利用情况调查与评价。

1）岸线基本情况调查需要调查岸线的地质特征和水文特征，包括岸线的长度、水深、形态、比降；断面结构型式、宽度、坡比、有无堤防、有无边滩等；河道岸线凹岸和凸岸的岩石或泥沙的化学成分，河床的水沙条件（河床的淤积情况和冲刷情况）。

2）沿岸堤防险工段需要调查堤防的基本特征、成险工段、成险原因以及治理措施。基本特征包括堤防的长度、堤高、堤外侧边坡和内侧边坡、堤底宽度、堤体结构，功能类型（防洪堤、行洪堤、干堤、支堤）；成险工段包括成险工段的地理位置、成险工段的长度；成险原因包括成险出现时间及持续时间，成险类型（渗水、塌岸、堤体滑坡）。

3）崩岸段情况调查需要调查其地理位置、岩石组成成分、崩岸段的长度等；崩岸原因主要包括自然因素和人为因素，其中，自然因素主要包括河湖水流动力条件、岸坡土体条件、河床边界条件、渗流或波浪；人为因素主要包括不合理的采砂和坡顶加载。

4）岸线功能区调查需要调查岸线保护区、岸线保留区、岸线控制利用区和岸线开发

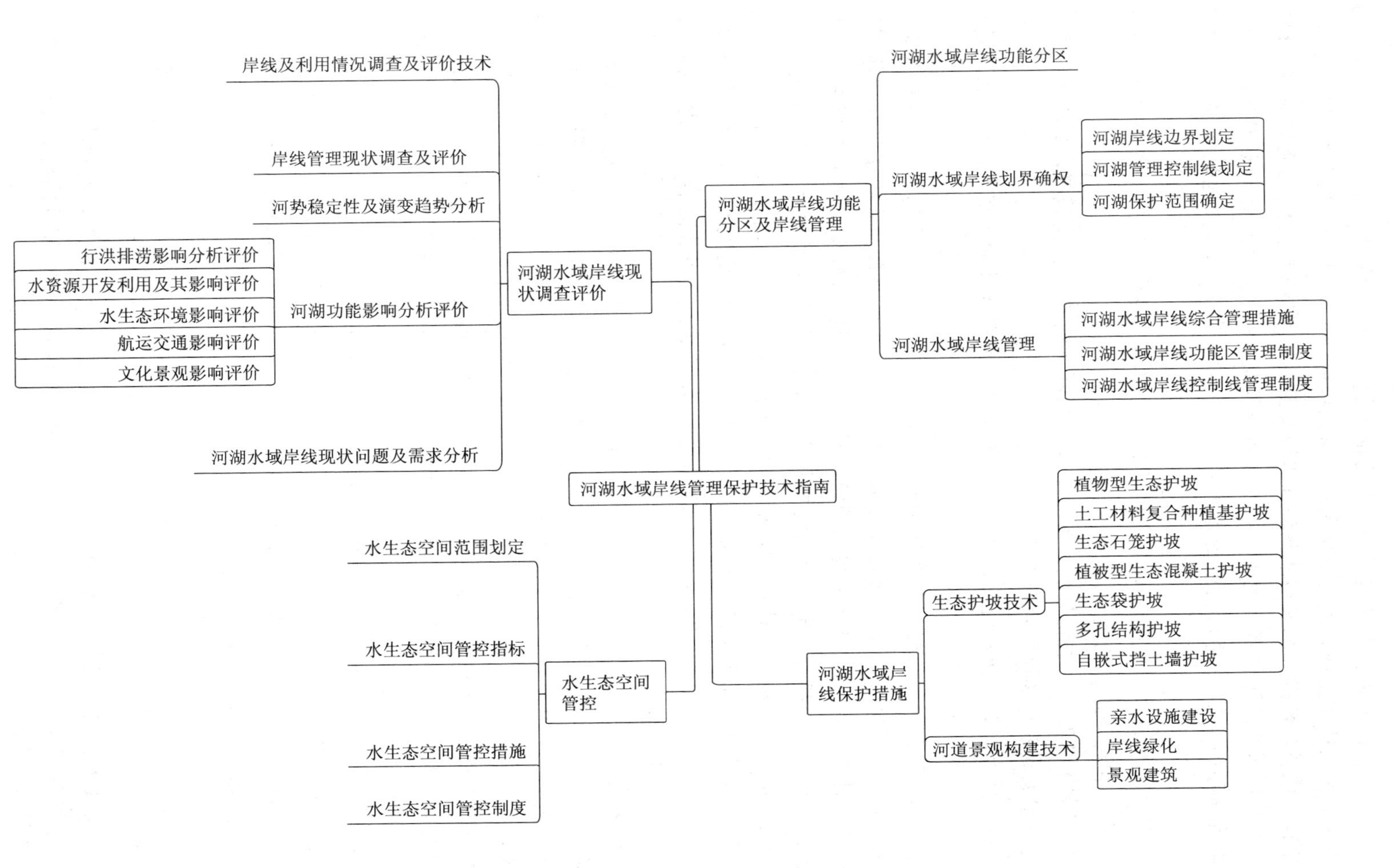

图 4.1 河湖水域岸线管理保护技术指南技术路线

利用区；岸线保护区现状调查应包括现有河道的岸线保护区的范围、数量、地理位置以及岸线保护区的水文地质条件和人文经济条件；岸线保留区现状调查包括现存的岸线保留区的地理位置、数量、范围、水文地质条件和水环境条件；岸线控制利用区现状调查应包括现存的岸线控制区的地理位置、范围、水文地质条件及水环境条件；岸线开发利用区现状调查应包括现存的岸线开发利用区的地理位置、数量、范围、水文地质条件及水环境条件。

5）岸线利用情况调查主要是对岸线利用工程的类型、规模、用途、占用性质（永久或临时）、分布情况等进行调查。

6）岸线利用情况评价主要是统计各类工程岸线利用的长度、面积等，分析岸线开发利用程度与相关规划与区划的协调性。

（2）技术要点。调查技术主要包括人工调查技术、资料统计分析技术、经验公式计算技术、无人机技术、遥感影像技术。

（3）技术方法。人工调查技术是最传统最常见的调查方法之一，通过实地调研与走访相结合的方法收集需要的信息；资料统计分析技术通过已有资料的收集整理获取所需信息；经验公式计算技术主要用于岸线利用情况评价，使用已有经验公式对各指标进行计算，从而评价现状岸线利用情况；无人机技术通过搭载高分辨率数码相机进行快速测图，也可以搭载视频采集设备，实时采集并回传即时的影像数据，体现出分辨率高、实效性好等优势，还可以搭载合成孔径雷达设备，在云雾天气获得高清晰度图像；遥感影像技术可以对遥感影像预处理，通过几何校正、辐射定标、大气校正、图像融合、图像拼接与裁剪、水体提取等获取所需信息。

（4）限制因素。人工调查技术所需工作量大、耗时多、效率低，在目标区域较大时不适合单独使用；资料统计分析技术依赖于已有资料的完整性与可获取性，当资料不足时需要与其他技术配合使用；经验公式计算技术要求目标计算值已有适用的经验公式；使用无人机技术需要严格遵守国家相关规定，在禁飞区以及天气情况不允许时不能使用无人机技术；遥感影像技术对影像数据的精度要求往往较高，图像判读、解译后获得的信息往往会和实际情况有出入，在很多情况下用计算机判读、解译比用熟练的人工误差大，但全靠人工，解译工作量很大、周期很长。

（5）技术比选。人工调查技术操作难度低，能充分发挥调查人员的主观能动性，获取各种类型的资料，准确性高；资料统计分析技术得到的资料具有完整性和系统性；经验公式计算技术可操作性高；无人机技术与遥感影像技术获取所需信息的效率高，便利性高。

4.1.2 岸线管理现状调查及评价

（1）基本目的。调查并评价河湖水域岸线管理主体及责任、管理机制建设、日常运行维护情况等。

（2）基本要求。主要需要调查河湖管理范围、河湖生态空间范围、河湖的管理主体、对涉水工程的审批制度和审批流程、建设工程的影响补偿制度、全流域的统筹规划、地方政府对其管理范围内的河湖所制定的规章制度、经济调控手段等。

（3）基本内容。

1）需调查河湖水域岸线管理范围内主管部门的运作机制，分析是多部门主管还是单一部门主管，如果是多部门主管，各部门责任范围和权利范围大小、各部门是否存在责任权属不明确的现象、各部门是否存在管理范围交叉现象、各部门制定的政策法规是否相互矛盾。

2）需调查对涉水工程的审批制度是否健全、审批流程是否存在漏洞、建设工程的补偿制度是否合理以及已建成的涉水工程是否对其所在流域进行有效的经济补偿。

3）需调查当地政府是否对河湖主管部门进行政策干预，当地政府制定的经济发展政策是否与全流域的统筹规划相矛盾，是否有经济利益纠纷。

4）搜集河湖所在流域的规划文件，分析建设工程是否违规。

5）分析岸线功能分区管理制度及经费使用是否完善等。

由于不同河湖水域岸区的保护、功能开发利用程度不同，涉及的管理内容会有所不同，管理现状调查评价可结合功能区的具体情况分别进行。河湖水域岸线管理部门调查尽量涵盖岸线利用管理所涉及的部门，调查深度可根据开发利用程度以及对河道功能影响的程度而有所差别。

4.1.3 河势稳定性及演变趋势分析

（1）基本目的。通过现场测量、数学计算、资料分析等方法分析河势稳定性及演变趋势。

（2）基本要求。需要收集的资料主要有不同河段的现有水沙、洪水、河道治理工程、控制性工程、险工险段治理情况等基础资料，对资料条件较差的河流（段）可根据需要进行补充调查；不同河段已有河势稳定性分析方面的有关成果和资料。

（3）基本内容。

1）河势稳定性分析。内容主要包括自然因素和人为因素对河道水势稳定性的影响，其中自然因素包括河道水沙条件、洪水特点，岸线的土石特征等；人为因素主要为河岸的各类工程，主要分析内容如下：

a. 在流域综合规划修编等设计水沙的基础上，分析河段水沙特性、洪水特点、河床和河岸抗冲能力等自然因素，河道整治工程、控制性工程等相关人类活动因素对河势稳定性的影响，分析不同河段河势稳定性。

b. 分析上游大型骨干工程建设、水土保持生态建设工程等对河势变化的影响，分析预测河势变化趋势。

c. 分析不同河段河势变化的基本情况，对防洪、航运、水资源利用和水生态环境保护等影响较大、近年来冲淤变化大、主流摆动、崩塌岸现象较严重、河势变化剧烈的河段，应对河势的稳定性作重点分析。

d. 根据以上分析，以河段为单元对河势的稳定性进行评价，提出评价意见。岸线稳定程度分为三类：岸线基本稳定是指河段主流线、河岸顶冲部位和河床基本稳定，岸线冲淤变化不大或仅有微冲微淤；岸线相对稳定是指河段上下游节点具有一定控导能力，主流线、河岸顶冲部位和河岸、河床存在一定幅度的摆动、变化，岸线冲刷或淤积程度较小；不稳定岸线是指河段上下游节点控导能力较差，主流线、河岸顶冲部位和河岸、河床存在较大幅度的摆动、变化，岸线冲刷或淤积变化较大。

2）河口演变趋势分析。应综合考虑各方面因素，合理预测河口滩槽、河口形态等演变趋势。主要从以下几个方面进行分析：

a. 自然因素影响，如河流水沙条件影响（特别是大洪水的影响），潮汐影响（特别是风暴潮的影响），河床地质组成、河口地形、河口水域的风浪、潮流、盐水楔、异重流等影响。

b. 人类活动影响，如水土保持工程、围垦活动、河口整治工程、航道疏浚、河道采砂、港口码头、桥梁等。

c. 对河口地区，还需分析拦门沙变化情况，如拦门沙位置、规模及发展、演变过程等。

4.1.4 河湖功能影响分析评价

4.1.4.1 行洪排涝影响分析评价

（1）基本目的。分析涉河涉堤建筑物、构筑物（道桥、码头、排污管道等）对水文、壅水、河势、冲刷与淤积、防洪工程等的影响并进行综合评价。

（2）基本要求。分析涉河涉堤建筑物、构筑物的基本情况、河道基本情况以及河道演变情况；分析计算防洪排涝影响；对涉水工程进行行洪排涝影响评价。

（3）基本内容。

1）水文分析计算。主要内容应包括资料的审查与分析资料的插补和延长，采用的计算方法、公式，有关参数的选取及其依据不同频率设计流量及设计水位的计算成果的合理性分析。

2）壅水分析计算。占用河道断面，影响洪水下泄的阻水建筑物，应进行壅水分析计算。一般情况下可采用规范推荐的经验公式进行计算，对于壅水高度和壅水范围对河段的防洪影响较大的阻水建筑物，要开展数学模型计算或物理模型试验。

3）冲刷与淤积分析计算。河道的冲淤变化可能产生影响的工程，应进行冲刷与淤积分析计算。一般情况下可采用规范推荐的经验公式，结合实测资料，进行冲刷和淤积分析计算；所在河段有重要防洪任务或重要防洪工程的，还应开展数学模型计算或物理模型试验研究。

4）河势影响分析计算。工程规模较大的或对河势稳定可能产生较大影响、所在河段有重要防洪任务或重要防洪工程的工程，除需结合河道演变分析成果，对项目实施后河势及防洪可能产生的影响进行定性分析外，还应通过数学模型计算或物理模型试验进行定量计算的分析。

5）上述计算方法可参照《洪水影响评价报告编制导则》（SL 520—2014）。涉及河口及感潮河段，因潮汐动力的改变对防洪、排涝及河道（口）稳定均有影响，应同时进行潮汐动力分析。

6）根据工程的基本情况以及河道演变分析成果、防洪评价计算或试验研究结果，对工程的防洪影响进行综合评价。影响评价的主要内容有：

a. 工程与有关规划的关系及影响分析。

b. 工程是否符合防洪防凌标准、有关技术和管理要求。

c. 工程对河道泄洪的影响分析。

d. 工程对河势稳定的影响分析。

e. 工程对堤防、护岸及其他水利工程和设施的影响分析。

f. 工程对防汛抢险的影响分析。

g. 工程防御洪涝的设防标准与措施是否适当。

4.1.4.2 水资源开发利用及其影响评价

(1) 基本目的。对水资源开发利用对环境所造成的影响进行分析评价。

(2) 基本要求。分析水环境问题的性质及其成因；调查统计水环境问题的形成过程、空间分布特征和已造成的正面和负面影响；分析水环境问题的发展趋势；提出防治、改善措施。

(3) 基本内容。

1) 分析河道退化和湖泊、水库萎缩的水环境问题。包括河床变化和湖泊、水库蓄水量及水面面积减少的定量指标等。

2) 分析次生盐碱化和沼泽化的水环境问题。包括地下水及问题土壤面积、地下水埋深、地下水水质、土壤质地和土壤含盐量的定量指标；

3) 分析地面沉降的水环境问题。包括开采含水层及其顶部弱透水层的岩性组成、厚度；年地下水开采量、开采模数、地下水埋深、地下水位年下降速率；地下水位降落漏斗面积、漏斗中心地下水位及年下降速率；地面沉降量及年地面沉降速率。

4) 分析海水入侵和咸水入侵的水环境问题。包括可开采含水层岩性组成、厚度、层位；开采量及地下水位；水化学特征，包括地下水矿化度或氯离子含量。

5) 分析沙漠化地区的水环境问题。包括地下水埋深及植物生长、生态系统的变化。

4.1.4.3 水生态环境影响评价

(1) 基本目的。充分识别污染物类型及其来源，分析排污口、港口与码头（固体废弃物、油类和其他污染物质）、渔业生产等对水生态环境的影响。

(2) 基本要求。主要通过调查水域水环境状况、水功能区达标情况和水生生物对水域水生态环境进行调查评价。

(3) 基本内容。

1) 水生态环境调查。主要包括水域水质状况调查和生物状况调查。具体内容如下：

a. 河道水环境现状调查主要包括水域水污染源调查、水体水环境质量调查、水文调查等。

b. 生物状况调查主要是对水生动物和水生植物进行调查。其中，水生动物调查区域内国家保护（保育类）动物或其他重要涉水动物，水生植物调查河流滨岸带植物主要类型及植被覆盖度等。

2) 水生态环境影响评价。根据水域水生态环境调查内容，水域水生态环境影响评价主要对现状水质不达标或水生生物保护的水域进行影响评价。主要内容包括：

a. 入河污染物超标情况分析。根据水功能区水质达标目标要求、入河污染物限排量、污染物入河量和水质监测数据等资料，分析入河主要污染物在水体中的时空变化及超标情况，并作为排污口调整的依据。

b. 建设项目水环境影响评价。对于港口与码头、渔业生产等建设项目，可参照《环境影响评价技术导则 地表水环境》(HJ 2.3—2018) 相关要求进行水环境影响评价。

c. 感潮河段水环境影响评价。一般可以按潮周平均、高潮平均和低潮平均三种情况进行评价。感潮河段下游可能出现上溯流动，此时可按上溯流动期间的平均情况评价水质。

d. 水生生物及生境影响评价。当水生生物保护对地面水环境要求较高时（如珍稀水生生物保护区、经济鱼类养殖区等)，应分析建设项目对水生生物和生境的影响。

4.1.4.4 航运交通影响评价

(1) 基本目的。分析评价涉水工程建设对航运交通功能的影响。

(2) 基本要求。通过调查航道航运现状、港口现状以及通航环境等情况对河湖航运交通情况进行调查评价。

(3) 基本内容。

1) 河道航运现状调查。

a. 航道现状包括航道现状技术等级、航道尺度、航道布置、助航标志设置、航道整治等内容。

b. 港口现状包括工程附近的岸线使用情况，港口及锚地的布置、功能、规模等内容。

c. 通航环境包括与通航有关的设施、通航条件、通航安全状况等内容。

2) 涉水工程对航道航运影响评价。

a. 工程对水流、潮流条件的影响。应评价工程对局部水域流速、流向、流态、纳潮量、波浪、水位、潮位、比降变化等的影响。

b. 工程对河床、海床演变的影响。应评价工程对河床、海床冲淤变化的影响，工程需采取疏浚、吹填等措施的，尚应评价工程疏浚、吹填等对河床、海床演变的影响。开展模型试验的，应结合试验研究成果进行评价。

c. 工程对航道布置、航道尺度及助航标志设置的影响。应根据工程区域不同水位或潮位期航道布置情况，分析工程方案与航道布置的关系，评价工程对航道边线等平面布置的影响、对航道布置调整的影响；评价工程对航道宽度、水深、弯曲半径等的影响；评价工程对附近助航标志的设置、维护及功能发挥的影响，以及对其他相关助航设施的影响。

d. 工程对航道整治工程的影响。应评价工程对已建、在建、规划的航道整治工程建筑物稳定及功能发挥等的影响。

e. 工程对船舶通航的影响。应评价工程对船舶航路、习惯航路、定线制航路设置的影响，以及工程对工程区域船舶交通组织、航道通过能力、通航秩序及船舶驾驶操作的影响，开展通航安全模拟试验的，应结合试验成果进行评价。

4.1.4.5 文化景观影响评价

(1) 基本目的。对建设项目所引起景观的变化进行预测影响分析与评价。

(2) 基本要求。通过调查沿岸文化古迹、自然景观等资源，运用环境美学的观点，根据不同环境功能分区的美学标准，对河湖范围内的文化景观进行调查评价。

（3）基本内容。

1）沿岸文化景观资源调查。

a. 确定基本调查区域。以建设项目的开发引起景观变化的范围作为调查区域。

b. 自然环境方面调查。如地址、地形、水体、植被、可见动物等。

c. 人文方面调查。如文化遗迹、景观建筑物、受影响的人士以及他们对景观特色的感觉等。

d. 景观美感方面研究。如可供观赏的景色、怡人的视觉景象和视觉景象的特色等。

2）工程建设对文化景观影响评价。

a. 分析建设项目对某些景观要素所产生的直接影响。

b. 对构成景观特色、具有地区及区域性的独特景观所产生的影响。

c. 对认为具有特殊价值的地点和具有高度景观价值的地方所产生的影响。

常用评价方法有景观美感文字描述法、景观印象评价法、计分评价法等。

4.1.5 河湖水域岸线现状问题及需求分析

（1）基本目的。对河湖水域岸线现状问题进行分析，并提出对下一步岸线保护及利用的需求。

（2）基本要求。综合分析河湖水域岸线现状开发利用和管理保护情况以及存在的问题，并对主要问题进行重点详细的阐述；充分解读相关规划，明确规划范围内河湖水域岸线开发利用的目标任务以及相关要求，并梳理规划需求，注意不同规划之间的衔接和层次关系；在河湖水域岸线现状及存在的问题分析的基础上，提出岸线管理保护和经济社会发展对岸线利用的需求。

（3）基本内容。

1）河湖水域岸线开发利用与管理保护情况评价。

a. 调查岸线利用现状及其历史演变，分析防洪工程设施、供水工程设施、航道整治、取排水口、排涝工程、跨河建筑物等占用岸线规模、范围、分布的基本情况。

b. 对现状利用岸线情况进行分类统计，分析评价各段岸线功能区开发利用程度、水平，了解岸线利用项目审批和管理情况。

c. 总结现状岸线利用及管理上存在的主要问题，评价各类岸线开发利用程度及合理性。

d. 综合考虑岸线所处区位、岸线稳定性、岸线前沿水域水深和宽度、涉水工程和堤防险工情况等多方面因素，分析研究现状岸线利用对河势稳定、防洪安全和供水安全、航运、生态环境及其他方面产生的影响。

2）河湖水域岸线现状问题分析。目前我国岸线管理尚无明确的管理部门及专门的法规，呈现出水利、国土、交通、海洋、渔政等多部门综合管理的状态。各部门依据各自行业法规管理岸线，但由于岸线范围界定不明确、岸线管理专门法规缺失、已有部门缺乏协调及有效的经济调控手段等原因，岸线管理呈现出复杂局面，主要存在的问题有以下几个方面：

a. 岸线利用管理体制不健全，缺乏有效的协调机制。

b. 岸线利用缺乏统一规划，已有规划权威性不足。

c. 岸线利用管理制度不完善，管理依据不足。

3）河湖水域岸线利用需求分析。河湖水域岸线利用需求分析在岸线现状利用分析评价的基础上，根据有关行业提出的规划水平年对岸线利用规划要求，结合河道（湖泊）的岸线资源条件，确保防洪工程建设、河道行洪安全、河势稳定，保护生态环境的要求，按照自上游至下游，左右岸兼顾的原则，对各功能区内的建设项目逐一进行复核，分析建设项目对防洪安全、河势稳定、供水和生态环境方面产生的影响，与已确定的岸线功能分区进行对照，对各行业的岸线利用需求合理性进行分析，提出评价意见。

4.2 河湖水域岸线功能分区及岸线管理

4.2.1 河湖水域岸线功能分区

（1）基本目的。满足流域综合规划、防洪规划、水功能区划及河湖整治规划、航道整治规划等方面的要求，统筹协调近远期防洪工程建设、河湖生态功能保护、滩地合理利用、土地利用等规划以及各部门对岸线利用的要求。

（2）基本要求。根据岸线资源的自然和经济社会功能属性以及不同的要求，将岸线资源划分为不同类型的区段。岸线一级功能区分为岸线保护区、岸线保留区、岸线控制利用区和岸线开发利用区四类。

（3）基本内容。

1）岸线保护区。岸线保护区是指对流域防洪安全、水资源保护、水生态保护、珍稀濒危物种保护及独特的自然人文景观保护等至关重要而禁止开发利用的岸线区。一般情况下是国家和省级保护区（自然保护区、风景名胜区、森林公园、地质公园自然文化遗产等）、重要水源地等所在的河段，或因岸线开发利用对防洪和生态保护有重要影响的岸线区应划为保护区。

2）岸线保留区。岸线保留区是指规划期内暂时不开发利用或者尚不具备开发利用条件的岸线区。对河道尚处于演变过程中，河势不稳、河槽冲淤变化明显、主流摆动频繁的河段，或有一定的生态保护或特定功能要求，如防洪保留区、水资源保护区、供水水源地、河口围垦区的岸线等应划为保留区。

3）岸线控制利用区。岸线控制利用区是指因开发利用岸线资源对防洪安全、河流生态保护存在一定风险，或开发利用程度已较高，进一步开发利用对防洪、供水和河流生态安全等造成一定影响，而需要控制开发利用程度的岸线区段。岸线控制利用区要加强对开发利用活动的指导和管理，有控制、有条件地合理适度开发。其中，岸线控制利用区进一步划分为工业与城镇建设利用区、港口利用区、基础设施利用区、农渔业利用区、旅游休闲娱乐利用区、特殊利用区和综合利用区，即为河湖水域岸线二级功能区划。

4）岸线开发利用区。岸线开发利用区是指河势基本稳定，无特殊生态保护要求或特定功能要求，岸线开发利用活动对河势稳定、防洪安全、供水安全及河流健康影响较小的岸线区，应按保障防洪安全、维护河流健康和支撑经济社会发展的要求，有计划、合理地开发利用。

5）其他划分注意事项。

a. 国家和省（自治区、直辖市）级人民政府批准划定的各类自然保护区的河段（湖泊）岸线，一般宜列为岸线保护区。地表水功能区划分中已被划为保护区的，原则上相应河段岸线应划为岸线保护区。

b. 重要的水源地河段可根据具体情况划为岸线保护区或岸线保留区。

c. 处于河势剧烈演变中的河段岸线，河道治理和河势控制方案尚未确定的河段岸线或河口围垦区宜划定为保留区。

d. 城市区段岸线开发利用程度相对较高，工业和生活取水口、码头、跨河建筑物较多。根据防洪要求、河势稳定情况，在分析岸线资源开发利用潜力及对防洪及生态保护影响的基础上，可划为开发利用区或控制利用区。

e. 河段的重要控制点、较大支流汇入的河口可作为不同岸线功能区之间的分界。

f. 为便于岸线利用管理，市（地）级行政区域界可作为河段划分节点，岸线功能区不能跨地级行政区。

4.2.2　河湖水域岸线划界确权

（1）基本目的。对纳入河长制管理的河湖的岸线边界、管理范围、保护范围进行划界确权，坚持以不动产统一登记为基础，将全区河流、湖泊等生态空间纳入自然资源统一确权登记范畴，为建立水生态环境治理长效机制、河湖管理保护体系、全面推行河长制奠定坚实基础。

（2）基本要求。

1）依法划定河湖水域及水利工程的岸线边界、管理范围和保护范围界线，明确权利归属关系和权责，维护河湖水域及水利工程权利人的合法权益。

2）摸清河湖及水利工程资源情况和范围边界，依法调查各类权属，对管理范围内权属清晰的不动产权利按照法定程序进行确权登记。

3）制定符合地方实际的划界确权实施方案，坚持划界确权一地一策、一河一策、分类指导。

4）划界确权相关部门要有效衔接，充分收集和利用既有河道流域整治、湿地确权登记、水利设计竣工、水利普查、小型水利工程确权等成果，实现各类调查成果共享应用。

（3）基本内容。

1）确定河湖水域划界确权单元，制作工作底图。以土地利用现状图作为基础，结合正射影像图、地理国情普查、农村土地确权成果，初步确定河湖和水利工程划界确权单元，制作自然资源调查登记单元基础图件。将制作的基础图件通过“三个图层相叠加”的方式，即集体土地所有权确权登记发证、国有土地使用权确权登记发证和土地利用现状图相叠加，确定国有、集体土地界线，初步标注耕地、林地、草原、水流、湖泊、沼泽、未利用土地等现状土地用地的范围，标注已经登记的用益物权信息。

2）调查划界确权单元内自然资源状况。利用制作的自然资源调查登记单元基础图件，开展资源调查，查明单元范围内自然资源的自然属性和自然要素。其中，自然属性包括自然资源类型、地理位置、四至边界、面积等；自然要素包括单元空间内的水流、森林、山岭、草原、荒地、滩涂等自然资源。

3）调查划界确权单元内自然资源权属状况。利用制作的自然资源调查登记单元基础图件，查清自然资源调查登记单元内自然资源的权属状况。一是所有权状况，明晰全民所有权和集体所有权的边界及不同集体所有者的边界。查清国有土地范围内不同层级政府水资源管理界线，查清集体土地范围内不同所有权主体之间界线，查清不同资源自然资源界线。二是已登记的其他不动产权利状况，包括取水权、林权、草原使用权、“四荒地”承包经营权、探矿权、采矿权等不同类型权利的权利主体、边界、面积等信息。

4）制作河湖水域岸线划界确权成果图件。根据调查区域内资源的自然状况、权利状况，按照《自然资源统一确权登记办法（试行）》（国土资发〔2016〕192号）的规定，制作河湖水域岸线划界确权成果图件，可作为确权登记簿附图。内容包括自然资源登记范围界线、面积，所有权主体名称，已登记的不动产权利界线，不同类型自然资源的边界、面积等信息。制定的图件，连同调查资料，征求环保、水利、农业、林业、规划等主管部门的意见，经审定确认后最终形成河湖水域岸线划界确权成果图件（登记附图）。

5）河湖水域资源统一确权登记。自然资源调查登记单元确定后，由各县（市、区）人民政府进行通告。调查结束后，各县（市、区）人民政府不动产登记机构对调查结果、登记附图和相关审批文件等登记内容进行审核。审核无异议的，将登记事项在各县（市、区）政府门户网站及政务大厅进行公告。公告期为15个工作日。公告期满无异议或者异议不成立的，各县（市、区）人民政府不动产登记机构将登记事项记载于自然资源登记簿。

6）登记信息的管理和应用。建立县（市、区）河湖水域划界确权数据库，将河湖水域调查确权过程采集的矢量数据及编辑的属性信息入库，汇总建立自治区级河湖水域岸线划界确权数据库，实现与不动产登记信息有效衔接。依托不动产登记信息平台共享系统，实现自然资源统一确权登记信息与农业、水利、林业、环保、财税等相关部门管理信息互通共享，为自然资源管理奠定基础。

7）设立权属争议搁置区。厘清登记范围内存在权属争议和纠纷的河湖水域及水利工程状况，调查各类自然资源权属争议区域，设置权属争议搁置区，并建档立册。

4.2.2.1 河湖岸线边界划定

（1）基本目的。确定河湖水域岸线边界。

（2）基本要求。借助划界工作，掌握河湖水域岸线开发利用、保护基本情况和各种不同类别涉河建设项目的权属、位置、特征参数等信息，同时厘清涉河建设项目审批、建设、监管的责任主体，为今后河湖治理管护打下基础。

（3）基本内容。

1）岸线边界。岸线边界（调查登记单元界线）是指河流、湖泊、水利工程等调查登记单元的外围界线。例如，一般无堤防的天然河湖以历史最高洪水位或设计洪水位为界，有堤防的河湖或水利工程以堤防、库坝外坡脚为界。

2）河道岸线范围。干流及一级支流，有堤防的，以堤防外坡脚为其岸线边界；有规划岸线的，以规划岸线为其岸线边界；无堤防或者无规划岸线的以历史最高洪水位或者设计洪水位为岸线边界。其他支流，有堤防河道的岸线边界范围为两岸堤防之间范围，包括水域、沙洲、滩涂（包括可耕地）、行洪区以及两岸堤防；无堤防的山区河道，岸线边界范围为满足该河道防洪标准的设计洪水位（或历史最高洪水位）与山体交线之间的范围，包括其中的水域、沙洲、滩地（包括可耕地）、行洪区及河口两侧 5～10m 等；无堤防的平原河道，岸线边界范围为河道两端河口线之间的范围，包括其中的水域、沙洲、滩地及河口两侧 5～10m。

3）湖泊岸线范围。有堤防的湖泊岸线边界范围包括两岸堤防之间的水域、沙洲、滩涂、行洪区、护堤；无堤防的湖泊岸线边界范围包括历史最高洪水位或者设计洪水位之间的水域、沙洲、滩涂、行洪区、环湖大堤与护堤地。

4.2.2.2 河湖管理控制线划定

（1）基本目的。为加强岸线资源的保护和合理开发，按沿河流水流方向或湖泊沿岸周边确定划定的管理控制线，确定河湖水域岸线管理控制范围。

（2）基本要求。

1）根据岸线管理保护的总体目标和要求，结合各河段的河势状况、岸线自然特点、岸线资源状况，在服从防洪安全、河势稳定和维护河流健康的前提下，充分考虑水资源利用与保护的要求，按照强化管控、有效保护与合理利用相结合的原则划定岸线控制线。

2）按照流域综合规划、防洪规划、水功能区划及河道整治规划、航道整治规划等方面的要求，统筹协调近远期防洪工程建设、河流生态功能保护、滩地合理利用、土地利用等规划以及各部门对岸线利用的要求，按照岸线保护的要求，结合需要合理划定。

3）应充分考虑河流左右岸的地形地质条件、河势演变趋势及与左右岸开发利用与治理的相互影响，以及河流两岸经济社会发展、防洪保安和生态环境保护对岸线利用与保护的要求等因素，合理划定河道左右岸的岸线控制线。

4）城市段的岸线控制线应在保障城市防洪安全与生态环境保护的基础上，结合城市发展总体规划、岸线保护与开发利用现状、城市景观建设等因素进行划定。

5）岸线控制线的划定应保持连续性和一致性，特别是各行政区域交界处，应按照河流特性，在综合考虑各行业要求，统筹岸线资源状况和区域经济发展对岸线的需求等综合因素的前提下，科学合理进行划定，避免因地区间社会经济发展要求的差异，导致岸线控制线划分不合理。

（3）基本内容。

1）临水控制线的划定。临水控制线是指为稳定河势、保障河道行洪安全和维护河流健康生命的基本要求，在河岸的临水一侧顺水流方向或湖泊沿岸周边临水一侧划定的管理控制线。

a. 在已划定河道治导线的河段，可采用河道治导线作为临水控制线。

b. 对河道滩槽关系明显，河势较稳定的河段，滩面高程与平滩水位比较接近时，可采用滩地外缘线为岸线临水控制线。对河道滩槽关系不明显的河段，可采用河道中水整治流量与岸边交界线、平槽水位与岸边的交界线或主槽外边缘线作为临水控制线，具体可根据实际情况分析确定。

c. 对河势不稳且滩地较窄的河段，可按堤防临水面堤脚线或已划定的堤防临水侧管理范围边线为临水控制线。

d. 对山区丘陵区河道，洪水涨落较快，岸坡较陡，临水控制线可按一定重现期（如两年一遇或五年一遇）洪水位水边线并留有适当的河宽确定。

e. 对已规划确定河道整治或航道整治工程的岸线，应考虑规划方案实施的要求划定临水控制线。

f. 蓄滞洪区是流域防洪体系的重要组成部分，位于河道内的蓄滞洪区应包括在岸线范围内。但相应河段在蓄滞洪区临河侧围堤朝向河道的一侧划定临水控制线，蓄滞洪区内不画线。

g. 临水控制线与河道水流流向应保持基本平顺。

h. 对湖泊临水控制线可采用正常蓄水位与岸边的交界线作为临水控制线；对未确定正常蓄水位的湖泊可采用多年平均湖水位与岸边的交界线作为临水控制线，或根据具体情况分析确定。

i. 河口区应根据海洋功能区划和地表水功能区划、已有的治导线规划、滩涂开发规划、航运及港口码头规划等，分析确定规划水平年的岸线长度与走向。

2）外缘控制线的划定。外缘控制线是指岸线资源保护和管理的外缘边界线，一般以河湖堤防工程背水侧管理范围的外边线作为外缘控制线，对无堤段河道以设计洪水位与岸边的交界线作为外缘控制线。

a. 有堤防河道。一级堤防的外缘管理控制线为堤身和背水坡脚起20～30m的护堤地处；二级、三级堤防的外缘管理控制线为堤身和背水坡脚起10～20m的护堤地处；四级、五级堤防的外缘管理控制线为堤身和背水坡脚起5～10m的护堤地处（险工地段可以适当放宽）。

b. 无堤防河道。平原地区无堤防县级以上河道外缘管理控制线为护岸迎水侧顶部向陆域延伸不少于5m处；其中重要的行洪排涝河道，护岸迎水侧顶部向陆域延伸部分不少于7m。平原地区无堤防乡级河道外缘管理控制线为护岸迎水侧顶部向陆域延伸部分不少于2m。其他地区无堤防河道外缘管理控制线根据历史最高洪水位或者设计洪水位外延一定距离确定。

c. 河道型水库库区段。河道型水库库区段外缘管理控制线为校核洪水位线或者库区移民线。

d. 海塘。外缘管理控制线一～三级海塘为背水坡脚起向外延伸30m；四～五级海塘为背水坡脚起向外延伸20m；有护塘河的海塘应当将护塘河划入外缘管理控制线的范围。

e. 已规划建设防洪及河势控制工程、水资源利用与保护工程、生态环境保护工程的河段，根据工程建设规划要求，在预留工程建设用地的基础上，划定外缘控制线。

4.2.2.3 河湖保护范围确定

（1）基本目的。确定河湖水域保护范围。

（2）基本要求。根据河湖的重要程度、堤基土质条件等，在河湖管理范围的相连地域划定河湖安全保护范围作为保护区域。

（3）基本内容。

河道保护范围：主要是保护河湖水域安全所需，在管理范围相邻地域划定，其中一～五级河道保护范围分别为管理范围外300m、200m、100m、50m、20m。

湖泊保护范围：在管理范围相连区域划定，其中一～三级湖泊保护范围分别为管理范围外200m、100m、50m。

1. 水生态保护红线的划定

（1）基本目的。生态保护红线是指依法在重点生态功能区、生态环境敏感区和脆弱区等区域划定的严格管控的边界，是国家和区域生态安全的底线，用以维护生态安全格局、保障生态系统功能、支撑经济社会可持续发展。

（2）基本要求。

1）根据《中华人民共和国环境保护法》规定，应在事关国家和区域生态安全的重点生态功能区、生态环境敏感区和脆弱区以及其他重要的生态区域内，划定生态保护红线，实施严格保护。

2）生态保护红线划定应在科学评估识别关键区域的基础上，结合地方实际与管理可行性，合理确定国家生态保护红线方案。

3）生态保护红线划定应与主体功能区规划、生态功能区划、土地利用总体规划、城乡规划等区划、规划相协调，共同形成合力，增强生态保护效果。

4）生态保护红线划定应与经济社会发展需求和当前监管能力相适应，预留适当的发展空间和环境容量空间，切合实际确定生态保护红线面积规模并落到实地。

5）生态保护红线区域面积可随生产力提高、生态保护能力增强逐步优化调整，不断增加生态保护红线范围。

（3）基本内容。

1）生态保护红线划定范围识别。依据《全国主体功能区规划》（国发〔2010〕46号）、《全国生态功能区划》（环发〔2015〕61号）、《全国生态脆弱区保护规划纲要》（环发〔2008〕92号）、《全国海洋功能区划》《中国生物多样性保护战略与行动计划》（环发〔2010〕106号）等国家文件和地方相关空间规划，结合经济社会发展规划和生态环境保护规划，识别生态保护的重点区域，确定生态保护红线划定的重点范围。

2）生态保护重要性评估。依据生态保护相关规范性文件和技术方法，对生态保护区域进行生态系统服务重要性评估和生态敏感性与脆弱性评估，明确生态保护目标与重点，确定生态保护重要区域。

3）生态保护红线划定方案确定。对不同类型生态保护红线进行空间叠加，形成生态保护红线建议方案。根据生态保护相关法律法规与管理政策，土地利用与经济发展现状与规划，综合分析生态保护红线划定的合理性和可行性，最终形成生态保护红线划定方案。

4）生态保护红线边界核定。根据生态保护红线划定方案，开展地面调查，明确生态保护红线地块分布范围，勘定生态红线边界走向和实地拐点坐标，核定生态保护红线边界。调查生态保护红线区各类基础信息，形成生态保护红线勘测定界图，建立生态保护红线勘界文本和登记表等。

2. 河岸生态保护蓝线的划定

（1）基本目的。控制水面积不被违章搭盖、侵占等，保障河道行洪安全，维护河流健康生命。

（2）基本要求。调查分析河道岸线开发利用现状，摸清河道治理基本情况，分析总结当前存在的主要问题；在深入分析河道演变规律与河势控制基础上，根据不同河道岸线的主要功能特点，统筹考虑河道行（蓄）洪、河道生态环境保护、航道治理、城市建设以及沿河（湖）地区国民经济和社会发展的要求，合理确定河道防洪岸线以河岸生态保护蓝线。

（3）基本内容。

1）流域面积在1000km^{2}以上的河流，或穿越设区市城区的河段预留不少于50m的区域。

2）流域面积为200～1000km^{2}的河流，或穿越县城及重要乡镇、开发区的河段预留不少于30m区域。

3）其他河流预留不少于15m区域。

4）河岸生态保护蓝线应以堤防背水侧堤脚线或防洪岸线为基线，按上述规定向背水侧延伸确定。已建堤防河段，以现有堤防背水侧堤脚线为基线；规划新建堤防河段，以规划堤防背水侧堤脚线为基线，且考虑合理余度；无堤防河段，以防洪岸线为基线。

4.2.3 河湖水域岸线管理

4.2.3.1 河湖水域岸线综合管理措施

1.“清四乱”

（1）基本目的。清理河道、湖泊管理管理范围内乱占、乱采、乱堆、乱建等突出问题。

（2）基本要求。有效控制非法占用水域行为，全面整治非法采砂，落实和巩固河道保洁全覆盖，扎实推进“无违建河道”创建，使河湖面貌明显改善。

（3）基本内容。

清理整治“乱占”问题主要包括：未经审批或不按审批要求非法侵占水域、滩地，种植阻碍行洪的林木及高秆植物。对全面排查、卫星遥感监测、河湖长巡查发现的非法占用水域、种植阻碍行洪的林木及高秆植物采取恢复原状、责令限期整改等措施全面清理整治。

清理整治“乱采”问题主要包括：严厉打击非法采砂行为，对违反法律法规的行为要依法追究其责任。对有采砂任务的河湖，严格采砂规划和许可制度，科学划定可采区和禁采区，规定禁采期，确定年度采砂控制总量、采砂船只控制数量等，采用安装视频监控系统和采砂船舶安装GPS定位系统等先进手段，加强采砂监管和日常监管。对已全面实行禁采的县（市、区），要加强水政巡查，同时充分利用基层河湖长的巡查力量，发现一处打击一处，实现区域内无采砂船只和设备。河道、航道疏浚等要实行工程项目化管理，编制初步设计方案，明确疏浚范围和淤泥（砂石）处理方式，严格审批。加强疏浚监管，严禁以清淤疏浚的名义非法采砂。

清理整治“乱堆”问题主要包括：河湖管理范围内乱扔乱堆垃圾，倾倒、填埋、贮存、堆放固体废物，弃置、堆放阻碍行洪的物体。要在已完成固废排查清理工作的基础上，继续查漏补缺、巩固成果，并抓紧因地制宜开展复绿等生态修复。重点查处河湖管理范围内垃圾、固体废物固定堆放点和中转站，发现一处取缔一处。加大河道保洁力度，进一步落实保洁责任，细化保洁标准。推行垃圾分类，加强打捞、上岸、堆放处理全过程管控，上岸垃圾要按规定定点堆放，严禁乱堆乱放，实现河面无漂浮废弃物、河中无障碍、河岸无垃圾、河道打捞物日产日清的目标。加强河道保洁考核督查，建立河道保洁常态化督促检查和定期通报排名机制。

清理整治“乱建”问题主要包括：违法违规建设涉河项目，河道管理范围内未经许可的违章建筑物、构筑物。要加快河湖管理范围划界，加快推进拆违治违工作，实现河湖管理范围内无影响防洪安全、重大工程建设、重大安全隐患的违法建筑、无新增违法建筑。

2. 河湖保护管理范围标志技术

(1) 适用范围。该技术适用于指示河湖岸线边界、保护和管理范围的警示、标志物的设置。

(2) 技术要点。可设界桩、标识牌、电子标识牌。

(3) 技术方法。界桩是指示河湖保护管理范围边界的标志物，可由桩体与基座组成，桩体应镶嵌于基座中，无法设置基座时，应适当增加桩体长度和埋设深度；标识牌是向社会公众告知河湖管理与保护范围及其划定依据、管理要求的标志物，由面板与支架组成；电子标识牌可动态向社会公众告知河湖长制相关政策法规，河湖管理与保护范围，以及河湖长制信息等。

(4) 限制因素。界桩设置受到河湖所在地地形及建筑材料等的影响，根据河湖所在地建筑材料和管理需求的不同，界桩桩体可分别采用钢筋混凝土或易于从当地获得的青石、花岗岩、大理石等坚硬石材制作；也可在不可移动的坚硬岩石表面制作雕刻界桩。标识牌可采用铝合金、钢筋混凝土、仿木等材料制作。电子标识牌需要长期供电，一般在主城区或者郊区采用。

4.2.3.2 河湖水域岸线功能区管理制度

(1) 基本目的。落实规划岸线分区管理要求，强化岸线保护和节约集约利用，正确处理水源资源利用和保护的关系。

(2) 基本要求。保护区内应禁止新建、改建、扩建与保护无关的建设项目和从事与保护无关的涉水活动。保留区内应控制经济社会活动对水域岸线的影响，严格限制可能对水域岸线生态环境造成重大影响的活动。控制利用区内应加强对开发利用活动的指导和管理，有控制、有条件地合理适度开发。开发利用区内应坚持开发与保护并重，充分发挥水域岸线资源的综合效益，有计划、合理地开发利用。

(3) 基本内容。

1) 岸线保护区应结合不同岸线保护区的具体要求确定其保护目标，有针对性地提出岸线保护区的管理意见，确保实现岸线保护区的保护目标。保护区内一律不得建设非公共基础设施项目，保护区内原则上也不应建设公共基础设施项目，确需建设的，应按照有关法律法规要求，经充分论证评价，并报有关部门审查批准后方可实施。

2) 岸线保留区内应重视是否具备岸线开发利用条件以及对水环境的影响等内容，规划保留区在规划期内原则上不应实施岸线利用建设项目和开发利用活动。确需启用规划保留区的，应充分论证，并事先征得水行政主管部门同意后，按基本建设程序报批。

3）岸线控制利用区内建设的岸线利用项目，应符合规划二级分区利用要求，注重岸线利用的指导与控制。在符合国家和地方有关法律法规以及相关规划的基础上，协调岸线保护要求和地区经济社会发展的需要，在不影响防洪、航运安全、河势稳定、水生态环境的情况下，应依法依规履行相关手续后，科学合理地开发利用，以实现岸线的可持续利用。

4.2.3.3 河湖水域岸线控制线管理制度

（1）基本目的。加快完善生态文明建设，落实全面推行河湖长制，规范水域岸线管理保护，维护河湖健康生命。

（2）基本要求。水域岸线管理保护规划应当以不降低本行政区域内的水域岸线功能为基本要求。合理划定水域岸线管理保护范围、科学确定水域岸线功能区及其主要用途，明确水域岸线管理保护的主要措施。

（3）基本内容。

1）临水控制线以内除防洪及河势控制工程，任何阻水的实体建筑物原则上不允许逾越临水控制线。非基础设施建设项目一律不允许逾越临水控制线，基础设施建设项目确需越过临水控制线的，必须充分论证项目的影响，提出穿越方案，并经有审批权限的水行政主管部门审查同意后方可实施。桥梁、码头、管线、渡口、取水、排水等基础设施需超越临水控制线的项目，超越临水控制线的部分应尽量采取架空、贴地或下沉等方式，尽量减小占用河道过流断面。

2）河道两侧外缘管理控制线之间的范围为河道管理范围，应按照《中华人民共和国河道管理条例》中河道管理范围的相关规定进行管控。

3）外缘管理控制线内的管理范围，应按照所在的岸线功能区的相关要求进行管控。

4）根据确定的外缘管理控制线和临水控制线，在地形图上落图定线，并提出划界立桩的相应要求，明确各控制线范围内的管理权属。

4.3 河湖水域岸线保护措施

4.3.1 生态护坡技术

4.3.1.1 植物型生态护坡

（1）适用范围。植物型生态护坡适用于水流条件平缓的中小河流和湖泊港湾处。

（2）技术要点。固土植物一般应选择耐酸碱性、耐高温干旱，同时应具有根系发达、生长快、绿期长、成活率高、价格经济、管理粗放、抗病虫害的特点。常见的河道生态护坡有河柳型生态护坡、芦苇型生态护坡等。

（3）技术方法。通过在岸坡种植植被，利用植物发达根系的力学效应（深根锚固和浅根加筋）和水文效应（降低孔压、削弱溅蚀和控制径流）进行护坡固土、防止水土流失，在满足生态环境需要的同时进行景观造景。

（4）限制因素。植物的选择需要综合考虑当地气候、土壤条件、固土需求、景观需求等要求，一种类型的植物型生态护坡无法适用于所有地区。植物型护坡抗水流、风浪冲刷能力有限，对水流条件要求较高，且初期易被雨水冲刷形成深沟，影响护坡效果。

4.3.1.2 土工材料复合种植基护坡

（1）适用范围。土工材料复合种植基护坡适用于多数中小河流和湖泊港湾处。

（2）技术要点。主要分为土工网垫固土种植基护坡、土工单元固土种植基护坡、土工格栅固土种植基护坡。

（3）技术方法。土工网垫固土种植基护坡主要由网垫、种植土和草籽3部分组成；土工单元固土种植基护坡中土工单元是种植基，是利用聚丙烯等片状材料经热熔粘连成蜂窝状的网片，在蜂窝状单元中填土植草，起到固土护坡作用；土工格栅固土种植基护坡中格栅是由聚丙烯、聚氯乙烯等高分子聚合物经热塑或模压而成的二维网格状或具有一定高度的三维立体网格屏栅。

（4）限制因素。植物的选择需要综合考虑当地气候、土壤条件、固土需求、景观需求等要求，土工材料的选择需要综合当地地理条件与经济预算，土工材料复合种植基护坡通常需要大量的人工进行铺设。当土工格栅裸露时，经太阳暴晒会缩短其使用寿命；部分聚丙烯材料的土工格栅遇火能燃烧。

4.3.1.3 生态石笼护坡

（1）适用范围。生态石笼护坡适用于河道本身蜿蜒曲折、沿程宽窄变化频繁及流速较大，需要抗冲能力的材料进行护坡的岸线地区。

（2）技术要点。生态石笼形式多样化，具体呈现形式是根据工程目标要求来进行网格的设计，主要有拧花型网格生态石笼、双绞型网格生态石笼、六角型网格生态石笼等。

（3）技术方法。根据施工条件和实际情况，需要选择合适的网格进行应用，根据施工的具体情况和现场石头颗粒的要求，需要合理地选择适当的石料进行填充，使之具有一定的柔软度和透气效果，更加符合原生态河床的自然效果。

（4）限制因素。由于该护坡主体以石块填充为主，需要大量的石材，因此在平原地区的适用性不强；在局部护岸破损后需要及时补救，以免内部石材泄露，影响岸坡的稳定性。

4.3.1.4 植被型生态混凝土护坡

（1）适用范围。植被型生态混凝土护坡适用于大多数生态河道、水土保持、水库、湿地公园、湖泊、河湖海岸护岸等。

（2）技术要点。它是将连续粒级的粗骨料、一定量的细骨料、水泥、水（少量）及CBS植被混凝土绿化添加剂、植被混凝土绿化添加剂按一定的比例范围进行配合（必要时可不用细骨料），然后进行搅拌，浇筑及自然养护之后，便可得到表面呈米花糖状并有大量连通、细密孔隙的多孔质混凝土。

（3）技术方法。现浇生态混凝土护坡结构一般采用C25混凝土框格内填生态混凝土，格埂断面尺寸一般为0.25m×0.4m（宽×高），框格大小可根据边坡地质情况确定，一般单块面积不宜大于8m^2（地基不均匀沉降较小）。现浇植生型生态混凝土一般用于常水位以上，现浇反滤型高强生态混凝土一般用于常水位以下。边坡坡度需根据稳定计算成果和地质情况确定，为便于混凝土施工，护坡坡度一般不大于1：0.7。

（4）限制因素。预制式生态混凝土护坡需要在工厂中养护成型，制作过程漫长，造价偏高，但是能保证预制构件的整体性和完整性；现浇式生态混凝土护坡施工过程快速简单，不需要大型工具，但是现浇式对土体有很高的要求，后期强度易受气候、河水冲刷等自然因素的影响。该护坡需做降碱处理，降碱问题若处理不好，会影响植物的生长；相比于其他护岸类型，该类型的护岸价格偏高，但比混凝土护岸价格要低。

4.3.1.5 生态袋护坡

（1）适用范围。生态袋适用于大多数生态河道、水土保持、水库、湿地公园、湖泊、河湖海岸护岸等。

（2）技术要点。其原理主要是根据“土力学”“植物学”等基础原理以及土工格栅的加筋耐久作用，在生态袋内加入营养土，构建稳定的护坡挡土结构，并在坡面种植草本、灌木等植物，实现治理环境和美化环境的目的。

（3）技术方法。生态袋护坡技术的组成主要有生态袋、排水连接扣、扎口袋、加筋格栅、植被。生态袋铺设坡度依据工程而定，垒砌完成后可种植植物，植物根系进入基础土壤能进一步稳固袋体与主体。排水连接扣附有符合力学要求的棘爪，排水垂直孔洞满足植物生长与排水要求，孔洞透水面积达总面积的45%。陡坡构建时，通过连接扣与袋体连接，需对外露袋体进行分层反包。

（4）限制因素。生态袋护岸存在着易老化，生态袋内植物种子再生问题；生态袋孔隙过大袋状物易在水流冲刷下带出袋体，造成沉降，影响岸坡稳定；而孔隙过小对植物根系延伸造成阻碍，影响柔性边坡的结构稳定，透水性能降低。

4.3.1.6 多孔结构护坡

（1）适用范围。多孔结构护坡适用于大多数生态河道、水土保持、水库、湿地公园、湖泊、河湖海岸护岸等。

（2）技术要点。多孔结构护坡是利用多孔砖进行植草的一类护坡，常见的多孔砖有八字砖、六棱护坡网格砖等。

（3）技术方法。利用连续贯穿的多孔结构，为动植物提供良好的生存空间和栖息场所，在水陆之间进行能量交换。同时，利用异株植物根系的盘根交织与坡体有机融为一体，对基础坡体起到锚固的作用，也起到透气、透水、保土、固坡的效果。多孔砖的孔隙既可以用来种草，水下部分还可以作为鱼虾的栖息地。

（4）限制因素。河堤坡度不能过大，否则多孔砖易滑落至河道；河堤必须坚固，土需压实、压紧，否则经河水不断冲刷易形成凹陷地带；成本较高，施工工作量较大；不适合砂质土层，不适合河岸弯曲较多的河道。

4.3.1.7 自嵌式挡土墙护坡

（1）适用范围。自嵌式挡土墙护坡适用于平直河道。

（2）技术要点。自嵌式挡土墙是以自嵌块为核心材料的重力式结构护坡，主要依靠自嵌块块体的自重来抵抗动静荷载，使岸坡更稳固。常用的有砌块挡墙与箱型砌块挡墙。

（3）技术方法。挡土墙无需砂浆砌筑，主要依靠带有后缘的自嵌块的锁定功能和自身重量来防止滑动倾覆；另外，在墙体较高、地基土质较差或有活载的情况下，可通过增加玻璃纤维土工格栅的方法来提高整个墙体的稳定性。该类护岸孔隙间可以人工种植一些植物，增加其美感。以普通生态砌块为例，工艺流程为：测量放线→基础施工→安装首层砌块→铺设土工布→填料→压实→铺设土工格栅→安装上一层砌块→混凝土压顶→植被种植及养护。

（4）限制因素。墙体后面的泥土易被水流带走，造成墙后中空，影响结构的稳定，在水流过急时容易导致墙体垮塌；该类护岸主要适用于平直河道，弯度太大的河道不适用于此护岸；弯道需要石材量大，且容易造成凸角，此处承受的水流冲击较大，使用这类护岸有一定的风险。

4.3.1.8 技术比选

生态护坡技术比选见表4.1。

表4.1 生态护坡技术比选

技术名称	功能			环保性	景观效果	经济性		施工难易
	护坡固土	抗冲击力	耐磨损性			建造费用	维护费用	
植物型生态护坡	◎	○	—	●	●	低	低	一般
土工材料复合种植基护坡	●	●	●	●	●	高	一般	易
生态石笼护坡	●	●	●	●	◎	低	一般	易
植被型生态混凝土护坡	●	●	●	◎	●	高	高	难
生态袋护坡	●	○	○	●	◎	一般	一般	易
多孔结构护坡	◎	●	●	◎	◎	高	一般	难
自嵌式挡土墙护坡	●	◎	●	◎	◎	高	一般	易

注 ●好；◎一般；○差。

4.3.2 河道景观构建技术

4.3.2.1 亲水设施建设

（1）适用范围。亲水设施建设适用于河湖岸线美化的亲水设施的建设。

（2）技术要点。常见的亲水设施包括亲水栈桥、亲水平台、亲水踏步、亲水草坪、停泊区等。

（3）技术方法。亲水栈桥一般为弧线、折形、方格网状等，在不破坏生态的情况下，将游人引入水面之上，以提供水面观景功能；亲水平台是从岸边延伸到水面上的活动场所，其规模不大，形状多为半圆形、方形、船形、扇形等，在设计的过程中，要注重亲水平台的栏杆设计符合安全标准；亲水踏步是延伸到水面的阶梯式踏步，宽度为0.3～1.2m，长度可以根据功能和河道规模而定，也可作为人们垂钓、嬉水的场所；亲水草坪是延伸到岸边缓坡草坪软质块面亲水景观，岸线护底可以选用一些石头，既可以达到稳固岸线的效果，又可以为人们提供散步、垂钓和嬉水的场所；停泊区一般称为码头，具有交通运输的功能，但是由于现代交通的发展，有一些码头已经不再使用了，但是可以对其进行改造，使其成为亲水平台或是游艇码头，或是作为人们垂钓、观赏水景的场所。

（4）限制因素。亲水设施的设计与建造需要详细的调研、定位与布局，要因地制宜、突出重点、形成特色，符合当地的地质特征与气候特征，需要耗费大量的人力物力。

4.3.2.2 岸线绿化

（1）适用范围。岸线绿化适用于河湖岸线绿化的建设。

（2）技术要点。岸线绿化主要需要考虑水生植物的选择、坡岸植物的选择、堤岸植物的选择与河湖周边的绿化。

（3）技术方法。水生植物的选择需要根据河道景观的定位和生态特征，在配置的过程中，不仅要考虑到土壤和水流速度，还要考虑选择的植物是否会对周边的生物造成影响。同时，要考虑到游人观景的效果，基本要求是不会造成游人观景的阻碍，特别注意的是河岸种植密度不宜过大。坡岸植物的选择要求是耐水湿、扎根能力强，多选用乔灌木植物，种植方式尽可能地自然。堤岸植物的选择要以设计功能为主，传统的硬质河道驳岸护岸多用垂直绿化，并且控制种植密度，还要考虑到景观性。河道周边的绿化要做到层次化和空间化，种植密度不宜过大。

（4）限制因素。需要因地制宜地选择绿化植物，同时需要考虑树木种类更为丰富，不同的流域要有不同的景观。水生植物和湿地植物要注重色彩的搭配，要体现出水体的美感。因此需要专业人员完成相关绿化的设计。

4.3.2.3 景观建筑

（1）适用范围。景观建筑适用于交通流线中的驻留点或有滨水广场等公共娱乐区域处。

（2）技术要点。景观建筑主要包括亭、廊、商务用房、管理用房、景观文化长廊、雕塑、景观柱等。

（3）技术方法。可以将滨水广场看作是大面积的硬质亲水景观，集娱乐、休闲、健身以及会面等多功能为一体。在广场上设置展望台、活动区域以及庭院等功能区域和公共设施。设置亭、廊作为交通流线中的驻留点，供游人休息和娱乐。设置商务用房为游人提供消费和购物的地方，一般会在滨水广场等公共场所附近，并且设置坐凳供游人短暂休息。设置管理用房用于管理公共配套设施的地方，在设计上要注重功能性和景观性。在有文化功能的滨水区域可以设置雕塑、景观柱、文化景观长廊等传达人与空间环境的情感交流，改善空间视觉和人的体验感受，使环境更加具有文化气息。雕塑形象可以展示地方文化特色。除此之外，还有装饰性、功能性、陈列性等其他雕塑。传统的景观柱与历史文化意义有关，或是体现历史事件，现代景观柱主要是体现趣味性和美观性，材料更加丰富，造型也较为新颖。

（4）限制因素。需要专业人员进行景观的设计，设计过程中，综合考虑河流的功能多样性要求，对河流进行合理的形态规划，确定合理的景观布局，完善运行管理措施，保证景观的可持续性。

4.4 水生态空间管控

4.4.1 水生态空间范围划定

水生态空间是国土空间构成的核心元素，具有特殊重要的生态功能。河湖水系是洪水的通道、水资源的载体、生态廊道的重要组成部分，构成了国土空间的主动脉，沟通衔接着水源涵养区、集中式饮用水水源地、水产种质资源保护区、水土流失重点预防区、洪涝水调蓄场所等重要的生态斑块，在流域、区域生态安全格局中发挥主骨架的作用。

（1）基本目的。适用于确定区域水生态空间布局，提出不同类型区的发展方向与重点。

（2）基本要求。针对水生态空间构成要素的用途管制需求，将水生态空间划分为禁止开发区、限制开发区、水资源利用引导区的空间布局。

（3）基本内容。

1）禁止开发区。禁止开发区是依法设立的各级各类自然文化资源保护区域，以及其他需要特殊保护，禁止工业化城镇化开发，并点状分布于优化开发、重点开发和限制开发区域之内的生态保护地区。

2）限制开发区。限制开发区分为两类：一类是农产品主产区，即耕地较多、农业发展条件较好，尽管也适宜工业化城镇化开发，但从保障粮食安全的需要出发，必须把增强农业综合生产能力作为发展的首要任务，应该限制进行大规模高强度工业化城镇化开发的地区；另一类是重点生态功能区，即生态系统脆弱或生态功能重要，资源环境承载能力较低，不具备大规模高强度工业化城镇化开发的条件，必须把增强生态产品生产能力作为首要任务，应该限制进行大规模高强度工业化城镇化开发的地区。

3）水资源利用引导区。水资源利用引导区是经济比较发达，人口较为密集，开发强度较高、资源环境问题凸显，应该优化进行工业、服务业和城镇开发的城镇化地区或是具有一定经济基础、资源环境承载能力较强、发展潜力较大、集聚经济和人口条件较好，应该重点进行工业、服务业和城镇开发的城镇化地区。

4.4.2 水生态空间管控指标

（1）基本目的。为各地区水利部门建立水生态文明建设目标评价考核制度提供指导，可用于禁止开发区、限制开发区与水资源利用引导区的评价考核。

（2）基本要求。要符合区域的水生态空间功能管控需求，与相关行业提出的生态红线等空间管控指标相协调，同时具备能考核等可操作性。

（3）基本内容。

1）水资源总量控制指标。不同区域可依据水资源承载能力评价成果，设置地表水、地下水利用总量控制指标。同时，考虑为河湖留足生态环境用水的要求，应在水资源总量控制指标中纳入“河湖生态环境用水保障指标”。进一步按照水资源消耗总量和强度双控要求，设置用水总量、万元GDP用水量、万元工业增加值用水量等控制指标；为保护重要河湖、湿地及河口基本生态需水要求，可设置重要断面生态基流、重要敏感性保护对象的生态需水量或水位等控制指标。

2）水环境质量控制指标。水环境质量控制主要通过两方面实现：一方面是对入河污染物总量的控制；另一方面是水功能区限制纳污的控制。可采用水功能区达标率、集中式饮用水源地水质达标率等作为控制指标。不同地区还可根据水环境质量控制管理的具体实际情况设置其他相应控制指标。

3）水域空间管控指标。水域空间包括河流、湖泊、湿地，及一些对维护水生态系统的健康稳定起着关键作用的特定区域，应设定空间保护控制指标。针对河流的防洪安全、供水安全、生态安全功能，宜设置相应防洪标准确定的设计水面线或堤防保护护线，河道岸线长度，水生生物种子资源保护区、洄游通道、重要鱼类“三场”保护河段长度或面积等控制指标。湖泊、湿地等可根据功能保护需求，设置水位或面积等控制指标。

4）陆域水源涵养及洪水调蓄区管控指标。陆域水源涵养空间对水循环过程有重要的影响，主要包括水源地水源涵养保护区、重要敏感目标的水源涵养区、水土保持重点预防区等。其控制指标可按划定的水源地涵养区、保护区面积及相关管理范围线确定管控指标。

4.4.3 水生态空间管控措施

（1）基本目的。为各地区水利部门建立水生态文明建设目标评价考核制度提供指导。

（2）基本要求。要符合区域的水生态空间功能管控需求，与相关行业提出的生态红线等空间管控指标相协调，同时具备能考核等可操作性。

（3）基本内容。

1）对水生态禁止开发区的水源涵养区、饮用水水源地保护区、重要水生生物自然保护区、水土流失重要预防区等，提出封育修复、生态移民、退耕还林，开展饮用水源地保护区划界和隔离防护，实施重要水域水生生物关键栖息地生境功能修复和增殖放流等管控措施。

2）对水生态限制开发区的饮用水源地准保护区、水产种质资源保护区、洪水调蓄区、河滨带保护蓝线区、水土保持红线区、水文化遗产保护红线区、重要水利工程保护区及水利风景区等，规划提出饮用水水源地准保护区的污染源控制及开发利用限制等措施；划定水生态重点保护和保留河段，实施限制开发管控措施；洪水调蓄区和河滨带保护蓝线区挤占和退化水生态空间恢复和重建管控措施；以及出台水文化遗产管理办法等管控措施。

3）对于水资源利用引导区域，贯彻绿色发展理念，依据环境质量底线和资源利用上限，坚守最严格水资源管理制度限制纳污红线，在水资源和水环境承载能力评价的基础上，以改善水环境质量为核心，结合规划部门产业发展相关规划和环保部门的水污染防治规划等，提出严格限制污染物入河总量管控措施，预留适当的发展空间和水环境容量空间。对于规划的国家和省级重大水利基础设施、重大民生供水项目等，选址应尽量避开已划定的生态保护红线区，确实无法避开的，以不影响和破坏生态环境为前提，提出生态保护与修复管控措施，优化水生态空间布局。

为加强资源利用引导区生态修复，针对由于不合理开发建设活动等导致水生态空间被挤占、萎缩和水生态环境受损退化区域，提出保护、修复、空间置换等管控措施。联合有关部门合理调整建设项目布局，提出退还和修复被挤占水生态空间措施；必要时，结合海洋部门海岸线的管控要求，研究河流入海口空间的生态空间置换管控措施。

4.4.4 水生态空间管控制度

（1）基本要求。规划提出由健全水生态空间管控法规、落实总量强度双控的最严格水资源管理制度、水生态空间管控准入制度、河湖管理制度，以及水生态空间管控绩效评价考核和责任追究制度、水资源有偿使用和水生态补偿机制等构成的水生态空间管控制度建设要求。

（2）基本原则。

1）顶层设计、严格管控。全面落实主体功能区规划，从战略性、系统性出发，设定并严守水资源水环境水生态红线，实行最严格的保护和管控措施。

2）因地制宜、分类管控。立足我国不同地区水资源、水环境、水生态及经济社会发展的区域差异性，统筹考虑主体功能区的功能定位，针对水资源、水环境、水生态保护红线管控的实际需求，研究提出差别化、针对性、可操作的分类管控要求。

3）多规合一、系统管控。水生态空间管控布局、管控指标、管控措施、管控制度的制定等，要加强部门之间的沟通协调，与相关红线制定主管部门在红线管控目标设置、政策制定等方面充分衔接，使水生态空间行业管控支撑和融入国土空间管控、国家治理体系的系统管控。

4）监测监管、责任管控。提出建立与水生态空间管控相适应的制度体系，落实管控责任；强化水生态空间监控能力建设，与“多规合一”空间信息管理平台对接，建立水生态环境网格监管体系，强化水生态空间监管等要求。

（3）基本内容。

1）健全水生态空间管控法规，提出出台水生态空间管控相关法规、条例，围绕水生态空间管控要求修订已有的涉水法律法规，推动水生态空间管控规划立法立规等。

2）落实总量强度双控的最严格水资源管理制度，提出严格落实“三条红线”、用水总量控制指标、严格建设项目水资源论证和取水许可审批管理、建立规划水资源论证制度、建立水权交易制度等要求。

3）水生态空间管控准入制度，提出针对不同的管控目标要求，制定各管控区域的正面准入清单和负面准入清单等。

4）创新河湖管理体制机制，提出落实河湖长制，划定河流生态廊道保护范围，加强河湖空间用途管制，开展河湖水域岸线登记和确权划界，完善河湖管理制度等。

5）建立水生态空间管控绩效评价考核和责任追究制度，研究提出建立水资源环境承载能力监测预警机制、推进水生态空间管控考核制度建设、开展水资源资产负债表编制试点、将水生态空间管控纳入领导干部自然资源资产离任审计制度等。

6）推进水资源有偿使用和水流生态补偿机制建设，提出推进水资源费改革，合理调整城市供水价格，加快推进工业用水超计划超定额累进加价、城乡居民生活用水阶梯式水价制度，鼓励再生水利用的价格机制等水价改革的总体要求；提出按照国务院《关于健全生态保护补偿机制的意见》（国办发〔2016〕31号）的总体部署，建立水生态空间管控相对应的水流生态补偿框架等要求。

第5章　水污染防治技术指南

《意见》对加强水污染防治提出了明确的要求，落实《水污染防治行动计划》，明确河湖水污染防治目标和任务，统筹水上、岸上污染治理，完善入河湖排污管控机制和考核体系。排查入河湖污染源，加强综合防治，严格治理工矿企业污染、城镇生活污染、畜禽养殖污染、水产养植污染、农业面源污染、船舶港口污染，改善水环境质量。优化入河湖排

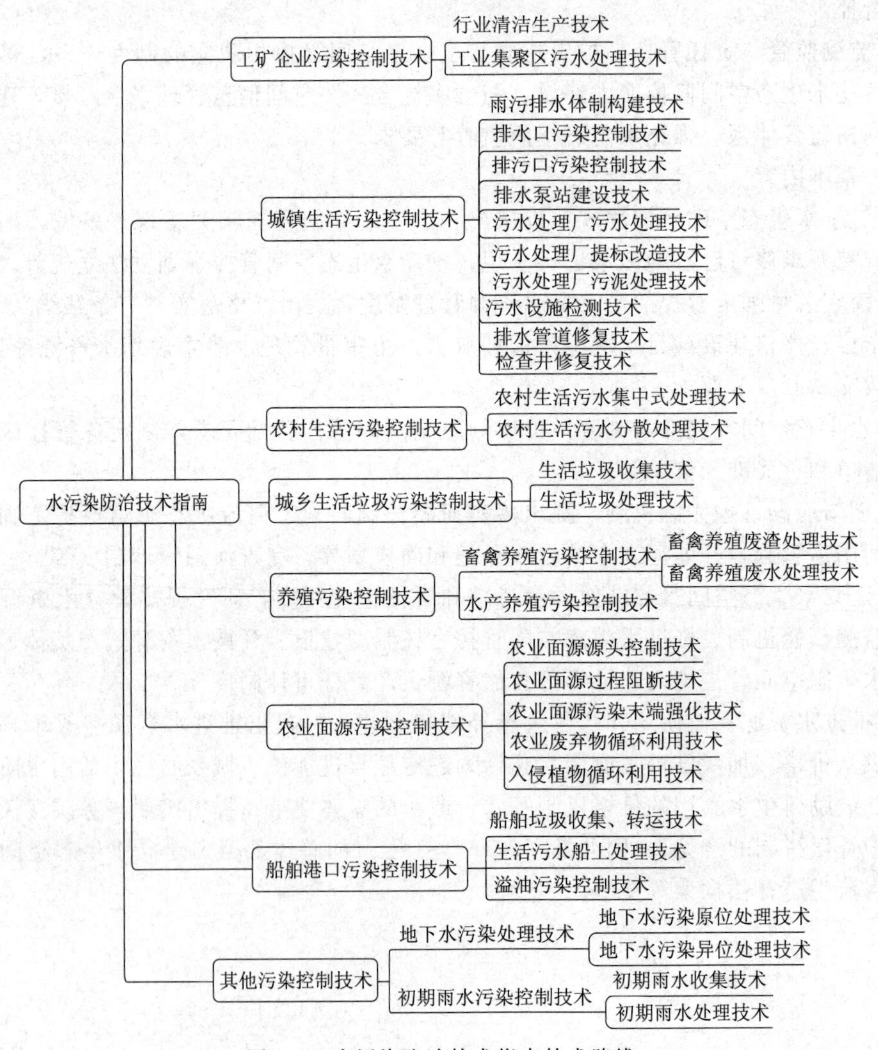

图5.1　水污染防治技术指南技术路线

污口布局，实施入河湖排污口整治。

水污染防治是指对水体因某种物质的介入，而导致其化学、物理、生物或者放射性等方面特性的改变，从而影响水的有效利用，危害人体健康或者破坏生态环境，造成水质恶化现象的预防和治理。可以看出，水污染防治迫在眉睫。为了贯彻“预防为主、防治结合、综合治理”的原则，积极推广先进的适用性技术，预防、控制和减少水环境污染和生态破坏，从源头防治水污染，本章分别从工矿企业污染、城镇生活污染、农村生活污染、城乡生活垃圾污染、养殖污染、农业面源污染、船舶港口污染以及其他污染等方面介绍不同污染源种类的污染防治技术。本章技术路线如图 5.1 所示。

5.1 工矿企业污染控制技术

工业废水成分十分复杂，依各行业、各企业的原材料及生产工艺不同而千变万化。有的废水主要含有机污染物（如碳水化合物、蛋白质），有的废水主要含无机污染物（如酸、碱、盐），有的则含毒性很大的污染物（如重金属、氰化物、多氯联苯、有机氯农药）。因此，难以用统一的水质指标来反映各工业废水的污染状况，一般是各工业部门依行业特点确定各工业废水的主要污染指标。例如，制革废水的主要考核指标是 BOD_5、pH 值、悬浮物、硫化物、氯离子、三价铬等，焦化废水的主要考核指标是 BOD_5、氨氮、苯酚、氰等，制糖废水主要是 pH 值、悬浮物、BOD_5 等。各主要行业的污染物排放控制标准参见编制依据。

5.1.1 行业清洁生产技术

（1）适用范围。作为一种全过程的污染预防战略，主要适用于企业从产品设计、原料选择、工艺改革、技术进步和生产管理等环节着手，最大限度地将原材料和能源转化为产品，减少资源的浪费，并使生产过程中排放的污染物及其环境影响最小化。

（2）技术要点。近年来，工业和信息化部先后发布了造纸、皮革、制糖、化学原料、制药等多个重点行业清洁生产技术推行方案。同时一批行业重大关键清洁生产技术取得了突破，如“纺织行业高温气液染色技术”“造纸行业本色麦草浆清洁制浆技术”“制革行业制革准备与鞣制工段废液分段循环技术”等。在采矿企业中，矿井水、选矿水和矿山其他外排水应统筹规划、分类管理、综合利用，如利用矿井水作为选矿水，洗煤水实现闭路循环等技术；在处理酸性矿坑废水、高矿化度矿坑废水和含氟、锰等特殊污染物矿坑水上，则有水覆盖法、湿地法、碱性物料回填等方法，用以预防和降低废石场的酸性废水污染。

（3）技术方法。企业开展清洁生产审核时，应在全面调研和数据分析的基础上，确定审核重点和目标，提出并实施有针对性的清洁生产方案，制定持续清洁生产计划并不断提高清洁生产水平。总的来说，可以总结为以下几点：①开展全面的现状调研；②确定清洁生产审核重点和目标；③提出和实施清洁生产方案；④推进企业持续清洁生产工作。

（4）限制因素。①清洁生产技术的整体水平表现较低，我国各个地方在清洁生产技术的研究上，并没有按照预期投入相关的技术手段和研究项目；②科学研究经费少，清洁生产技术的相关研究并没有真正落实到具体的工作当中，以至于清洁生产的技术体系不是十分的健全；③科研体系缺少成套技术的开发，对于清洁生产技术而言，我国在科研体系当中缺少成套技术的开发，虽然已经形成了一定的清洁生产技术，但是在单一的应用过程中，很容易与现有的技术体系形成冲突，整体上的实用性并不强。

5.1.2 工业集聚区污水处理技术

（1）适用范围。该技术适用于生产企业相对集中，并具有较完善的配套基础设施和服务体系的制造生产区域。

（2）技术要点。针对不同类型的工业园区，目前常用的工业集聚区污水处理技术主要分为以下几种：①纺织印染工业园区废水处理技术，如调节＋水解酸化＋好氧处理及物化处理技术；②电镀工业园区废水处理技术，如化学法、电解法、离子交换法、蒸发浓缩法、活性炭吸附法及表面活性剂法等；③制革工业园区废水处理技术，如混凝沉淀＋SBR法、气浮＋接触氧化法、物化＋氧化沟法等；④化工工业园区废水处理技术，如物理/化学预处理＋生物强化处理等。

（3）技术方法。工业园区首先需要针对目前废水处理存在的问题，加强入园项目环境管理，增强企业投资者和管理者的环境保护意识。对于如含铬、氰等有毒有害废水处理应纳入企业内部实施，通过对各企业排放水质自动监测，及时反馈水质信息，确保污水处理厂正常运行。对于很多特殊污染物的废水，需要企业预处理达到综合园区污水处理厂可接受水平才能纳管，而不能依赖园区污水处理厂包治百病。另外，从长远出发，为了实现工业园区健康发展，实现经济建设与环境保护的同步发展，还应积极开展生态工业园区的建设，发展循环经济。在园区开展以资源综合利用为核心的污染集中控制，完善园区环保基础设施建设，实现污染处理设施集中建设和统一管理。推行清洁生产，把污染控制方式由末端治理转向生产全过程控制，治理方式从点源治理转向区域综合治理，由单个企业实施清洁生产向区域性清洁生产转变，实现节能、降耗、减污、增效，使工业园区成为当地环境保护示范区。

（4）限制因素。①工业集聚区规划缺乏约束力，园区引进工业项目类型超出规划范围，影响污水处理设施的正常运行；②工业集聚区污水处理厂设计建设标准无法满足园区废水处理的要求；③工业集聚区污水收集管网不利于对接管企业进行监管；④由于采取进管COD标准的“一刀切”，进管废水的可生化性降低，污水处理厂生化处理工艺无法实现设计效率；⑤企业废水预处理、工业废水排污管网管理和污水处理厂运行实行多头管理，不利于污水处理设施正常运行；⑥工业园区污水集中处理运行成本较高。

5.2 城镇生活污染控制技术

5.2.1 雨污排水体制构建技术

（1）适用范围。从源头控制污水向水体排放，排水体制构建技术主要用于城镇及具备接入城镇污水管网条件的村庄，优先考虑将居民生活污水接入市政收集管网，由城镇污水处理厂统一处理。

（2）技术要点。排水体制构建技术主要包括合流制排水体制构建技术和分流制排水体制构建技术。合流制排水体制构建技术包括截流式合流制建设技术、全处理式合流制建设技术、直排式合流制建设技术等；分流制排水体制构建技术包括完全分流制建设技术、截流式分流制建设技术等。

（3）技术方法。合理地选择排水体制，是城镇排水系统规划和设计的重要问题。截流式合流制建设技术为沿河修建截流干管，并在适当的位置设置截流井；全处理式合流制建设技术为将污水和雨水用一根干管输送到污水处理厂进行处理；直排式合流制建设技术为将污水和雨水用一根管渠收集，不经处理选择就近水体排放；完全分流制建设技术为采用不同的管渠分别收集和输送雨水和污水；截流式分流制建设技术为在完全分流制的基础上增加雨水截流设施即雨水截流井，将污染物含量较高的初期雨水通过截流作用引入截流干管与污水一起输送至污水处理厂，降雨中期后的雨水直接经雨水干管排入受纳水体。

现有合流制排水系统应加快实施雨污分流改造，难以改造的，应采取截流、调蓄和治理等措施，新建污水处理设施的配套管网应同步设计、同步建设、同步投运，除干旱地区外，城镇新区建设均实行雨污分流，有条件的地区要推进初期雨水收集、处理和资源化利用，基本实现地级城市建成区污水基本实现全收集、全处理。

（4）限制因素。工程量和一次性投资大，工程实施难度大，周期长；将导致河道水量变小，流速降低，需要采取必要的补水措施。污水如果进入污水处理厂，将对现有城市污水系统和污水处理厂造成较大运行压力，否则需要设置旁路处理。

（5）技术比选。雨污排水体制构建技术比选见表 5.1。

表 5.1　　雨污排水体制构建技术比选

<table>
<tr><th colspan="2" rowspan="2">排水体制构建技术</th><th>经济</th><th colspan="2">运维</th><th>环境</th><th colspan="2">接收终端</th><th colspan="3">适用地区</th></tr>
<tr><th>投资</th><th>空间占用</th><th>维护管理</th><th>环境效益</th><th>污水处理厂</th><th>水体</th><th>老城区</th><th>扩建建成区</th><th>开发区</th></tr>
<tr><td rowspan="3">合流制排水体制构建技术</td><td>截流式合流制建设技术</td><td>低</td><td>小</td><td>易</td><td>中</td><td>√</td><td>√</td><td>√</td><td>√</td><td>—</td></tr>
<tr><td>全处理式合流制建设技术</td><td>高</td><td>小</td><td>难</td><td>高</td><td>√</td><td>—</td><td>√</td><td>—</td><td>—</td></tr>
<tr><td>直排式合流制建设技术</td><td>中</td><td>小</td><td>易</td><td>低</td><td>—</td><td>√</td><td>—</td><td>—</td><td>√</td></tr>
<tr><td rowspan="2">分流制排水体制构建技术</td><td>完全分流制建设技术</td><td>高</td><td>大</td><td>中</td><td>高</td><td>√</td><td>—</td><td>—</td><td>√</td><td>√</td></tr>
<tr><td>截流式分流制建设技术</td><td>中</td><td>中</td><td>中</td><td>高</td><td>√</td><td>√</td><td>—</td><td>√</td><td>—</td></tr>
</table>

5.2.2 排水口污染控制技术

（1）适用范围。排水口污染控制技术适用于分流制排水口、合流制排水口和其他排水口，其中分流制排水口包括分流制污水直排排水口、分流制雨水直排排水口、分流制雨污混接雨水直排排水口和分流制雨污混接截流溢流排水口；合流制排水口包括合流制直排排水口和合流制截流溢流排水口；其他排水口主要包括泵站排水口、沿河居民排水口和设施应急排水口。

(2) 技术要点。排水口污染控制属于末端控制技术，主要包括溢流污染控制技术、防水体水倒灌技术和排水口臭味控制技术，主要依靠环保型排口设备实现对排口污染的控制。溢流污染控制技术包括液动下开式堰门截流技术、旋转式堰门截流技术、定量型水力截流技术、雨量型电动截流技术、浮箱式调节堰截流技术、浮控调流污水截流技术等；防水体水倒灌技术包括水力止回堰门技术、水力浮动止回堰门技术、浮空限流技术、水力浮控防倒灌技术、可调堰式防倒灌技术等；排水口臭味控制技术主要为光催化氧化除臭技术。

(3) 技术方法。排水口是指向自然水体（江、河、湖、海等）排放或溢流污水、雨水、合流污水的排水设施。排水管道（包括渠、涵）系统不完善，或存在缺陷和维护管理问题时，就会在排水口产生污水直排或者溢流污染，同时，排水口设置不合理，还会造成水体水倒灌进入截流管或污水管道中。应在充分调查的基础上，针对不同类别排水口存在的具体问题，因地制宜采取封堵、截流、防倒灌等治理措施，对排水口实施改造。

1) 分流制污水直排排水口。必须予以封堵，将污水接入污水处理系统，经处理后达标排放，污水不得接入雨水管道。

2) 分流制雨水直排排水口。可在排水口前或在系统内设置截污调蓄设施。

3) 分流制雨污混接雨水直排排水口。分流制雨污混接雨水直流排水口不能够简单地封堵，应在重点实施排水管道雨污混接改造的同时，增设混接污水截流管道或设置截污调蓄池，截流的混接污水送入污水处理厂处理或就地处理。在沿河道无管位的情况下，混接污水截流管道可敷设在河床下，但是该管道要采取严格的防河水入渗措施，排水口改造时，应采取防水体水倒灌措施。

4) 分流制雨污混接截流溢流排水口。分流制雨污混接截流溢流排水口应在重点实施排水管道雨污混接改造的同时，按照能够有效截流的要求，对已有混接污水截流设施进行改造或增设截污调蓄设施，排水口改造时，应采取防水体水倒灌措施。

5) 合流制直排排水口。合流制直排排水口应按照截流式合流制的要求增设截流设施，截流污水接入污水处理系统，经处理后达标排放。在沿河道无管位的情况下，截流管道可敷设在河床下，并应采取严格的防河水入渗措施，排水口改造时，要采取防水体水倒灌措施。

6) 合流制截流溢流排水口。应有效提高合流制截流系统的截流倍数，保证旱天不向水体溢流。

7) 泵站排水口。在排水管道系统完善和治理的同时，根据现有泵站排水运行情况，优化运行管理，特别是要降低运行水位，减少污染物排放量。

8) 沿河居民排水口。对近期保留的居民住房，可采用沿河堤挂管、沿河底敷设管道的方法收集污水。

9）设施应急排水口。通过增加备用电源和加强设备维护，特别是加强事先保养工作，降低停电、设备事故发生引起的污水直排。

（4）限制因素。排水系统不完善，排水口类别无法判别；排水口设置位置不明确，排水口污染控制技术实施困难。

（5）技术比选。排水口污染控制技术比选见表5.2。

表5.2 排水口污染控制技术比选

排水口污染控制技术		控制		
		溢流	倒灌	臭味
溢流污染控制技术	液动下开式堰门截流技术	√	—	—
	旋转式堰门截流技术	√	—	—
	定量型水力截流技术	√	—	—
	雨量型电动截流技术	√	—	—
	浮箱式调节堰截流技术	√	—	—
	浮控调流污水截流技术	√	—	—
防水体水倒灌技术	水力止回堰门技术	—	√	—
	水力浮动止回堰门技术	—	√	—
	浮空限流技术	—	√	—
	水力浮控防倒灌技术	—	√	—
	可调堰式防倒灌技术	—	√	—
排水口臭味控制技术	光催化氧化除臭技术	—	—	√

5.2.3 排污口污染控制技术

（1）适用范围。排污口污染控制技术适用于入河排污口，并适用于入河排污口设置，包括入河排污口的新建、改建和扩建。

（2）技术要点。排污口污染控制技术包括排污口规划整合技术和沿河截污技术。沿河截污技术包括截污管道技术、截流井技术和截污箱涵技术等。截污管道技术包括截污管道岸边铺设技术、截污管道河道铺设技术、截污管道管堤结合技术等；截流井技术包括闸板式截流井技术、可调堰式截流井技术、水力翻板闸式截流井技术、水力自动折板堰式截流井技术等。

（3）技术方法。排污口是指直接或者通过沟、渠、管道等设施向江河、湖泊排放污水的排污口。排污口污染控制难点在于截污管、截污井的布置及排污口的规划整合等。

1）排污口规划整合技术。排污口规划整合技术以功能区水质保护为目的，以入河排污口优化布局为基础，对入河排污口整治进行统一规划，按照回用优先、集中处理、搬迁归并、调整入河方式等分类制定入河排污口整治方案。同时合理颁发排污许可证和排水许可证。

2）沿河截污技术。截污管道技术中，岸边铺设方式一般是截污管道设计的首选，即将截污管线沿河岸铺设；河道铺设方式是截污管道埋设在河道中，在岸边设置污水截流溢流井；管堤结合方式介于河道铺设与河岸铺设之间，污水管道靠近或完全结合到河堤上，这样既不影响岸边建筑物，也方便维护管理。截污箱涵技术是采用箱涵的形式沿两侧河岸及现状人行道敷设，截流污水，主要针对片区雨污分流不彻底，旱季污水量较大的区域使用。

排污口污染控制中应重点考虑以下几方面因素：①管网布置应符合政府各部门，如规划、绿化、交通、水利等的要求，尽量减小对周围驳岸、景观、管线等现有设施的影响。不得影响排水系统的正常运行和现有挡墙的安全性，尽量不打支护桩；截流管道宜保持在常水位以下；②截流井的设计应考虑水位变化的影响，确保高水位时的截流要求及安全措施，若日后进行河道清淤，不能影响截流设施的正常运作；③对每个排污口进行全面截污是不现实的，要将其进行整合，原则为“不截流雨水排放口，小管径并入大管径截污口，浅埋的并入深埋的截污口”。

（4）限制因素。一些排污企业未经批准，随意在行洪河道偷偷设置入河排污口，排污口位置不明，排污口污染控制技术实施困难。

（5）技术比选。排污口污染控制技术比选见表5.3。

表5.3 排污口污染控制技术比选

排污口污染控制技术		经济	运维			景观	
		投资	施工难度	维护管理	场地受限	河道占用	影响景观/建筑物
沿河截污技术	截污管道岸边铺设技术	少	小	易	大	—	√
	截污管道河道铺设技术	中	中	难	小	—	—
	截污管道管堤结合技术	中	小	易	小	√	√
	闸板式截流井技术	中	小	易	中	—	—
	可调堰式截流井技术	中	小	易	中	—	—
	水力翻板闸式截流井技术	中	小	易	中	—	—
	水力自动折板堰式截流井技术	中	小	易	中	—	—

5.2.4 排水泵站建设技术

（1）适用范围。该技术适用于对城镇中的污水或雨水进行提升或排除。

（2）技术要点。排水泵站建设技术主要包括传统形式的排水泵站：包括各类型污水泵站、合流泵站、雨水泵站；新型改良型泵站：包括一体化预制泵站，闸门泵站。其中一体化预制泵站又包括区域污水中途提升泵站、农村生活污水治理中途提升泵站、立交桥底排涝泵站、区域较小规模排涝泵站。

（3）技术方法。①传统形式的排水泵站（各类型污水泵站、合流泵站、雨水泵站）多采用围墙封闭，下部格栅间及集水池采用钢筋混凝土结构，泵房上部带有附属建筑（变配电房、管理用房)，泵站内设环形消防车道及其他附属设施；②一体化预制泵站是一种在工厂内将井筒、泵、管道、控制系统和通风系统等主体部件集成为一体，并在出厂前进行预装和测试的泵站；一体化预制泵站壳体多采用玻璃钢（GRP）或高密度聚乙烯（HDPE）等质量轻、强度高、耐腐蚀性强的材料；内部配置有水泵、格栅、控制系统及检修楼梯、管路、通风等附属设施；③闸门泵站是将传统防潮闸与涌口强排泵相结合的一种泵站形式。该类型泵站通常是在防潮闸上安装闸门泵及配套拦污、控制等辅助设施。通常应用于市区内小河涌与外江外河连接处，主要作用为雨季在河涌水位高涨时，放下防潮闸、采用闸门启泵强排，降低内河涌水位，减小流域的内涝压力，加快高潮位时的内涝退水时间。

（4）限制因素。传统形式的排水泵站需要较大的占地及较大的工程量，且对周边环境有一定影响；一体化预制泵站前期投入较大，需要选用强度较高、抗腐蚀性强的材料。

（5）技术比选。传统形式的排水泵站通常泵站用地超过 $500m^2$，泵站池体通常采用钢筋混凝土结构，工程实际施工期较长；在实际运行中臭气、噪声会对周边环境造成一定不利影响；一体化预制泵站主要适用于某些区域受周边环境及用地要求，建设传统型钢筋混凝土泵站存在一定困难，污水量不是太大的区域；闸门泵站结合河涌防潮闸设置，不需新建用地及排水管道路由。闸门泵抽排能力大，并且可以根据河涌宽度采用多泵并联，排水能力可以调整，适用范围广，工程实施无大规模土建工作，工期短。

5.2.5 污水处理厂污水处理技术

（1）适用范围。污水处理厂污水处理技术适用于污水处理厂污水处理。

（2）技术要点。污水处理厂污水处理技术主要包括活性污泥技术、生物膜技术、厌氧生物处理技术和生物处理技术。活性污泥技术包括 SBR 技术、A/O 技术、A^2/O 技术、氧化沟技术等；生物膜技术包括生物滤池技术、生物转盘技术、生物接触氧化池技术等；厌氧生物处理技术包括水解酸化池技术、UASB 技术等；生物处理技术包括稳定塘技术、土地处理技术等。

（3）技术方法。污水处理厂作为城市污水处理环节最重要的设施，建设数量近年来不断增长，我国的城市污水处理率也在不断提高。

1）活性污泥法是我国污水处理最早研究的污水处理工艺。SBR 技术为按间歇曝气方式运行的活性污泥处理技术，运行上进行有序和间歇操作，尤其适用于间歇排放和流量变化较大的场合，SBR 技术可以用在学校生活污水处理、加工厂间歇排放的工业污水、中小型污水处理站；A/O 技术将厌氧水解技术用为活性污泥的前处理，为改进的活性污泥法，使用在对处理水质要求不高的生活污水处理场所；A^2/O 技术即厌氧—缺氧—好氧技术，为最简单的同步脱氮除磷技术，在处理生活污水要求不是特别高的情况下是主流的生化处理方式；氧化沟技术下污水和活性污泥在曝气渠道中不断循环流动。

2）生物膜技术。生物滤池技术下污水与填料表面上生长的微生物膜间隙接触，使污水得到净化；生物转盘技术在生物滤池的基础上发展，亦称为浸没式生物滤池；生物接触氧化池技术是在生物反应池内充填填料，已经充氧的污水浸没全部填料，并以一定的流速流经填料，在填料上布满生物膜，污水与生物膜广泛接触，在生物膜上微生物新陈代谢的作用下，污水中有机污染物得到去除，污水得到净化。

3）厌氧生物处理技术。水解酸化池技术是一种介于好氧和厌氧处理法之间的技术，属于升流式厌氧污泥床反应器的改进型，水力停留时间为3～4h，适用于处理低浓度的城市污水；UASB技术即上流式厌氧污泥床技术，是一种处理污水的厌氧生物方法，负荷能力很大，进水中悬浮物需要适当控制，不宜过高，一般控制在100mg/L以下。

4）生物处理技术。稳定塘技术将土地进行适当的人工修整，建成池塘，并设置围堤和防渗层，依靠塘内生长的微生物来处理污水；土地处理技术是一种污水就地处理技术，在人工控制的条件下，将污水投配在土地上，通过土壤—植物系统，进行一系列物理、化学、物理化学和生物化学的净化过程，使污水得到净化。

(4) 限制因素。生活污水处理工艺的选择受污水水质、污水处理程度、当地的自然和社会条件、建设运行经费等影响；各省（自治区、直辖市）为完成更趋严格的节能减排目标相继出台了更为严格的标准，尤其是对COD、BOD_5、氨氮、总磷、总氮等污染物的排出提出了更为严格的指标要求；污水处理过程中可能发生二次污染问题。

(5) 技术比选。SBR技术对水质水量变化的适应性强，分时控制，特别适用与水量变化较大的场所，但不适合大型污水处理厂使用，而且不连续出水，使得SBR工艺串联其他连续处理工艺时较为困难；A/O技术具有流程简单、投资较少、总氮去除在70%以上的特点，但是由于没有独立污泥回流系统，不能培养具有独特功能的污泥，对于存在难降解污染物质的污水处理效率较低，脱氮效率难再提高至90%；A^2/O技术操作成本低，对有机物和氨氮的去除率高，总氮的去除率在70%以上，无污泥膨胀，污泥中磷含量高，肥效高，但基建费和运行费均高于普通活性污泥法，运行管理要求高，系统中难以同时实现氮、磷的高效去除，出水只能达到一级B标准；氧化沟技术操控灵活，流程简化，一般不需设初沉池，具有推流特性，因此沿池长方向具有溶解氧梯度，分别形成好氧、缺氧和厌氧区，通过合理设计和控制可使氮和磷得到较好的去除，但占地面积大，对除氮的效果有限，而对除磷几乎不起作用，污泥易产生膨胀、上浮、沉积等问题；生物滤池技术占地面积小，基建投资省，出水水质高，氧的传输效率和利用率都很高，曝气量小，供氧的动力消耗较低，但对进水的SS要求较高，水头损失较大，水的总提升高度大，需污泥缓冲池；生物转盘技术工艺流程合理，具有占地面积小、结构紧凑、能耗低、处理效率高、管理方便、操作容易等优点，但存在着生物膜易脱落、处理效率低、能耗偏高等缺点；水解酸化池技术对各类有机物的去除效率高，污泥相对稳定，基建费用低，运转管理方便，具有较好的抗有机负荷冲击能力，但运行过程中可能存在厌氧氨氧化的现象，水力停留时间对水解酸化池的影响明显；UASB技术污泥床内生物量多，容积负荷率高，污水在反应器内的水力停留时间较短，因此所需池容大大缩小，设备简单，运行方便，无需设沉淀池和污泥回流装置，不需要充填填料，也不需要在反应区内设机械搅拌装置，造价相对较低，便于管理，且不存在堵塞问题，但UASB技术对水质和负荷突然变化较敏感，耐冲击力稍差，污泥床内有短流现象，影响处理能力；稳定塘技术能充分利用地形，结构简单，建设费用低，处理能耗低，成本低，运行维护方便，污泥产量少，适应能力和抗冲击能力强，但占地面积大，气候对稳定塘的处理效果影响较大，若设计或运行管理不当，则会造成二次污染，易产生臭味和滋生蚊蝇，污泥不易排出；土地处理技术具有建设与运行费用低、操作简单、出水作杂用水回用、对环境影响小、脱氮除磷效果好等优点，但土地渗漏系统易于堵塞，对周围环境具有潜在不利影响，可能造成地下水污染、温室气体排放，长期除磷效果不佳。

5.2.6 污水处理厂提标改造技术

（1）适用范围。污水处理厂提标改造技术旨在提高污水处理厂出水水质。

（2）技术要点。污水处理厂提标改造技术主要包括工艺调整技术、工艺复合技术、药剂添加技术、深度处理技术等。深度处理技术包括砂滤技术、混凝沉淀技术、活性炭技术、离子交换技术、膜处理技术、曝气生物滤池技术、催化氧化技术等。

（3）技术方法。污水处理厂的提标改造需根据各自污水处理厂的实际情况、原有工艺，选择合适的路径和方式进行改造，现有城镇污水处理设施，要因地制宜进行改造，2020年年底前达到相应排放标准或再生利用要求。

1）工艺调整技术通常是指对原有的活性污泥工艺进行调整，主要路径包括将原有A/O工艺中增加一个缺氧池改造为A^2/O工艺，提高脱氮除磷效果；在A^2/O工艺基础上，将缺氧池前置，改造为倒置A^2/O工艺，减轻原工艺中硝酸盐对厌氧池释磷的抑制作用，提高磷的脱除效果；采用氧化沟及其变形工艺，如Orbal氧化沟、T型氧化沟、DE型氧化沟、Carrousel氧化沟、微曝氧化沟等；采用MSBR、CASS和ICEAS等SBR工艺加强SBR工艺的脱氮除磷效果等。

2）工艺复合技术通常将活性污泥与现代生物膜工艺相结合，主要路径是将填料投加到活性污泥工艺的反应区中，使反应池的生物量大大增加。

3）药剂添加技术通常通过向污水中投加除磷药剂使磷酸盐形成低溶解度磷酸盐化合物之后形成较大絮凝体，最终利用固液分离从污水中去除。

4）深度处理技术，通过增加工艺设备、工艺进一步提高出水质量。

（4）限制因素。污水处理厂提标改造中用地紧张，且投资运营费较高。

（5）技术比选。工艺调整技术改造过程相对简单，费用低，运行稳定，但出水水质提升效果相对有限；工艺复合技术在城市污水的提标改造中表现出良好的适用性，在污水处理厂的升级改造时投资少、不占用新的用地、污泥的沉降性提高，稳定性增强；药剂添加技术主要针对出水总磷超标的污水处理厂提标改造，方法简单，实施效果较好，基建费用投入低，但药剂投入造成运行费用较高；深度处理技术处理效果好，但投资运营费用较高。

5.2.7 污水处理厂污泥处理技术

（1）适用范围。污泥处理技术适用于排水管道污泥、污水提升泵站污泥、污水处理厂污泥等。

（2）技术要点。污泥处理技术主要包括卫生填埋技术、农用技术、焚烧技术、厌氧消化（制沼）技术等。

（3）技术方法。污泥处理技术均应符合稳定化、无害化、减量化和力争资源化原则。

（4）限制因素。污泥产量大，污泥泥质不稳定；污泥有机质含量低，含砂量高；污泥中含有大量的有害成分，重金属等污染物含量高，去除困难。

(5) 技术比选。卫生填埋技术操作简单，投资费用较小，处理费用较低，适用性强，但侵占土地严重，如果防渗技术不够，存在潜在的土壤和地下水污染；农用技术由于污泥泥质不稳定，重金属难以稳定化，污泥往往只能用作园林绿化用肥，堆肥过程产生大量的臭气，污染周边环境，且需要加入大量秸秆等调理剂；焚烧技术投资大，对锅炉腐蚀严重，维护成本高，且含水率大于80%的污泥热值低，焚烧耗费大量能量，对尾气排放影响较大，易产生二噁英等有害气体；厌氧消化（制沼）技术投资、占地较大，存在运营成本高、安全问题，污泥需预热耗费大量热能，产生大量沼渣，需再次处理，北方地区冬季难以运行。

5.2.8 污水设施检测技术

(1) 适用范围。污水设施检测技术适用于污水管网、检查井等污水设施。

(2) 技术要点。污水设施检测调查技术主要包括仪器检测技术和人工检测技术。仪器检测技术包括闭路电视检测技术、声呐检测技术、电子潜望镜检测技术、反光镜检测技术等；人工检测技术包括人工进管检测技术、潜水检测技术等。

(3) 技术方法。污水设施检测技术用于检测污水设施结构性缺失和功能性缺失。闭路电视检测技术又称内窥检测，对于管内污水低于管径的20%、淤积情况较轻的管路，可采用闭路电视检测技术；声呐检测技术适用于直径为125～3000mm、充满度高、流量大、连续排放的排水管道在线检测；对于检测要求较低，淤积少、水位低的管网检测，可采用电子潜望镜检测技术和反光镜检测技术；对于通风良好，上下游汇入水源无散溢性有毒气体排放，管径大于1.2m的管道，管道流速不大于0.5m/s，在做好安全防护的前提下，可采用人工进管检测技术和潜水检测技术。

当一种检测方法不能全面反映管道状况时，可采用多种方法联合检测。以结构性状况为目的的普查周期宜为5～10年，以功能性状况为目的的普查周期宜为1～2年。当遇到下列情况之一时，普查周期可相应缩短：流砂易发、湿陷性土等特殊地区的管道；管龄30年以上的管道；施工质量差的管道；重要管道；有特殊要求的管道。

(4) 限制因素。管道检测和调查工程量大，耗时耗力；人工检测技术危险性较高。

(5) 技术比选。污水管网及检查井检测技术比选见表5.4。

表5.4 污水管网及检查井检测技术比选

检测调查技术		经济	运作		技术要求			
		投资	探伤效果	危险性	管径	管内流速	管内水位	管内淤积
仪器检测技术	闭路电视检测技术	高	中	低	—	—	√	√
	声呐检测技术	低	高	低	√	—	—	—
	电子潜望镜检测技术	中	低	低	—	—	√	√
	反光镜检测技术	中	低	低	—	—	√	√
人工进管检测技术	人工进管检测技术	中	低	高	√	√	—	—
	潜水检测技术	中	低	高	√	√	—	—

5.2.9 排水管道修复技术

（1）适用范围。排水管道修复技术主要适用于排水管道结构性缺陷修复。

（2）技术要点。排水管道修复技术主要包括局部非开挖修复技术和整体非开挖修复技术。局部非开挖修复技术包括不锈钢套筒技术、点状原位固化技术、不锈钢双胀环修复技术、管道化学灌浆技术；整体非开挖修复技术包括热水原位固化技术、紫外光原位固化技术、螺旋缠绕技术、管片内衬技术、短管内衬修复技术、聚合物涂层技术、胀管技术等。

（3）技术方法。功能性缺陷整治主要针对淤泥沉积，可采用疏通清理等方式，恢复管道过水断面，及时清除排水管道及检查井中的沉积物，可有效减少进入水体污染物量。修复排水管道存在的各种结构性缺陷，是解决地下水等外来水入渗和污水外渗的根本措施。

1）局部非开挖修复技术适用于排水管道检测调查中发现的裂缝、腐蚀、脱节、渗漏、变形、错口及孔洞等局部的结构性问题。不锈钢套筒技术是利用外包止水材料的不锈钢套筒膨胀后，在原有管道和不锈钢套筒之间形成密封性的管道内衬，堵住渗漏点；点状原位固化技术是将浸渍常温固化树脂的纤维材料固定在破损部位，注入压缩空气，使纤维材料紧紧挤压在管道内壁，经固化形成新的管道内衬；不锈钢双胀环修复技术是采用环状橡胶止水密封带与不锈钢套环，在管道接口或局部损坏部位安装橡胶圈双胀环，橡胶带就位后用2～3道不锈钢胀环固定，达到止水目的；管道化学灌浆技术将多种化学浆液通过特定装备注入（压入）管道破损点外部的下垫面土壤和土壤空洞中，利用化学浆液的快速固化进行止水、止漏、固土、填补空洞。

2）整体非开挖修复技术适用于排水管道检测调查中发现的连续性或大范围的裂缝、腐蚀、脱节、渗漏、变形、错口及孔洞等结构性问题。热水原位固化技术是采用水压翻转方式将浸渍热固性树脂的软管置入原有管道内，加热固化后，在管道内形成新的管道内衬，用于各种结构性缺陷的修复，适用于不同几何形状的排水管道；紫外光原位固化技术是将浸渍光敏树脂的软管置入原有管道内，通过紫外光照射固化，在管道内形成新的管道内衬；螺旋缠绕技术采用机械缠绕的方法将带状型材在原有管道内形成一条新的管道内衬，用于各种结构性缺陷的修复；管片内衬技术是将PVC片状型材在原有管道内拼接成一条新管道，并对新管道与原有管道之间的间隙进行填充；短管内衬修复技术将特制的高密度聚乙烯（HDPE）短管在井内螺旋或承插连接，然后逐节向旧管内穿插推进，并在新旧管道的空隙间注入水泥浆固定，形成新的内衬管；聚合物涂层技术将高分子聚合物乳液与无机粉料构成的双组分复合型防水涂层材料，混合后均匀涂抹在原有管道内表面形成高强坚韧的防水膜内衬；胀管技术是将一个锥形的胀管头装入到旧管道中，将旧管道破碎成片挤入周围土层中，与此同时，新管道在胀管头后部拉入，从而完成管道更换修复的过程。

（4）限制因素。排水管道结构复杂，可能存在观察不到的缺陷，修复过程中存在安全隐患；资金投入大，需要专业修复仪器及专业修复人员。

（5）技术比选。排水管道修复技术比选见表5.5。

表 5.5 排水管道修复技术比选

排水管道修复技术		适用缺陷				
		渗漏	脱节	破裂	错位	变形
局部非开挖修复技术	不锈钢套筒技术	√	√	—	—	—
	点状原位固化技术	√	√	√	—	—
	不锈钢双胀环修复技术	√	√	—	√	√
	管道化学灌浆技术	√	—	√	—	—
整体非开挖修复技术	热水原位固化技术	√	√	√	√	√
	紫外光原位固化技术	√	√	√	√	√
	螺旋缠绕技术	√	√	√	√	√
	管片内衬技术	√	√	√	—	—
	短管内衬修复技术	√	√	√	—	—
	聚合物涂层技术	√	√	√	—	—
	胀管技术	√	√	√	—	—

5.2.10 检查井修复技术

(1) 适用范围。检查井修复技术主要适用于检查井结构性缺失修复。

(2) 技术要点。检查井修复技术主要包括检查井原位固化技术、检查井光固化贴片技术和检查井离心喷涂技术等。

(3) 技术方法。检查井原位固化技术将浸渍热固树脂的检查井内胆装置吊入原有检查井内，加热固化后形成检查井内衬；检查井光固化贴片技术将浸渍有光敏树脂的片状纤维材料拼贴在原有检查井内，通过紫外光照射固化形成检查井内衬；检查井离心喷涂技术采用离心喷射的方法将预先配置的膏状浆液材料均匀喷涂在井壁上形成检查井内衬。

(4) 限制因素。检查井不仅承担路面车辆活荷载，还承担外部周围土体的土压力以及地下静水压力，井壁内部环境也十分复杂，修复过程中存在安全隐患。

(5) 技术比选。检查井原位固化技术和检查井光固化贴片技术适用于各种类型和尺寸检查井的渗漏、破裂等缺陷修复，不适用检查井整体沉降的修复。检查井离心喷涂技术适用于各种材质、形状和尺寸检查井的破裂、渗漏等各种缺陷修复，可进行多次喷涂，直到喷涂形成的内衬层达到设计厚度。

5.3 农村生活污染控制技术

5.3.1 农村生活污水集中式处理技术

(1) 适用范围。农村生活污水集中式处理技术适用于布局相对集中、人口规模较大的农村地区，综合考虑地形条件、河网分布等因素，进行以片区为单位的单村或多村生活污水处理。

（2）技术要点。农村生活污水集中式处理技术主要包括A/O生物接触氧化技术、氧化沟技术、多层生物滤池技术、人工湿地技术和土壤渗滤技术。

（3）技术方法。农村生活污水集中式处理技术的选择应与村庄的经济发展水平，村民的经济承受能力相适应，力求处理效果稳定可靠、运行维护简便，经济合理。A/O生物接触氧化技术既适用于河网区、平原或地形较为平坦的地区，也适用于山区等地势起伏较大的地区，设备包括缺氧、好氧、沉淀三个功能段，缺氧、好氧功能段设置专用填料，通过填料上附着生长的微生物降解水中的污染物；氧化沟技术中的曝气池呈封闭的沟渠型，它在水力流态上不同于传统的活性污泥法，适用于土地资源短缺、经济条件好、建设资金和运行费用有保障、进水污染物浓度高、处理规模较大的农村地区；多层生物滤池技术是将生态理念与工程技术相结合，采用先进的工程手段来加速水体修复，利用生物填料结合人工强化手段构建的一种生活污水分散处理专有技术；人工湿地技术将污水、污泥有控制地投配到经人工建造的湿地上，污水与污泥在沿一定方向流动的过程中，主要利用土壤、人工介质、植物、微生物的物理、化学、生物三重协同作用，对污水、污泥进行处理的一种技术，适用于居住相对集中、当地水环境容量大、对出水水质要求不高、村庄经济基础相对较弱的村庄生活污水处理；土壤渗滤技术是一种人工强化的污水生态工程处理技术，它充分利用地表下层土壤中栖息的土壤动物、土壤微生物、植物根系以及土壤所具有的物理、化学特性净化污水，属于小型的污水土地处理系统，适用于平原、丘陵地区居住相对集中的农村、小型农村旅游景区等的生活污水处理。

（4）限制因素。农村污水排放具有区域差异性效果；管理水平不足；经济投入力度有限。

（5）技术比选。农村生活污水集中式处理技术比选见表5.6。

表5.6 农村生活污水集中式处理技术比选

农村集中式处理技术	经济	运维			适用地区		适用进水浓度	
	投资	占地	能耗	运行维护	农村平坦地区	农村山区	进水浓度高	进水浓度低
A/O生物接触氧化技术	低	小	低	易	√	√	—	√
氧化沟技术	低	中	高	易	√	—	√	—
多层生物滤池技术	中	大	中	易	—	√	√	√
人工湿地技术	低	大	低	易	√	√	—	√
土壤渗滤技术	低	大	低	易	√	√	—	√

5.3.2 农村生活污水分散处理技术

（1）适用范围。农村生活污水分散处理技术适用于人口规模较小、居住较为分散、地形地貌复杂的村庄，可就地就近收集、各自分散处理生活污水。

（2）技术要点。农村生活污水分散处理技术包括蚯蚓生态滤池技术、人工湿地技术、地下渗滤技术、滴滤池技术和小型一体化污水处理技术。

（3）技术方法。农村生活污水分散处理设施一般布置在农户周边，强调就近处理，相邻农户的污水处理设施宜在多户收集系统基础上，合建污水处理设施；没有条件合建的，也可单建污水处理设施。蚯蚓生态滤池技术是一种利用微生物、蚯蚓和基质等组成的人工生态系统处理生活污水的新技术；人工湿地技术主要是利用土壤、人工介质、植物、微生物的物理、化学、生物三重协同作用，对污水、污泥进行处理，易于在我国农村推广使用；地下渗滤技术是一种人工强化的污水生态处理技术，污水经化粪池预处理后，去除大的悬浮物后有控制地投配到渗滤装置中，然后在重力和土壤毛细管力的作用下扩散运动，污水在此迁移过程中通过物理截留、物化吸附、化学沉淀、微生物降解、动植物作用等被净化，适合土质渗透性能高、农户分布散、人口少、经济较落后的农村污水处理；滴滤池技术是生物过滤技术中的一种，适合土质渗透性能高、农户分布散、人口少、经济较落后的农村污水处理；小型一体化污水处理技术通过有效地整合各种水处理工艺实现分散式污水的净化达标，适用于单户家庭的紧凑污水处理。

(4) 限制因素。农村污水水量小、排放分散、水质复杂；同时受农村科学技术和经济的限制。

(5) 技术比选。蚯蚓生态滤池技术具有池容小、节能、易操作、维护管理方便等特点，适宜于我国南方农村生活污水处理，但由于蚯蚓有冬眠和夏眠的习性，会造成阶段性出水不稳定，使用时应考虑其应对措施，在滤池出水加后续强化处理工艺；人工湿地技术具有结构简单、投资少、易于维护和运行费用低等特点，但占地面积大，易受病虫害影响；地下渗滤技术具有投资少、运行费用低、易于维护管理、不影响地面景观等优点，但地下渗滤技术受场地和土壤条件的影响较大，如果负荷控制不当，土壤会堵塞；滴滤池技术操作管理方便、处理效果高，但生物膜易脱落；小型一体化污水处理技术维护简单，具有稳定且较高的出水水质，但造价高，污水处理量小。

5.4 城乡生活垃圾污染控制技术

5.4.1 生活垃圾收集技术

(1) 适用范围。生活垃圾收集技术适用于城镇和农村生活垃圾。

(2) 技术要点。生活垃圾收集技术主要包括流动垃圾车收集技术和小型压缩站收集技术。

(3) 技术方法。流动垃圾车收集技术是指收集车辆行驶到各个接收点，对接收后的垃圾进行装车收集的方式。流动收集一般根据接收点垃圾的接收方式配备相应的收集车辆，如采用垃圾桶接收时配备后装或侧装垃圾车，采用垃圾袋接收时一般配合后装垃圾车。流动收集车须进入接收点才能进行收集，故接收点最好设置于道路边，或收集车容易到达的地点。小型压缩站主要设备应有卧式垃圾压缩机、专用垃圾箱、垃圾收集小车和移动设备。

(4) 限制因素。垃圾收集基本靠人力，缺乏机械化设施；居民垃圾分类投放意识薄弱。

(5) 技术比选。流动垃圾车收集技术优点是不需要设置建筑，也不需要将接收点的垃圾运出来，但燃油等资源消耗较大，流动收集由于在室外对垃圾装载作业，也会产生二次污染和噪声。小型压缩站收集技术减少资源的消耗，垃圾密封、压缩能力好，减少二次污染，收集后的运输工作也主要由更密封的专用垃圾箱运输车（如拉臂车）完成，减少人力消耗。

5.4.2 生活垃圾处理技术

（1）适用范围。生活垃圾处理技术适用于城镇和农村生活垃圾。

（2）技术要点。生活垃圾处理技术主要有卫生填埋技术、堆肥技术和焚烧技术。

（3）技术方法。卫生填埋技术通过土工方法将生活垃圾填埋到地下，与外界环境隔绝，并通过一定措施防止渗滤液和填埋气的污染。堆肥技术利用垃圾中或人为添加的微生物，在一定条件下使垃圾中的可降解有机物降解并转化为稳定的腐殖质。对于堆肥工艺，应当研究如何能充分地利用微生物的分解效果，以保证将有机废弃物转化为有用的物质。焚烧技术是在高温条件下固体废物与氧气发生剧烈的氧化还原反应，使有机物被完全氧化分解为 CO_2 和 H_2O 的技术。生活垃圾焚烧厂选址应符合当地城乡建设总体规划和环境保护规划的规定，并符合当地的大气污染防治、水资源保护、自然保护的要求。

（4）限制因素。生活垃圾种类复杂，不可降解物质多；垃圾分类系统不完善。

（5）技术比选。卫生填埋技术操作简单，投资成本较低，但垃圾填埋会永久占用大量的土地，造成土地资源的紧张，会产生填埋气，污染周边空气，同时垃圾渗滤液含有较多有毒成分，容易对土壤、地下水和地表水造成污染。堆肥技术具有较好的资源化效果，其产物可作为有机肥用于土壤施肥，改善土壤结构，提高土壤保肥能力，但由于垃圾分类系统不完善导致其处理成本较高，并且含有重金属的有机肥施到土壤会导致重金属在土壤及作物富集，影响作物生长，并且通过环境迁移进入人体，危害人体健康。焚烧技术能大量减少生活垃圾质量和体积，产生大量的热能可被回收利用，减少对一次能源的消耗，但投资成本较高，易产生二次污染，如氮氧化物、二氧化硫、氯化氢等酸性气体以及二噁英、呋喃等难降解有机物，容易造成大气污染，威胁周围居民身体健康。

5.5 养殖污染控制技术

5.5.1 畜禽养殖污染控制技术

5.5.1.1 畜禽养殖废渣处理技术

（1）适用范围。该技术主要用于收集与处理在畜禽养殖行业中所产生的粪便、固体废渣等，以实现对养殖废弃物的无害化、减量化及资源化处理。

（2）技术要点。我国目前畜禽养殖行业粪便收集与处理的常用技术主要包括：干清粪技术；生物处理技术，包括厌氧堆肥和好氧堆肥技术；厌氧发酵技术；生物饲料技术。畜禽养殖废弃物处理与利用的模式主要有：能源生态模式（以沼气系统为核心的能源化利用技术）；能源环保模式（基于干湿分流的固体粪便发酵堆肥和污水处理的达标排放技术）；种养结合模式；生物发酵床模式（以生物发酵床为主的生态养殖技术模式）；土地利用模式（建立有机肥厂，基于干湿分离的固体粪便发酵生产有机肥和污水的净化处理技术）；达标排放模式（以污水处理工程为核心）。

（3）技术方法。应始终秉承“资源化、生态化、无害化、减量化”的原则，“源头减量、过程控制、末端利用”的核心发展观念，把清洁生产、废弃物综合利用和可持续发展融为一体，不能简单地利用工业化处理的理念处理农业废弃物，同时，不同规模的养殖场应采取不同的畜禽污染防治技术/模式，促进养殖场健康、可持续发展。

（4）限制因素。①规模化畜禽养殖废弃物治理难度大，且投入成本大、效益低，尤其是对于养殖规模较小的养殖户；②专业养殖场由于缺乏消纳畜禽粪便的农用田，导致种养分离，使得畜禽粪便的循环利用率下降；③政府对于技术规范类政策存在执行效力不高的问题，不能充分发挥政府的主导作用。

（5）技术比选。对于畜禽养殖业常用处理技术，干清粪工艺粪便中营养成分损失小，肥料价值高，有利于堆肥或其他资源化加工，同时产生污水量少，且污染物浓度低，其可为后续畜禽粪便的资源化利用创造有利条件。根据养殖规模大小，小型养殖场可选择人工干清粪，对于中型及以上规模养殖场宜选择机械清粪。生物处理技术是目前粪便处理过程中最广泛也最为有效的处理技术，粪便的堆肥处理主要适用于小型、零散养殖的养殖场。厌氧发酵技术具有环境清洁、原料利用率高、能源可循环利用等优点，适合各种规模畜禽粪便处理。具体技术比选见表5.7。

表5.7 畜禽养殖废渣处理技术比选

处理技术	适用养殖场规模	处理成本	能源可循环率	处理难度
干清粪技术	小	低	低	小
生物处理技术	小	低	低	小
厌氧发酵技术	小、中、大	低	高	大
生物饲料技术	小	高	中	大
能源生态模式	大、中、小	高	高	大
能源环保模式	中	高	高	大
种养结合模式	需配套农田	低	低	小
生物发酵床模式	小	低	低	大
土地利用模式	大	低	低	小
达标排放模式	大	高	低	大

对以上处理模式来说，能源生态模式的适用范围较广，是目前多数养殖场所采用的主体工艺；种养结合模式将液体粪便作为有机肥进行利用，简单、方便，粪污和沼渣沼液通过田间储存池、输送管网等就近农田利用，能够减少化肥用量、实现节能减排，也有利于改善农田土壤质量，用于周围配套有一定面积农田的畜禽养殖场，在农田作物灌溉施肥期间进行水肥一体化施用；达标排放模式是对畜禽养殖场产生的粪水等废弃物进行“厌氧发酵＋好氧处理”等组合工艺进行深度处理后实现达标排放，固体粪便进行堆肥发酵就近肥料化利用或委托他人进行集中处理，不需要建设大型粪水储存池，可减少粪污储存设施的用地，但废弃物处理成本高，大多中小型养殖场难承受。

5.5.1.2 畜禽养殖废水处理技术

(1) 适用范围。该技术主要适用于处理养殖产业中所产生的高含氮、含磷量的高浓度有机废水。

(2) 技术要点。畜禽养殖行业废水常见处理技术主要可分为:①物理化学处理技术;②生物处理技术;③自然生态处理技术。另外还有兼顾不同处理技术和工艺的组合工艺。

1) 物理化学处理技术大致可分为吸附法、絮凝沉淀法、电化学法等。

2) 生物处理技术按微生物的类别可大致分为生物好氧处理技术、生物厌氧处理技术、生物厌氧—好氧混合处理技术。常用的生物好氧处理技术主要为 SBR 法、SBBR 法、生物转盘法、生物滤池法、MBBR 法、MBR 法及 A/O 法等;常用的生物厌氧处理技术有 ABR 法、UASB 法、全混式厌氧反应器、微生物燃料电池(MFC)等;常用的生物厌氧—好氧处理技术则主要有 A^2/O、上流式多层膜生物反应器—好氧、上流式厌氧污泥床—MBR、UASB—活性污泥反应器等。

3) 自然生态处理技术处理畜禽废水是利用天然的水体、土壤和生物的共同作用,经过一系列的物理、化学和生物的综合作用去除废水中污染物质。常见的自然生态处理技术包括人工湿地、氧化塘技术及土地处理系统。

(3) 限制因素。①畜禽养殖污染防治技术难度大,现有污染防治技术对畜禽养殖业排放的化学需氧量的处理基本能达到有关技术标准,但是对氮、磷等污染物的去除缺乏有效的经济和技术支持;②缺乏有效的污染防治经济支撑,我国以农户为单元的分散式养殖占有很大比例,一般规模较小,投资能力有限,一般不会兴建污染防治设施,同时政府财政也往往向省市级规模化养殖倾斜,普通分散式养殖户很难获得财政补贴,导致污染物排放不断;③污染防治设施运行维护不到位,多数污染防治设施的运行管理与维护等工作均由非专业人员操作管理,这些人员通常素质较低,环保意识淡薄,设备维护与运行管理技术与经验严重缺乏,导致畜禽养殖污染防治设施普遍存在运行维护不到位。

(4) 技术比选。

1) 物理化学处理技术,在最适条件下,天然钙型斜发沸石对养猪废水的预处理效果良好;絮凝沉淀法是指依靠高分子絮凝剂的吸附架桥作用,将废水中的悬浮颗粒聚集成较大颗粒而沉淀,具有处理速度较快、沉降分离效果好、流程简单等优点;电化学法能去除难生物降解的污染物,对重金属也有不错的去除效果,但其对有机物的去除率较低;Fenton 法对于难降解有机废水有很好的处理效果,因此被广泛用于包括畜禽废水在内的大多数废水的深度处理。

2) 生物好氧处理技术,SBR 法工艺流程简单、对 COD、NH_3-N 和磷的去除效果较好、污泥沉降性能好、对水质水量变化有较强的适应能力;序批式生物膜法(SBBR)对有机物、NH_3-N 和磷的去除效果不错,具有生物性能好、反应时间比 SBR 工艺短、节约运行成本等优点;生物滤池法具有运行稳定性好、运转费用低、无二次污染等优点;MBR 法能够对畜禽养殖废水具有较好的 SS 与有机物去除效果,但滤膜易堵塞,需经常清洗或更换,运行成本较高;MBBR 工艺是在 MBR 技术基础上进一步优化的新型污水处理工艺,兼具传统生物膜法和活性污泥法两者的优点,且能达到同时去除废水中有机物和营养物；A/O法工艺技术成熟、工艺简单、运行成本低，具有较好的BOD_5、氮和磷的去除效果。

3）生物厌氧处理技术，ABR反应器具有运行稳定且效果好、反应器启动迅速、抗冲击负荷和抗水力条件变化；UASB反应器在畜禽养殖废水的处理中具有效率高、运行成本低、工程费用小等优点。

4）生物厌氧—好氧混合处理技术，畜禽养殖废水的处理过程中，无论生物厌氧处理技术还是生物好氧处理技术都无法单独使废水达标排放，因此现阶段国内成规模化养殖的养殖场大都采用厌氧—好氧混合处理技术处理废水。

5）自然生态处理技术，自然生态处理模式的优点主要包括前期投资小、操作简单、运行费用低。缺点主要是占地面积大，处理效果受季节、地理环境影响显著，停留时间长。

氧化塘技术主要的优点是可以改造已有的河滩、池塘，基础建设投资少；运行成本低，管理简单，能耗低；氧化塘中存在多级食物网，保护环境的同时可产生一定经济效益。缺点主要有占地面积大，在土地成本较高的地区不适合采用氧化塘；出水水质受自然条件影响较大；处理周期长，且有可能产生二次污染。人工湿地处理畜禽废水利用的是土壤—水生植物—微生物组成的复合生态系统，经过物理、化学和生物作用去除污染物并回收水肥资源。处理成本较低，管理维护方便，但占地较大且处理时间较长。

具体技术比选汇总见表5.8。

表5.8 畜禽养殖废水处理技术比选

处理技术		针对性去除物	运维成本	抗冲击能力	占地面积	适用处理段
物理化学处理技术	吸附法	SS	低	弱	小	预处理
	絮凝沉淀法	SS	低	弱	中	预处理
	电化学法	难降解污染物	中	弱	小	深度处理
	Fenton法	难降解有机物	中	弱	小	深度处理
生物处理技术	SBR法	COD、氨氮、磷	高	强	中	常规处理
	SBBR法	氨氮、磷	高	强	中	常规处理
	MBR法	SS、有机物	高	强	中	常规处理
	A/O法	BOD_5、氮、磷	中	弱	中	常规处理
	ABR法	SS、COD	中	强	中	常规处理
	UASB法	SS、COD、BOD_5	中	中	中	常规处理
自然生态处理技术	厌氧—好氧处理法	SS、COD、BOD_5、氮、磷	高	强	中	常规处理
	氧化塘技术	氮、磷、难降解污染物	低	弱	大	深度处理
	人工湿地技术	氮、磷、难降解污染物	低	弱	大	深度处理

5.5.2 水产养殖污染控制技术

（1）适用范围。该技术主要适用于处理水产养殖中所产生的污物种类少，污物含量变化小，生化过程耗氧量低的污水。

（2）技术要点。目前水产养殖废水处理的方法根据作用的机理主要有：①物理处理技术；②化学处理技术；③生物处理技术。

（3）技术方法。水产养殖污染控制技术与普通污水处理技术不同，处理水产养殖产生的污水，在满足国家规定的排放标准的同时，还需要考虑水资源的循环利用。此外，还应重点制定针对性措施以防治因水生动物疾病而过度施用的药物、抗生素及其他化学物质的污染。

1）物理处理技术是根据养殖水体及产生污染物的理化性质，利用物理手段去除水中的大颗粒粪便残饵等悬浮物及有害气体。主要包括沉淀、过滤、吸附、曝气等处理方法。

2）化学处理技术是根据养殖水体及产生污染物的理化性质，利用化学技术，改变污染物的性质，使污染物从有害变为无害状态，促使其混凝、沉淀、氧化还原和络合等，以达到去除水中污染物或悬浮颗粒的目的。主要包括臭氧水处理技术、紫外辐射技术、化学混凝、电化学、光电化学催化技术等。

3）生物处理技术是利用微生物和自养植物改善水质，利于防止残饵与代谢物累积引起的水质恶化，属于环境友好型的水产养殖废水处理方法。常见的生物方法有生物膜法、活性污泥法、人工湿地法以及生态塘处埋技术。

（4）限制因素。①目前国家相关部门陆续出台了系列法律法规，但是缺乏完善的宣传机制和配套管理机制，导致目前水产污染治理工作还不到位；②养殖户缺少相关培训，环保意识较弱，注意力集中在水产养殖业的经济效益上，忽视了养殖业的生态效益，在养殖中随意使用药物、饲料等；③水产养殖模式落后，由于常规的养殖理念和养殖方法已经深入人心，所以在养殖过程中大多数养殖户都还是采用粗放式管理，养殖户也比较分散，规模化、产业化和科学化发展水平较低，很多水产养殖区域的环境都比较简陋。

（5）技术比选。物理处理技术中的物理技术设施造价和运行费用较低，但只能去除水体中的悬浮物，对水体中的溶解性污染物如氨氮则几乎无法实现有效去除，适用于污染负荷较低的养殖废水处理；化学处理技术由于直接向养殖水体投加混凝剂、通入臭氧或照射紫外光会对水生物种造成不良影响，因此化学处理技术主要适用于水产养殖排水或循环水的处理，但化学法用地面积小，处理时间短，适用于场地受限的水产养殖单位；生物处理技术占地面积较大，环境友好，适用于场地条件开阔，对水质要求较高的水产养殖单位。

5.6 农业面源污染控制技术

5.6.1 农业面源源头控制技术

（1）适用范围。该技术是从源头上对农业面源污染进行控制，减少污染源，控制污染的发生。

（2）技术要点。农业面源源头控制技术主要包括精准施肥技术、农药改进技术、种植模式优化技术、土壤耕作优化技术、节水灌溉技术；精准施肥的常用技术主要包括有机无机肥配施技术、缓释肥料技术、测土配方施肥技术和实时因地按需施肥技术等；常用的农药改进技术包括低容量喷雾技术、静电喷雾技术、“丸粒化”施药技术、循环喷雾技术和药辊涂抹技术等；常用的种植模式优化技术主要包括无土种植模式、生态种植模式、种养结合模式和种植绿肥模式等；常用的土壤耕作优化技术包括免耕技术、等高耕作技术、沟垄耕作技术和蓄水聚肥改土耕作技术等。

(3) 技术方法。

1) 精准施肥技术。根据土壤的供肥能力和作物达到目标产量对养分的需求确定合理的施肥量和养分配比。由于各地的土壤类型、生产条件和管理水平的不同，土壤养分含量差异较大。应根据测土结果和目标产量要求，制定切合实际的配方施肥方案，控制过量施肥造成的面源污染。

2) 农药改进技术。低容量喷雾技术是利用高速风机产生的高速气流将药液经离心喷嘴甩出，形成不大于75μm的细小雾滴，且可不加任何稀释或少量稀释水的一种喷雾法，特征是雾粒直径细小、均匀；静电喷雾技术是安装高压静电发生装置，作业时通过高压静电发生装置，使雾滴带电喷施的药液在作物叶片表面沉积量大幅增加，农药的有效利用率达到90%，从而避免了大量农药无效地进入农田土壤和大气环境；"丸粒化"施药技术把加工好的药丸均匀地撒施于农田中，比常规施药法可提高工效十几倍，且没有农药漂移现象；循环喷雾技术对常规喷雾机进行重新设计改造，在喷雾部件相对的一侧加装药物回流装置，把没有沉积在靶标植物上的药液收集后抽回到药箱内，使农药能循环利用；药辊涂抹技术是通过药辊（一种利用能吸收药液的泡沫材料做成的抹药溢筒）从药辊表面渗出，药辊只需接触到杂草上部的叶片即可奏效。

3) 种植模式优化技术。无土栽培是在人为控制下，充分满足作物对营养、水分、气体条件的要求，是一种技术集约的现代农业生产方式；生态种植模式是指依据生态学和生态经济学管理，利用当地现有资源，综合运用现代农业科学技术，在保护和改善生态环境的前提下，进行粮食、蔬菜等农作物高效生产的一种模式，典型的模式如旱作节水农业生产模式和无公害农产品生产模式；种养结合是种植业和养殖业联系密切的生态循环农业模式，种植业能为养殖业提供牧草、饲粮等基础物质，养殖业产生的粪污还能为种植业提供养分充足的有机肥源，二者相互依存，关系紧密；种植绿肥模式是通过种植养地作物，特别是豆科绿肥固氮作物，能把空气中的氮气通过生物固氮作用，固定到土壤中，起到增加土壤氮素的作用，减少人工肥料的施用。

4) 土壤耕作优化技术。免耕技术是少耕和免耕法的总称，尽量减少翻耕次数；等高耕作技术：也称为横坡耕作，即沿等高线耕作，形成一道道等高犁沟，以拦蓄水分，减少地表径流和土壤冲刷；沟垄耕作技术：即沿等高线进行犁耕并形成沟和垄，沟内或垄上种植作物，主要方法有垄作区田、套作区田、套犁沟播、平播后起垄等；蓄水聚肥改土耕作技术：又称抗旱丰产沟，把土壤分层组合成"种植沟"和"生土垄"两部分，种植沟集中耕层肥土，集中施肥，底土做成垄，拦蓄径流和泥沙。

(4) 限制因素。①我国农用化肥使用量逐年增加，由于施肥技术落后，化肥平均利用率仅有30%～40%，大量流失进入水体，造成水环境污染；②灌排体系老旧，随着农田集约化和精细化程度的日益提高，许多地区的原有灌排体系已难以适应农业现代化发展的需求。

(5) 技术比选。

1) 精准施肥技术。有机无机配合施用能够有效提高氮肥利用率，提高作物氮素累积量，减少流失；新型缓释肥料通过对传统肥料外层包膜处理来控制养分释放速度和释放量，使其与作物需求相一致，可显著提高肥料利用率；测土配方施肥的主要内容包括测定土壤养分、制定施肥方案、实施施肥方案等三项内容，同一种肥料对不同的农作物或同种作物不同的生长期采用不同的施肥方法和施肥时间以及施肥量。实时因地按需施肥技术是耕种前监测土壤养分含量，按照缺什么补什么的原则实现测土配方施肥。基于作物实时长势实时诊断而追肥，做到实时追肥。

2）农药改进技术。低容量喷雾技术和静电喷雾技术特别适宜温室和缺水的山区的应用，节约大量用水，显著提高防治效果，有效克服了常规喷雾给温室造成的湿害。“丸粒化”施药技术适用于水田，有效防止了作物茎叶遭受药害，而且不污染临近的作物。药辊涂抹技术主要适用于内吸性除草剂，几乎可使药剂全部施在靶标植物表面上，不会发生药液抛洒和滴漏，农药利用率可达到100%。

3）种植模式优化技术。无土种植模式适用于农业耕地资源较少、水资源短缺的地区，宜用于规模化农业开发；生态种植模式中的旱作节水农业生产模式适用于水资源严重匮乏和生态环境压力地区，无公害农产品生产模式适用于行无公害蔬菜的清洁生产及规模化、产业化经营的农场；种养结合模式适用于周围配套有一定面积农田的畜禽养殖场，在农田作物灌溉施肥期间进行水肥一体化施用；种植绿肥模式适用于特定作物的种植，需合理搭配选择种植方案。

4）土壤耕作优化技术。免耕技术对坡度较小的农田具有保持水土、改良土壤结构的功能，特别是结合大量秸秆残茬覆盖；等高耕作技术适宜于大于2°的坡地上；沟垄耕作技术能使原来倾斜的坡面变成等高的沟和垄，改变小地形，分散和拦蓄地表径流，减少冲刷和拦截泥沙；其他耕作技术如深松耕法（以秋季深耕为主）、留茬覆盖耕作法、刨窝点播法等，但对于土层厚度较薄的地区，不宜深播。

5.6.2 农业面源过程阻断技术

（1）适用范围。农业面源污染物质大部分随降雨径流进入水体。该技术适用于农田面源污染物进入水体前，通过建立生态拦截系统，阻断径流水中氮磷等污染物进入水环境，是控制农田面源污染的重要技术手段。

（2）技术要点。农业面源过程阻断技术主要包括农田内部拦截技术、拦截阻断技术；农田内部拦截的常用技术包括稻田生态埂技术、生态拦截缓冲带技术、生物篱技术、果园生草技术等；常用的拦截阻断技术主要包括生态拦截沟渠技术和生态护岸边坡技术。

（3）技术方法。

1）农田内部拦截技术。包括稻田生态埂技术、生态拦截缓冲带技术、生物篱技术、果园生草技术等。稻田生态埂技术是将田埂加高10～15cm或在稻田施肥初期减少灌水以降低表层水深度，以减少大部分的农田地表径流；生态拦截缓冲带又称生态隔离带，将旱地的沟渠集成生态型沟渠，同时在旱地的周边建一生态隔离带，减少地表径流携带的氮磷等向水体迁移，生态拦截带拦截效率是评价生态拦截带效果的重要参数；生物篱技术即在坡耕地上，按一定的间距等高种植多年生草、灌植物，使其成篱（生物墙），在其间种植农作物，土壤中的氮磷在篱前集聚，减少了全氮的流失量；果园生草分为全园生草和带状生草两种方式，生草可减少氮素的淋溶损失，减少了随水分向下的运移。

2）拦截阻断技术。生态沟渠用于收集农田径流、渗漏排水，一般位于田块间。通过对传统田间沟渠进行改造，提高其对面源污染物拦截效率。生态沟渠通常含有初沉池（水入口）、泥质或硬质生态沟框架和植物组成。生态拦截沟渠技术的空穴密度，沟底及沟板植物种植密度、植物种类和植物生长，沟长度、宽带、深度和坡度，水流速度及水泥性质等影响生态沟渠对农田污染拦截效率；生态护岸边坡技术在农业面源污染控制中包括自然植被护坡、木桩护砌、骨架干砌石护岸、普通生态混凝土护岸和土工材料复合种植护岸等形式。

（4）限制因素。需要对现有农田及周边进行改造，修筑相关防控构筑物，工程量较大，前期投入成本大。

（5）技术比选。

1）农田内部拦截技术。稻田生态埂技术适用于稻田、水田面源污染治理，将现有田埂加高10～15cm，就可有效防止30～50mm降雨时产生地表径流；生态拦截缓冲带拦截污染物效率与污染物形态、径流量、拦截带宽度、拦截带植物密度及其生长情况、坡度、土壤性质等有关；生物篱技术适用于地形较平缓、坡度较小、地块较完整的坡耕地，长梁缓坡区（长城沿线以南、黄土丘陵区以北、山西内长城以北地区），高塬、旱塬、残塬区的塬坡地带，以及南方低山缓丘地区、高山地区的山间缓丘或缓山坡均可采用；果园生草技术适用于果园种植，能够改善土壤结构，增加土壤有机质，改善果园小气候，防止水土流失。人工种草主要种植豆科或草本科作物，常见生草有沙打旺、草木樨、紫花苜蓿、绿豆、黑豆。草长高后刈割覆盖于行内、翻入土壤。

2）拦截阻断技术。太湖宜兴稻区生态沟渠对氮磷拦截效率平均可达40%以上。昆明蔬菜种植区生态支沟对氮、磷拦截效率可达35%和50%。生态护岸边坡技术中自然植被护坡适用于小河、小溪等水流比较缓的地带。这种护坡模式操作简单、成本不高，但是防洪效果不是很好，不能抵抗急流的冲击。木桩护砌适用于河道狭窄或者土质不良的地方，这种护坡方法的抗衡效果比较好，和生态的发展相适应，且容易操作，成本低廉；骨架干砌石护岸适用于水流比较湍急的地段；普通生态混凝土护岸将形状不规则的预制混凝土块堆砌在河岸上，可以在土块上钻孔，然后在孔中种植草本植物，在水位以下的空洞还可以供水生动物栖息，促进物种多样性发展。土工材料复合种植护岸在坡面构建护坡体系，然后利用植物的根系稳固河岸。

5.6.3 农业面源污染末端强化技术

（1）适用范围。该技术主要适用于农业面源污染物质最终进入水体前，通过设置相关处理设施对其进行末端强化处理。

（2）技术要点。该技术主要包括前置库技术、生态排水系统滞留拦截技术及人工湿地技术。

（3）技术方法。

1）前置库技术。前置库技术通过调节来水在前置库区的滞留时间，使径流污水中的泥沙和吸附在泥沙上的污染物质在前置库沉降；利用前置库内的生态系统，吸收去除水体和底泥中的污染物。前置库通常由沉降带、强化净化系统、导流与回用系统三个部分组成。沉降带可利用现有的沟渠，加以适当改造，并种植水生植物，对引入处理系统的地表径流中的污染颗粒物、泥沙等进行拦截、沉淀处理。强化净化系统分为浅水生态净化区和深水净化区，其中浅水生态净化区类似于砾石床的人工湿地生态处理系统。为防止前置库系统暴溢，可设置导流系统，20min后的后期雨水可通过导流系统排出库区。经前置库系统处理后的地表径流，也可以通过回用系统回用于农田灌溉。

2）生态排水系统滞留拦截技术。生态排水系统滞留拦截技术主要是通过生态塘池系统实现。对于大面积连片旱地，在田间可以建设若干地表径流收集系统，收集田间径流水，并输送至生态塘池系统。生态塘池系统主要用于收集、滞留沟渠排水。生态塘池系统一般包括两部分，位于前端的沉降塘系统和位于后端的滞留系统，沉降塘系统深度要大于后端。生态塘长、宽、深比例，植物种类、密度、生长和植物配置影响生态塘对农田面源污水中污染物拦截效率。前端沉降塘系统深度一般大于1m，位于后端的滞留系统深度约0.3m。

3）人工湿地技术。人工湿地技术是为处理污染水体，人为在有一定长宽比和底面坡度的洼地上，用土壤和填料（如砾石等）混合组成填料床，使污水在床体的填料缝隙中流动或在床体表面流动，并在床体表面种植具有性能好、成活率高、抗水性强、生长周期长、美观及具有经济价值的水生植物（如芦苇、蒲草等）形成的一个独特的动植物生态体系。根据污水在湿地床中流动的方式又可分为三种类型：表面流人工湿地、水平潜流人工湿地和垂直潜流湿地。表面流人工湿地是水流简单地从湿地的表层流过，水位相对较浅，更类似于天然湿地；水平潜流人工湿地的水流呈推流形态，水流从一端水平流过到另一端；垂直潜流人工湿地依据污水流经填料床方向的不同分为上行流和下行流，后者为常见形式。

（4）限制因素。需要新建相关处理构筑物，前期投入较大，且后期运行管理及维护需要专业人员操作。

（5）技术比选。

1）前置库技术。前置库系统中所用的物料主要是各种生物，成本较低，易于管理，所选的植物多为经济作物，可以回收利用，并产生一定经济效益，便于长效管理和运行，是目前防治面源污染的有效措施之一。

2）生态排水系统滞留拦截技术。生态塘通常因地制宜，依当地地势、地形、地貌和当地实际情况而建，采取废弃塘改造，成本低，运营维护简单，泥质和硬质化均可，取决于当地土地和经济发展水平。

3）人工湿地技术。人工湿地技术适用于资金较为短缺，土地丰富的农村地区，但受气候制约较为明显，不适用于北方冬季寒冷地区。表面流人工湿地相对于其他湿地可以种植的品种和数量要更多，建造费用较省，运行费用更低，但污染物去除能力较弱，占地面积大于水平潜流和垂直潜流人工湿地，且冬季表面易结冰，夏季易繁殖蚊虫，并有臭味，较适宜南方面源污染较轻的污染物去除；水平潜流人工湿地的流动形式能更大面积地接触到填料、植物和依附在基质、植物上的生物膜，充分利用三者的共同作用，延长污水在湿地的流经时间，充分利用了湿地的空间，污染物去除效果较好，发挥了系统间的协同作用，且卫生条件好，但建设费用较高；垂直潜流人工湿地相比其他湿地而言具有较高的输氧能力，能够抗冲击负荷，对有机物及氮污染物的去除效果能力较好，因此大量运用于处理氨氮含量高的水体。

具体技术比选汇总见表5.9。

表5.9 农业面源污染末端强化技术比选

处理技术	建造、运行成本	占地面积	管理维护难度	污染物去除能力	蚊虫滋生、产生异味
前置库技术	低	中	小	中	少
生态排水系统滞留拦截技术	低	中	小	中	多
表面流人工湿地技术	低	大	小	低	多
水平潜流人工湿地技术	高	中	大	高	少
垂直潜流人工湿地技术	高	中	大	高	少

5.6.4 农业废弃物循环利用技术

(1) 适用范围。该技术适用于处理农田、食用菌种植及果园残留物如作物的秸秆、蔬菜的残体或果树的枝条、落叶、果实外壳等农业废弃物。

(2) 技术要点。我国农业废弃物资源再利用的方式主要有能源化、肥料化、饲料化、基料化和材料化等。

(3) 技术方法。应围绕收集、利用等关键环节，促进多元化综合利用，采取肥料化、饲料化、燃料化、基料化、原料化等多种途径处理农田废弃物。

(4) 限制因素。

1) 在农业废弃物循环利用方面缺乏针对性的环境经济政策，农民对农业废弃物的资源价值感知较低。

2) 尚未构建完善的农业废弃物循环利用及产业发展的法律法规体系。

3) 农作物秸秆收集、利用限制因素多，处理成本较高，加之农村基础设施滞后等原因，存在普遍的稻秆焚烧及畜禽粪便随意堆弃现象。

(5) 技术比选。能源化利用是采用秸秆的厌氧发酵产沼气技术、农作物秸秆热解气化技术、秸秆混合燃烧发点技术等，将生物质能源转化为其他二次能源。肥料化利用主要通过农田废弃物与畜禽养殖废弃物好氧堆肥共同生产生物有机肥。饲料化利用是农田废弃物经过一定的加工处理，可以提高其营养利用率和经济效益，作为畜禽饲料应用，加工处理方法包括粉碎等物理方法、酸碱处理等化学方法和微生物发酵等。基料化利用是利用麦秸、玉米秆、稻草等生产食用菌培养基料。材料化利用是利用农业废弃物中的高蛋白质资源和纤维性材料生产多种生物质材料，如纸板、人造纤维板、轻质建材板、活性炭、可降解餐具、纤维素薄膜、碳化硅陶瓷、新型保温材料、阳离子交换树脂等。

5.6.5 入侵植物循环利用技术

(1) 适用范围。该技术主要适用于处理通过自然或人为途径，在原生地以外的环境中定居、繁殖或扩散，威胁到迁移地乡土物种和生态系统，造成一定经济和生态危害的外来入侵植物。

(2) 技术要点。目前针对外来入侵植物的资源化利用技术主要有：①作为医药产品的开发与利用；②作为生物农药的开发与利用；③用于天然色素类产品的开发与利用；④作为生物质能源的开发利用；⑤作为养殖畜牧业饲料、饲草的开发利用；⑥用于生态环境治理；⑦作为纤维材料资源的开发。

（3）技术方法。应针对外来入侵植物的生长特性、可利用性进行充分的调查与研究以确定其潜在的循环利用价值及可实施的技术。

（4）限制因素。目前有关外来入侵植物的防治措施仍以防为主，治理手段单一，多为通过人工、机械以及生物防治进行对抗消除，治理成本较高，可持续性差。

（5）技术比选。不管是站在中医的角度还是西医的角度上来说，许多外来入侵植物都具有一定的医疗功效与药用价值，经过研发后可作为保健品以及药物；外来入侵植物多数可分泌具有抑制其他生物生长、繁殖的化学物质，而表现出较强的化感作用。因此，以外来入侵植物资源为主要原料，提取分离其含有的化感物质，开发为生物农药或除草剂，一方面可使其实现资源化利用，另一方面也可减少化学农药的使用，减少环境污染；从繁殖速度快、生物产量大且富含色素类资源性物质的外来入侵植物中提取色素，开发天然色素类资源性产品，一方面可满足天然色素的市场需求，另一方面也可在实现外来入侵植物资源化的基础上达到控制其危害程度的目的；外来入侵植物多具有植株高大、繁殖快、生物产量大等特点，因此其可作为发展生物质能源的理想原料；同时，部分入侵植物如喜旱莲子草营养较为丰富，可以作为猪、牛、羊的饲料，也可制成草浆饲喂鱼苗；而采用水生入侵植物来净化富营养化水体，具有投资少、运转费用低、节省能源、基本无二次污染等特点，且具有保护表土、减少侵蚀和水土流失等作用；加拿大一枝黄花具有较高的纤维含量，其可作为主要原料运用于造纸及制造纤维板材中。

5.7 船舶港口污染控制技术

5.7.1 船舶垃圾收集、转运技术

（1）适用范围。需要船舶业主强化船舶垃圾监管，主要适用于对船上的生活垃圾、厨余物、一般固废物等进行分类装袋或罐装后，在规定的时间内，交由清漂船过驳收集，转运至岸上进行无害化处理，杜绝垃圾废水进入港口水体。

（2）技术要点及方法。

1）对船舶含油污水、生活污水和船舶垃圾实施收集并排入接收设施时，应在船上设置含油污水贮存舱（柜、容器）、船舶生活污水集污舱和船舶垃圾收集、贮存点。含油污水贮存舱、船舶生活污水集污舱应防渗防漏，设置高液位报警装置。船舶垃圾收集和贮存应符合国家法律法规的相关要求，保持卫生，不发生污染、腐烂和产生恶臭气味。

2）向接收设施转移含油污水、生活污水的船舶，应设置相应的标准排放接头。

3）从事船舶污染物、废弃物接收作业，或者从事装载油类、污染危害性货物船舱清洗作业的单位，应当具备与其运营规模相适应的接收处理能力，并将船舶污染物接收情况按规定报告。

4）应逐步建立完善船舶污染物接收、转运、处置监管联单制度。

（3）限制因素。

1）船舶垃圾的收集、转运、处理需要船舶业主与岸上处理环保单位的交接配合，流程较多，处理较复杂，成本较高。

2）船舶污染物涉及海事、交通、环保等多个职能部门，其中所涉及信息共享及建立和落实多部门联合监管制度有一定难度。

5.7.2 生活污水船上处理技术

(1) 适用范围。生活污水船上处理技术主要处理船上所有人员和动物产生的综合废水，一般分为黑水和灰水，船舶黑水指的是来自船舶医务室、卫生间及其船上动物生活产生的废水。船舶灰水指的是来自浴洗室、厨房和洗衣房等所产生的废水混合液。船上处理即时排放的方式适用于吨位较大、载运人数较多、管理水平较高、经济条件较好、运营航线停靠港口间隔较长的船舶。

(2) 技术要点。船舶生活污水处理一般采用物理化学法、膜生物反应器、高压氧化法、电解法、蒸发处理法、紫外线消毒等技术及其组合工艺。物理化学法是通过凝聚、沉淀、过滤等过程使可溶性有机物从污水中脱离，剩余污水经过活性炭或其他药剂消毒、脱氧，最后排出船舷；膜生物反应器法与用于市政污水处理膜生物反应器原理相同，利用反应器生物单元中的好氧性微生物，氧化分解有机污染物，利用膜组件的选择透过性截留污水中特定大小的微粒、活性污泥和大分子物质，将生物反应器中保持高活性污泥浓度，提高生物处理有机负荷能力；高压氧化技术是对生活污水进行充分预热，并通入高压容器中对经过预热的生活污水中的有机物进行氧化分解，使之变成无害的 CO_2 和水；电解法技术原理是通过电化学过程对污水进行电解氧化和消毒；蒸发处理技术是通过加热使得污水中的水分蒸发，蒸汽冷凝后排出或循环使用，剩余的浓缩污泥由焚烧炉处理掉。

(3) 技术方法。

1）船舶黑水处理宜采用膜生物反应器、接触氧化法、电解法、膜过滤、臭氧消毒、紫外线消毒等技术及其组合工艺，减少五日生化需氧量、悬浮物、耐热大肠菌群、化学需氧量和总氯（总余氯）的排放。

2）推进新安装（含更换）黑水处理装置的客运船舶，向内河排放黑水时增加高效的脱氮除磷一体化处理工艺，达标排放。

3）应逐步实施灰水管控，船舶灰水处理宜采用模块集成处理装置。

4）船舶生活污水处理装置宜具有集成度高、一体化、占地面积小、耐冲击负荷、处理效果稳定等特点。

5）船舶生活污水处理宜采用污泥产生量少的技术，应将污泥及时排入接收设施或排至适用的船上焚烧炉。

(4) 限制因素。

1）船舶生活污水处理装置的使用和监管不到位，船舶航行时将生活污水排放到海域是否符合公约和法规规定，受设备的正常使用率、船员操作生活污水处理装置熟练程度等因素的影响，主管机关难以有效监控。

2）国内各港口城市港内作业船，包括拖轮、交通艇、供油船、工程船等数量多、船型小，舱内空间有限，装配生活污水处理设备困难较大；这类船舶营运效益较低，配置生活污水设备增加了运营成本。

(5) 技术比选。物理化学法的装置体积小，污水停留时间短，能适应污水负荷的较大变化，但由于价格昂贵，用药量大，运行成本高；膜生物反应器法具有生化效率高，占用空间小，抗负荷冲击能力强，出水稳定，排污泥周期长，自动化程度高等优点，但膜组件需要定期清洁和更换，维护成本较大；高压氧化法除有机物的能力强，结构紧凑，能耗低经济性好，并能处理化合态的固液混合物。不过由于反应条件为高温高压，对系统的强度、耐热性和安全性都提出较高要求，而且排出的气体也可能构成大气污染；电解法不易受外界压力、污染负荷和活性物质的影响，但是由于其对操作、管理要求较高，在船上应用受到一定限制；蒸发处理法继承了蒸发技术不使用化学试剂的优点，又克服了需要保持一定高温的缺点，结构简单，能耗低，经济性好。具体技术比选见表5.10。

表5.10 生活污水船上处理技术比选

处理技术	抗冲击能力	所需空间	管理难度	运行维护成本	能耗
物理化学法	强	小	大	大	中
膜生物反应器法	强	小	大	大	大
高压氧化法	中	小	大	小	小
电解法	强	小	大	大	大
蒸发处理法	中	小	小	小	小

5.7.3 溢油污染控制技术

(1) 适用范围。该技术主要适用于控制和处理船舶所载运的原油、成品油以及其本身所消耗的燃料油、润滑油等因事故或船员操作不当造成泄漏、船舶在航行中动力设备自身形成的油水混合物以及废旧船舶拆解过程中操作不当致使船体残留油类的泄漏所造成的水域污染。

(2) 技术要点。目前针对船舶溢油污染的防治技术主要有：①溢油风险评价技术；②源头防漏措施；③溢油应急技术。

(3) 技术方法。溢油风险评价技术主要通过随机概率模拟，将溢油事故危害后果进行量化，建立适用于航运业的，统一、全面、系统的海域船舶溢油风险评估方法，对船舶溢油风险进行评估，分析各个港区及航道的风险特点，针对性地提出降低风险的措施建议，相关部门的管理提供技术支持。

源头防漏措施主要通过三个方面来开展：①严格按照《国际防止船舶造成污染公约》(MARPOL73/78) 和我国防止船舶污染的相关条例的要求控制船舶含油污水及油轮洗舱水的排放，并按照条例要求有针对性地对执行有关操作的船员进行技能培训；②针对中小型船舶及老旧船只的储油及用油设备进行集中改造升级；③加强对于船舶的调度管理，预防船舶碰撞、触礁/搁浅等事故发生。

溢油应急技术应从监测及处理两方面开展：①建立污染监控和报警系统，采用地空天立体监测（卫星遥感技术、无人机等），对海上油污染事故或故意行为做到早发现早行动；②完善油污处治方案和油污事故应急反应系统，关键时刻应急反应体系能够快速组织、协调所有的防油污单位部门或民间组织，投入油污清除行动，尽量减少油污染造成的损失。

(4) 限制因素。①沿海中小型船舶的违规排油现象较多，监督管理困难；②油船更换运油品种时，必须清洗货舱，才能保证油品质量，洗舱水统一处理费用较高，导致偷排漏排现象频发；③每年由船舶碰撞、触礁/搁浅而引起的事故溢油现象较多，事故善后处理困难。

(5) 技术比选。溢油风险评价技术、源头防漏措施、溢油应急技术这三项污染防治技术是分别从不同的角度、层面对船舶的溢油污染进行全方位的防控，构成了污染防控体系，需要配合联用以达到最佳防控效果。

5.8 其他污染控制技术

5.8.1 地下水污染处理技术

5.8.1.1 地下水污染原位处理技术

(1) 适用范围。地下水污染原位处理技术适用于大范围、污染源位置难以明确的场地。

(2) 技术要点。地下水污染原位处理技术主要包括原位化学修复氧化技术、生物修复技术、循环井修复技术、污染土壤气提提取技术、井中气提技术、原位冲洗技术、可渗透反应墙技术和电动力学技术。

(3) 技术方法。地下水污染原位处理技术是指在基本不破坏土体和地下水自然环境条件下，对受污染对象不作搬运，而在原场所进行修复的方法。

(4) 限制因素。地下水修复过程中，污染易扩散。

(5) 技术比选。原位化学修复氧化技术具有所需周期短、见效快、成本低和处理效果好等优点，适用于地下水有机物污染的修复，但是有时反应产物的毒性比原来的污染物的毒性还高，可能带来地下环境的二次污染问题。生物修复技术可永久地消除污染物和长期的隐患，无二次污染，不会使污染物转移，可与其他处理技术结合使用，处理复合污染，降解过程迅速、费用低，但对地下水的处理深度一般不能超过3m，而且植物的生长缓慢、温度湿度要求、土壤条件等因素都限制了该方法的广泛推广。循环井修复技术，污染物质需为水相液体，地下水自然流态较强，渗透系数小于10^{-5}cm/s的地区不适用此技术，浅水层会限制该技术的运用效率，该系技术对地下水污染须定义良好的边界，从而防止污染物的扩散。污染土壤气提提取技术只采用单井抽取气体，具有投资少、运转费用低的特点；可以同其他处理方法联合使用，强化修复效果；设计简单，易于维护，但该工艺在浅层含水层中的处理效果有限，可能会产生沉淀从而造成水井堵塞，若处理系统设计不合理还会造成污染扩散。井中气提技术能够原位操作，比较简单，对周围干扰小，有效去除挥发性有机物，在可接受的成本范围内，能够处理较多的受污染地下水，适用于渗透性均质较好的地层。原位冲洗技术加强了对地下包气带和含水层空隙的冲洗和作用，是一种有待发展的新技术，操作过程也需严格控制。可渗透反应墙技术具有扰动小的优点，地下反应墙介质容量有限，不可能无限制地对污染物进行去除，对于高浓度的污染物，需要考虑污染物的去除能量和容量，有时会缩短可渗透反应墙的使用寿命，此外，反应介质中的作用有可能导致物质的沉淀，使地下水在反应墙和其附近的流场发生变化，反应介质的堵塞可以导致可渗透反应墙的失效。电动力学技术投资比较少，成本比较低廉，良好的处理效果，在电场的作用下，可能产生有害副产物（如氯气、三氯甲烷、丙酮等）；对非极性有机物的去除效果不好；存在导致电流降低的极化现象等。

5.8.1.2 地下水污染异位处理技术

（1）适用范围。地下水污染异位处理技术适用于小范围、污染源位置明确的场地及地下水污染修复。

（2）技术要点。地下水污染异位处理技术主要包括污染土地开挖技术和抽出处理技术。

（3）技术方法。地下水污染异位处理技术是指对于污染范围较小的情形，开挖土体和抽取地下水，然后在异位进行处理的方法。

（4）限制因素。地下水修复过程中，污染易扩散。

（5）技术比选。污染土地开挖技术对于地下水污染的控制和治理的效果很好，但对于污染面积较大的场地，污染土体的开挖去除往往不现实，难以进行。抽出处理技术工艺原理简单，设备操作维护较为容易，对含水层破坏性低，可直接移除地下水环境中污染物并同时控制污染物的扩散，但修复耗时长，耗时可能需要几年至几十年，修复的长期运行维护总费用大，地层条件对污染物的去除效率影响较大。

5.8.2 初期雨水污染控制技术

5.8.2.1 初期雨水收集技术

（1）适用范围。初期雨水收集技术适用于城市、工业企业初期雨水收集。

（2）技术要点。初期雨水收集技术主要包括截流初期雨水半分流制技术和截流初期雨水的分流制技术。

（3）技术方法。根据初期雨水流经路径，通常采用收集方法的是在雨水口设置工程措施对其实施截流，即设置初期雨水截流井。初期雨水截流井有多种形式，应根据不同雨水口的情况有针对性地选择。

（4）限制因素。初期雨水截流规模确定是个复杂的过程，目前为止尚无一个完整的体系，初期雨水截流规模确定困难。

（5）技术比选。截流初期雨水半分流制技术优点为管道简洁，且初期雨水得到有效处理，缺点为晴雨天污水相差大，影响污水处理厂运行，雨水调蓄池的建设用地协调难度大。截流初期雨水的分流制技术优点为雨污各行其道，互不混掺，雨污分流彻底，且初期雨水和漏入雨水系统的污水得到收集处理，缺点为实施两套管道，投资大，建设难度也高，雨水澄清池用地协调难度也大。

5.8.2.2 初期雨水处理技术

（1）适用范围。初期雨水处理技术适用于城市、工业企业初期雨水处理。

（2）技术要点。初期雨水处理技术主要包括分散处理技术和集中处理技术。分散处理技术包括透水砖铺技术、透水水泥混凝土技术、透水沥青混凝土技术、绿色屋顶技术、下沉式绿地技术、简易型生物滞留技术、复杂型生物滤池技术、渗透塘技术、渗井技术、湿塘技术、雨水湿地技术、蓄水池技术、雨水罐技术、调节塘技术、转输型植草沟技术、干式植草沟技术、湿式植草沟技术、渗管/渠技术、植被缓冲带技术、初期雨水弃流技术、人工土壤渗滤技术等；集中处理技术包括调节池技术、混凝沉淀技术等。

(3) 技术方法。对有土地空间、汇水面积小、适合结合景观设置生态工程措施的范围可采用分散处理技术，利用低影响开发（LID）与绿色雨水基础设施（GSI）通过植物吸收、植被浅沟、低势绿地、雨水塘与湿地、生物截流槽等措施降低初期雨水的污染负荷，在不影响道路功能和安全的前提下，滞留初期雨水削减流量；集中处理技术即采用“调蓄＋处理”的方式，将初期雨水用调蓄池收集储存，再利用处理设施处理，主要工艺为混凝沉淀。

(4) 限制因素。雨水量大、聚集时间短、水质变化快，城市污水处理厂没有足够的负荷处理初期雨水。

(5) 技术比选。分散处理技术投资较低，有效提高雨水利用；集中处理技术生产能力高、处理效果较好等有优点，但也受到原水的水量、水质、水温及混凝剂等因素的影响。具体技术比选见表5.11。

表5.11 初期雨水处理技术比选

初期雨水处理技术		功能		经济		污染物去除率（以SS计,%）
		集蓄利用雨水	净化雨水	建造费用	维护费用	
分散处理技术	透水砖铺技术	低	中	低	低	80～90
	透水水泥混凝土技术	低	中	高	中	80～90
	透水沥青混凝土技术	低	中	高	中	80～90
	绿色屋顶技术	低	中	高	中	70～80
	下沉式绿地技术	低	中	低	低	—
	简易型生物滞留技术	低	中	低	低	—
	复杂型生物滤池技术	低	高	中	低	70～95
	渗透塘技术	低	中	中	中	70～80
	渗井技术	低	中	低	低	—
	湿塘技术	高	中	高	中	50～80
	雨水湿地技术	高	高	高	中	50～80
	蓄水池技术	高	中	高	中	80～90
	雨水罐技术	高	中	低	低	80～90
	调节塘技术	低	中	高	中	—
	转输型植草沟技术	中	中	低	低	35～90
	干式植草沟技术	低	中	低	低	35～90
	湿式植草沟技术	低	高	中	低	—
	渗管/渠技术	低	低	中	中	35～70
	植被缓冲带技术	低	高	低	低	50～75
	初期雨水弃流技术	中	高	低	中	40～60
	人工土壤渗滤技术	高	高	高	中	75～95
集中处理技术	调节池技术	低	低	高	中	—

第6章　水环境治理技术指南

《意见》中对水环境治理提出了明确的要求，即强化水环境质量目标管理，按照水功能区确定各类水体的水质保护目标。切实保障饮用水水源安全，开展饮用水水源规范化建设，依法清理饮用水水源保护区内违法建筑和排污口。加强河湖水环境综合整治，推进水环境治理网格化和信息化建设，建立健全水环境风险评估排查、预警预报与响应机制。结合城市总体规划，因地制宜建设亲水生态岸线，加大黑臭水体治理力度，实现河湖环境整洁优美、水清岸绿。以生活污水处理、生活垃圾处理为重点，综合整治农村水环境，推进美丽乡村建设。

根据《意见》确定的内容，本章分别从饮用水源地安全保障方法与技术、水环境风险控制技术、黑臭水体治理技术、农村水环境综合治理技术、内源污染治理技术五个方面介绍水环境治理适用技术。本章技术路线如图6.1所示。

6.1　饮用水源地安全保障方法与技术

6.1.1　饮用水源保护区划分技术

6.1.1.1　地表水饮用水水源保护区划分技术

1. 河流型饮用水水源地保护区划分技术

划分原则：饮用水水源保护区划分需要充分考虑以下因素：水源地的地理位置、水文、气象、地质特征、水动力特性、水域污染类型、污染特征、污染源分布、排水区分布、水源地规模、水量需求、航运资源和需求、社会经济发展规模和环境管理水平等。

(1) 一级保护区划分。

适用范围：该技术适用于确定河流型饮用水水源地一级保护区水域和陆域范围。

技术要点：运用类比经验法进行划分。

技术方法：

a. 一般河流水源地：水域长度为取水口上游不小于1000m，下游不小于100m范围内的河道水域。

b. 潮汐河段水源地：上、下游两侧范围相当，其单侧范围不小于1000m。

c. 一级保护区水域宽度：为多年平均水位对应的高程线下的水域；枯水期水面宽度

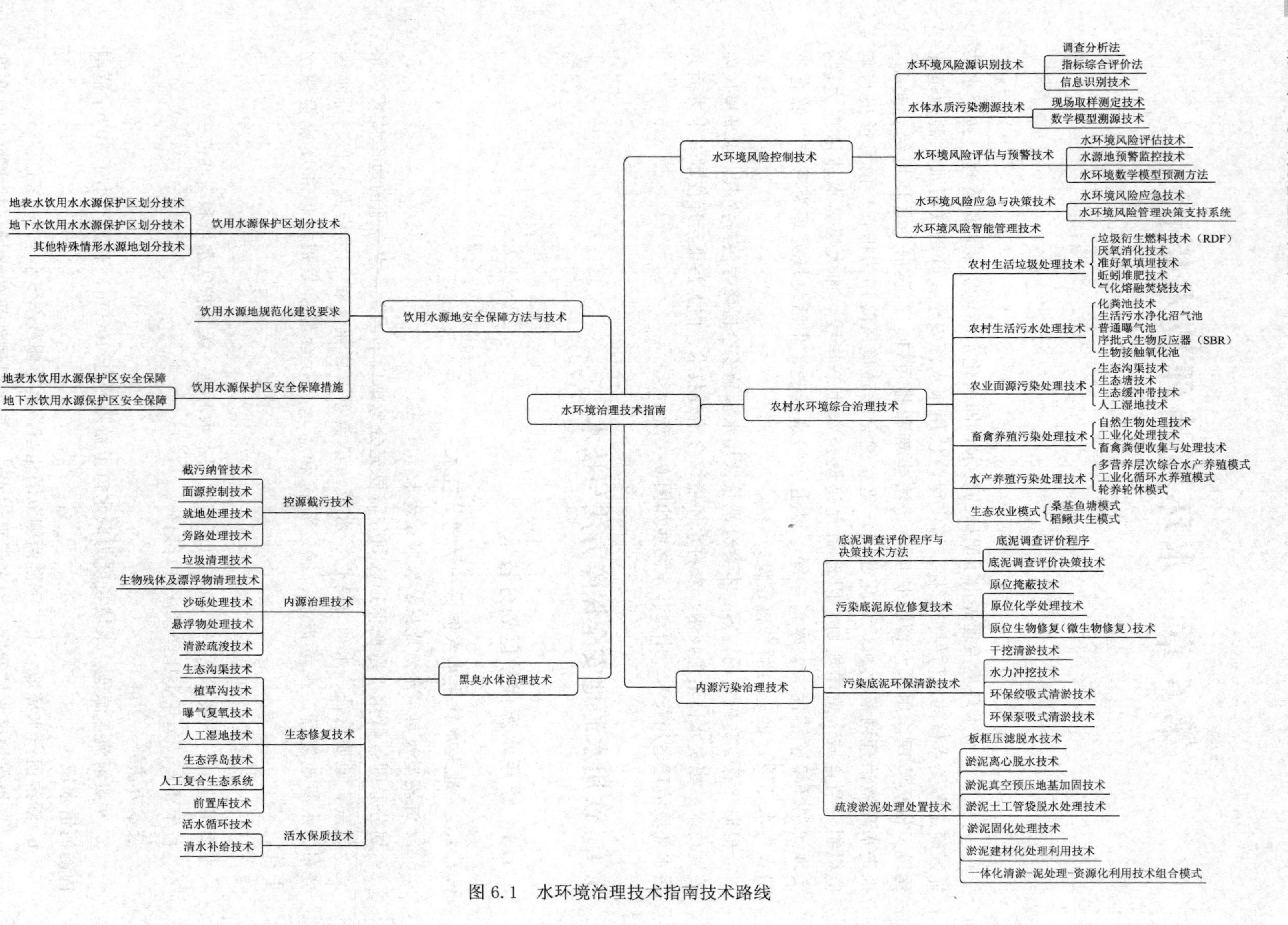

图 6.1　水环境治理技术指南技术路线

不小于500m的通航河道，水域宽度为取水口侧的航道边界线到岸边的范围；枯水期水面宽度小于500m的通航河道，一级保护区水域为除航道外的整个河道范围；非通航河道为整个河道范围。

d. 陆域沿岸长度不小于相应的一级保护区水域长度。

e. 陆域沿岸纵深与一级保护区水域边界的距离一般不小于50m，但不超过流域分水岭范围；对于有防洪堤坝的，可以防洪堤坝为边界；并要采取措施，防止污染物进入保护区内。

（2）二级保护区划分。

适用范围：该技术适用于确定河流型饮用水水源地二级保护区水域和陆域范围。

技术要点：满足条件的水源地（水源地现状水质达标、主要污染类型为面源污染，且上游24h流程时间内无重大风险源的水源地），可采用类比经验法确定水域范围；潮汐河段水源地不宜采用类比经验法确定，宜采用数值模型计算法；其他水源地水域范围可依据水源地周边污染源的分布和排放特征，采用数值模型计算法或应急响应时间法边界条件复杂的水域采用数值解方法，对小型、边界条件简单的水域可采用解析解计算；以确保水源保护区水域水质为目标，可视情况采用地形边界法、类比经验法和缓冲区法确定陆域范围。

技术方法：

a. 采用类比经验法确定水域范围时，水域长度从一级保护区的上游边界向上游（包括汇入的上游支流）延伸不小于2000m，下游侧的外边界距一级保护区边界不小于200m。

b. 采用二维水质模型法时，二级保护区的水域长度应大于主要污染物从现状水质浓度水平衰减到《地表水环境质量标准》（GB 3838—2002）相关水质标准要求的浓度水平所需的距离；所得到的二级保护区范围不得小于类比经验法确定的二级保护区范围，且二级保护区边界控制断面水质不得发生退化。

c. 采用应急响应时间法时，二级保护区的水域长度应大于一定响应时间内的水流流程的距离；应急响应时间可根据水源地所在地区的应急能力状况确定，一般不小于2h，所得到的二级保护区范围不得小于类比经验法确定的二级保护区范围。

d. 二级保护区水域宽度为多年平均水位对应的高程线下的水域。有防洪堤的河段，二级保护区的水域宽度为防洪堤内的水域。枯水期水面宽度不小于500m的通航河道，水域宽度为取水口侧航道边界线到岸边的水域范围；枯水期水面宽度小于500m的通航河道，二级保护区水域为除航道外的整个河道范围；非通航河道为整个河道范围。

e. 二级保护区陆域沿岸长度不小于二级保护区水域长度。

f. 二级保护区陆域沿岸纵深范围不小于1000m，但不超过流域分水岭范围；对于流域面积小于100km^{2}的小型流域，二级保护区可以是整个集水范围；具体可依据自然地理、环境特征和环境管理需要确定；对于有防洪堤坝的，可以防洪堤坝为边界；并要采取措施，防止污染物进入保护区内。

g. 当面源污染为主要水质影响因素时，二级保护区沿岸纵深范围，主要依据自然地理、环境特征和环境管理的需要，通过分析地形、植被、土地利用、地面径流的集水汇流特性、集水域范围等确定。

(3) 准保护区划分。准保护区参照二级保护区划分方法确定。

2. 湖泊、水库型饮用水水源保护区划分技术

(1) 一级保护区划分。

适用范围：该技术适用于确定湖泊、水库型饮用水水源地一级保护区水域和陆域范围。

技术要点：一级保护区水域范围采用类比经验法确定范围；陆域范围采用地形边界法、缓冲区法或类比经验法确定。

技术方法：

a. 小型水库和单一供水功能的湖泊、水库应将多年平均水位对应的高程线以下的全部水域划为一级保护区。

b. 小型湖泊、中型水库保护区范围为取水口半径不小于300m范围内的区域。

c. 大中型湖泊、大型水库保护区范围为取水口半径不小于500m范围内的区域划为一级保护区。

d. 陆域范围小型和单一供水功能的湖泊、水库以及中小型水库为一级保护区水域外不小于200m范围内的陆域，或一定高程线以下的陆域，但不超过流域分水岭范围。

e. 大中型湖泊、大型水库的陆域范围为一级保护区水域外不小于200m内，但不超过流域分水岭范围。

(2) 二级保护区划分。

适用范围：该技术适用于确定湖泊、水库型饮用水水源地二级保护区水域和陆域范围。

技术要点：二级保护区水域范围采用类比经验法确定；二级保护区陆域范围可依据环境问题具体分析或采用地形边界法、类比经验法确定。

技术方法：

a. 水域范围：大中型湖泊、大型水库以一级保护区外径向距离不小于2000m区域为二级保护区水域面积，但不超过水域范围。

b. 二级保护区上游侧边界现状水质浓度水平满足《地表水环境质量标准》(GB 3838—2002) 中规定的一级保护区水质标准要求的水源，其二级保护区水域长度不小于2000m，但不超过水域范围。

c. 采用数值模型计算法时，二级保护区的水域范围应大于主要污染物从现状水质浓度水平衰减到《地表水环境质量标准》(GB 3838—2002) 相关水质标准要求的浓度水平所需的距离。所得到的二级保护区范围不得小于类比经验法确定的二级保护区范围，且二级保护区边界控制断面水质不得发生退化。

d. 采用应急响应时间法时，二级保护区的水域范围应大于一定响应时间内流程的径向距离。应急响应时间可根据水源地所在地应急能力状况确定，一般不小于2h，所得到的二级水源保护区范围不得小于类比经验法确定的范围。

e. 二级保护区陆域范围：单一功能的湖泊、水库、小型湖泊和平原型中型水库为一级保护区以外水平距离不小于2000m区域；山区型中型水库为水库周边山脊线以内（一级保护区外）及入库河流上溯不小于3000m的汇水区域；二级保护区陆域边界不超过相应的流域分水岭。

f. 大中型湖泊、大型水库可以划分一级保护区外径向距离不小于 3000m 的区域为二级保护区陆域范围；二级保护区陆域边界不超过相应的流域分水岭。

（3）准保护区划分。准保护区参照二级保护区划分方法确定。

6.1.1.2 地下水饮用水水源保护区划分技术

1. 孔隙水饮用水水源保护区划分技术

（1）一级保护区划分。

适用范围：该技术适用于确定孔隙水饮用水水源一级保护区范围。

技术要点：

a. 孔隙水潜水型水源保护区：中小型水源（日开采量小于 5 万 m^3）保护区按经验公式法计算一级保护区范围，资料不足情况下按经验值法确定一级保护区；大型水源（日开采量大于或等于 5 万 m^3）保护区采用数值模型法确定保护区范围。

b. 孔隙水承压水型水源地的一级保护区为上部潜水的一级保护区。

技术方法：

a. 中小型水源地的一级水源保护区：以开采井为中心，按经验公式法计算的结果为半径的圆形区域；资料不足情况下，以开采井为中心，按经验值法确定一级保护区。

b. 大型水源地的一级水源保护区：以取水井为中心，溶质质点迁移 100d 的距离所圈定的范围确定；一级水源保护区范围不得小于类比经验法确定的范围。

（2）二级保护区划分。

适用范围：该技术适用于确定孔隙水饮用水水源二级保护区范围。

技术要点：

a. 孔隙水潜水型水源保护区：中小型水源地（日开采量小于 5 万 m^3）保护区按经验公式法计算二级保护区范围；资料不足情况下按经验值法确定二级保护区。

b. 孔隙水承压水型水源保护区一般不设二级保护区。

技术方法：

a. 中小型水源地的二级水源保护区：以开采井为中心，按经验公式法的结果为半径的圆形区域确定；资料不足情况下，以开采井为中心，按经验值法确定二级保护区。

b. 大型水源地的二级水源保护区为一级保护区以外，溶质质点迁移 1000d 的距离所圈定的范围；二级水源保护区范围不得小于类比经验法确定的范围。

（3）准保护区划分。

技术方法：孔隙水潜水型水源保护区：中小型水源地的准保护区为补给区和径流区，大型水源地的准保护区为水源的补给区；孔隙水承压水型水源地的准保护区为水源的补给区。

2. 裂隙水饮用水水源保护区划分技术

（1）一级保护区划分。

适用范围：该技术适用于确定裂隙水饮用水水源一级保护区范围。

技术要点：

a. 风化裂隙、成岩裂隙、构造裂隙潜水型水源保护区：中小型水源保护区按经验公式法计算一级保护区范围；大型水源保护区采用数值模型法确定保护区范围。

b. 风化裂隙、成岩裂隙承压水型水源地的一级保护区为上部潜水的一级保护区。

技术方法：

a. 风化裂隙、成岩裂隙、构造裂隙潜水型水源保护区：中小型水源地的一级水源保护区以开采井为中心，按经验公式法计算的结果为半径的圆形区域；大型水源地的一级水源保护区为以开采井为中心，溶质质点迁移100d的距离所圈定的范围，一级水源保护区范围不得小于类比经验法确定的范围。

b. 风化裂隙、成岩裂隙、构造裂隙承压水型水源地的一级保护区划分方法参考对应介质的中小型水源地一级保护区划分方法。

(2) 二级保护区划分。

适用范围：该技术适用于确定裂隙水饮用水水源二级保护区范围。

技术要点：

a. 风化裂隙、成岩裂隙、构造裂隙潜水型水源保护区：中小型水源地（日开采量小于5万m^3）保护区按经验公式法计算二级保护区范围；大型水源保护区采用数值模型法确定保护区范围。

b. 承压水型水源地一般不设二级保护区。

技术方法：中小型水源地的二级水源保护区：以开采井为中心，按经验公式法计算的结果为半径的圆形区域；大型水源地的二级水源保护区为一级保护区以外，溶质质点迁移1000d的距离所圈定的范围；二级水源保护区范围不得小于类比经验法确定的范围。

(3) 准保护区划分。风化裂隙潜水型、成岩裂隙潜水型、构造裂隙潜水型水源的准保护区为水源的补给区和径流区；风化裂隙承压水型、成岩裂隙承压水型、构造裂隙、承压水型水源地的准保护区为水源的补给区。

3. 岩溶水饮用水水源保护区划分技术

(1) 一级保护区划分。

适用范围：该技术适用于确定岩溶水饮用水水源一级保护区范围。

技术要点：经验公式法。

技术方法：

a. 岩溶裂隙网络型、峰林平原强径流带型水源保护区一级保护区的划分同风化裂隙水。

b. 溶丘山地网络型、峰丛洼地管道型、断陷盆地构造型水源一级保护区参照地表河流型水源地一级保护区的划分方法，以岩溶管道为轴线，水源地上游不小于1000m，下游不小于100m，两侧宽度经验公式法计算（若有支流，则支流也要参加计算）；同时在此类型岩溶水的一级保护区范围内的落水洞处也宜划分为一级保护区，划分方法是以落水洞为圆心，半径100m所圈定的区域，通过落水洞的地表河流按河流型水源一级保护区划分方法划分。

(2) 二级保护区划分。

适用范围：该技术适用于确定岩溶水饮用水水源二级保护区范围。

技术要点：经验公式法。

技术方法：

a. 岩溶裂隙网络型、峰林平原强径流带型水源保护区二级保护区的划分同风化裂隙水。

b. 溶丘山地网络型、峰丛洼地管道型、断陷盆地构造型水源一般不设二级保护区，但一级保护区内有落水洞的水源应划分落水洞周边汇水区域为二级保护区。

（3）准保护区划分。岩溶裂隙网络型水源、峰林平原强径流带型水源：必要时将水源的补给区和径流区划为准保护区；溶丘山地网络型、峰丛洼地管道型、断陷盆地构造型水源：必要时将水源的补给区划为准保护区。

6.1.1.3 其他特殊情形水源地划分技术

技术要点：

a. 如果饮用水水源一级保护区或二级保护区内有支流汇入，应从支流汇入口向上游延伸一定距离，作为相应的一级保护区和二级保护区，划分方法可参照上述河流型水源保护区划分方法。根据支流汇入口所在的保护区级别高低及距取水口的远近，其范围可适当减小。

b. 非完全封闭式饮用水输水河（渠）道均应划分一级保护区，其宽度范围可参照河流型水源保护区划分方法；在非完全封闭式输水河（渠）及其支流、高架、架空及周边无汇水的渠道可设二级保护区，其范围参照河流型二级保护区划分方法。

c. 以上游的湖泊、水库为主要水源的河流型饮用水水源地，其饮用水水源保护区范围应包括湖泊、水库一定范围内的水域和陆域，保护区范围可参照湖库型水源地的划分办法确定。

d. 入湖、库河流的保护区水域和陆域范围的确定，以确保湖泊、水库饮用水水源保护区水质为目标，参照河流型饮用水水源保护区的划分方法确定一级、二级保护区的范围。

e. 傍河取水井，应按照河流型和地下水型水源分别划分一级、二级保护区范围，将保护区的并集，作为傍河取水井的一级、二级保护区的范围。

f. 截潜伏流型水源，应参照河流型水源的划分方法，划分一级、二级保护区范围。

g. 取水口位置尚未确定的规划水源，可依据水源的类型，分别参照河流、湖泊水库及地下水水源划分的技术方法，划定范围的水域和陆域作为二级保护区，但应遵循水质反降级原则，即划分保护区后的水质目标，不得低于原水体所在水环境功能区或者水功能区的水质目标要求。

6.1.2 饮用水源地规范化建设要求

饮用水源地规范化建设是落实《中华人民共和国水污染防治法》等相关法规标准要求、提高管理水平和效率的重要手段。明确规范化饮用水源地建设的内容与要求，对贯彻落实法律法规要求、有效指导各地开展水源地建设、提高管理效率具有重要意义。

基本目的：饮用水源地规范化建设的目标是落实饮用水源保护区相关的各项法律法规要求，在“国家建立饮用水源保护区制度”的框架下，达到“水质、水量”双安全的目标和保障措施。

基本要求：水量安全，要求水源地供水能力、供水现状均满足服务区域的需求。水量目标既要考虑供水服务区域近期和远期水量需求，也要考虑供水工程设计和实际供水能力间的关系，保证供水量满足需求并禁止超采。水质安全，要求水源地水质满足规定标准，并要体现不同类型水源、不同级别保护区的差异。因此，规范化建设应遵循“水质水量达标、污染综合整治、风险预警防范、分级分区控制”原则，建设内容应依据我国饮用水水源地环境管理的需求及水源保护区建设的现状进行统筹考虑和设计。根据《中华人民共和国水法》《中华人民共和国水污染防治法》等规定，通过开展集中式饮用水源地达标建设，建立集中式饮用水源地安全保障体系。

基本内容：

（1）水量保障。

1）保持饮用水源地取水口附近河岸及河床稳定，取水不受滑坡、塌陷及洪涝影响；区域水资源配置优先满足居民生活饮用水需求，饮用水源地供水保证率达97%以上。

2）加强江河湖库等饮用水源地引水工程建设，制定水资源实时调度方案，保障河道饮用水源地合理流量和湖泊、水库及地下水饮用水源地合理水位。

3）易受咸潮影响的感潮河段饮用水源地，利用现有河道或沿河滩地设置满足城乡居民基本生活要求的蓄淡避咸调节水库。

（2）水质安全。

1）地表水饮用水源地水质不低于国家《地表水环境质量标准》（GB 3838—2002）Ⅲ类标准，地下水饮用水源地水质不低于《地下水质量标准》（GB/T 14848—2017）Ⅲ类标准。

2）地表水饮用水源地一级保护区内没有与供水设施和保护水源无关的建设项目和设施，二级保护区内没有排放污染物的建设项目和设施，准保护区内没有对水体污染严重的建设项目和设施。

3）地下水饮用水源地一级保护区没有与供水设施和保护水源无关的地下建设项目，二级保护区及准保护区没有影响地下水质的开发利用活动和设施。

4）加强饮用水源地水源林、堤坡种草、生态湿地建设，落实水土保持、水源涵养和水质净化等措施。

5）个别水质指标暂时达不到标准的饮用水源地，相关自来水厂增设预处理或深度处理设备，消除超标污染因子的影响。

（3）备用水源地。

1）县级以上城市应具备2个以上水系相对独立的饮用水源地，并通过供水管网建设，实现互为备用。不具备条件建设2个以上相对独立饮用水源地的地区，应当建设以地下水为应急水源进行供水或与相邻地区实行联网供水。

2）县级以上城市应建设能满足与当地条件相适应的居民生活饮用水需求的备用水源地，并设置完备的接入自来水厂的引水配套设施。

（4）水源地管理。

1）建立饮用水源地行政首长负责制，建立健全保护饮用水源地的部门联动、协作和重大事项会商机制。

2）编制饮用水源地安全保障规划，定期开展水量、水质安全评估工作。

3）饮用水源地按规定程序经核准公布，在完成保护区划分后向社会公告，接受社会监督。

4）所有饮用水源地应划分一级、二级保护区和准保护区，并按规定报批。在各类保护区边界设立警示标识，明确保护区地理界线和管理要求。一级保护区陆域边界实施物理或生物隔离措施。

5）建立一级保护区逐日巡查制度，二级保护区、准保护区范围内实行不定期巡查制度，密切跟踪水源地状况。

6）加强供水厂取水口保护。及时清理取水口保护范围内漂浮物；在取水口安装防撞设施和警示标识，有条件的地方应做好取水口物理隔离措施；安装视频设施，实现24h在线监控。

7）地表水饮用水源每个月至少监测1次水质，地下水饮用水源每2个月至少监测1次水质；发生旱情、水质超标等情况时，应增加水量、水质监测频次。

8）保障5万人以上的饮用水源地，应当安装在线水质监测系统，并实现信息共享。

（5）应急预案。

1）饮用水源地应当制定有针对性的应急预案，做到“一地一策”，对饮用水源地发生突发性水污染、自然灾害、人为破坏等事件提出具体应急处置措施。应急预案应当根据水源地变化情况适时进行修订。

2）饮用水源地上游风险企业、敏感单位及工业园区，应编制影响饮用水源地环境安全的应急预案，或在已有预案中增加影响饮用水源地环境安全应急处置的专门内容，并做到“一厂（单位）一案”。

3）每年对饮用水源地进行环境安全评估，根据水源地供水、用水变化情况，提出具体保护和应急处置措施。

4）发生突发事件时，立即启动应急预案，并按照环境突发事件应急处置相关规定及预案要求，及时向本级人民政府和上级主管部门报告。

6.1.3 饮用水源保护区安全保障措施

6.1.3.1 地表水饮用水源保护区安全保障

（1）隔离防护要求。

基本要求：饮用水水源一级保护区应当设置隔离设施设置，如界碑、交通警示牌和宣传牌等标识，且保存完好，实行封闭式管理。

基本内容：在一级保护区周边人类活动频繁的区域设置隔离防护设施；保护区内有道路交通穿越的地表水饮用水源地，建设防撞护栏、事故导流槽和应急池等设施；穿越保护区的输油、输气管道采取防泄漏措施，必要时设置事故导流槽。

（2）综合整治要求。

1）一级保护区内整治要求。

基本要求：保护区内的水质符合国家《地表水环境质量标准》（GB 3838—2002）Ⅱ类标准；保护区内无工业、生活排污口。

基本内容：一级保护区内，除遵守准保护区和二级保护区规定外，还应当遵守下列规定：

a. 禁止新建、改建、扩建与供水设施和保护水源无关的建设项目；已建成的与供水设施和保护水源无关的建设项目拆除或关闭。

b. 禁止使用农药和化肥。

c. 禁止设置畜禽养殖场。

d. 禁止与保护水源无关的船舶停靠、装卸。

e. 禁止在水体清洗机动车辆。

f. 禁止从事旅游、游泳、垂钓或者其他污染饮用水水体的活动。

2）二级保护区内整治要求。

基本要求：保护区内的水质符合国家《地表水环境质量标准》（GB 3838—2002）Ⅲ类标准；保护区内无工业、生活排污口。

二级保护区内，除遵守准保护区规定外，还应当遵守下列规定：

a. 禁止新建、改建、扩建排放污染物的建设项目，已建成的排放污染物的建设项目责令拆除或者关闭。

b. 禁止从事经营性取土和采石（砂）等活动。

c. 禁止围水造田。

d. 限制使用农药和化肥。

e. 禁止修建墓地。

f. 禁止丢弃及掩埋动物尸体。

g. 禁止从事网箱养殖、施肥养鱼等污染饮用水水体的活动。

h. 道路、桥梁、码头及其他可能威胁饮用水水源安全的设施或者装置，应当设置独立的污染物收集、排放和处理系统及隔离设施。

基本内容如下所述。

点源污染控制：

a. 保护区内城镇生活污水经收集后引到保护区外处理排放，或全部收集到污水处理厂（设施），处理后引到保护区下游排放。

b. 保护区内城镇生活垃圾全部集中收集并在保护区外进行无害化处置。

c. 保护区内无易溶性、有毒有害废弃物暂存或转运站。

d. 无化工原料、危险化学品、矿物油类及有毒有害矿产品的堆放场所。

e. 城镇生活垃圾转运站采取防渗漏措施。

f. 保护区内无规模化畜禽养殖场（小区），保护区划定前已有的规模化畜禽养殖场（小区）全部关闭。

非点源污染控制：

a. 保护区内实行科学种植和非点源污染防治。

b. 保护区内分散式畜禽养殖废物全部资源化利用。

c. 保护区水域实施生态养殖，逐步减少网箱养殖总量。

d. 农村生活垃圾全部集中收集并进行无害化处置。

e. 居住人口不小于1000人的区域，农村生活污水实行管网统收集、集中处理；不足1000人的区域，采用因地制宜的技术和工艺处理处置。

3）准保护区内整治要求。

基本要求：保护区内的水质符合国家《地表水环境质量标准》（GB 3838—2002）Ⅲ类标准；保护区内无工业、生活排污口。

准保护区内应当遵守下列规定：

a. 禁止新建、扩建对水体污染严重的建设项目；改建建设项目不得增加排污量。

b. 禁止向水体排放油类、酸液、碱液或者有毒废液。

c. 禁止在水体清洗装贮过油类或者有毒污染物的车辆和容器。

d. 禁止向水体排放、倾倒废水、含病原体的污水、放射性固体废物。

e. 禁止向水体排放、倾倒工业废渣、城镇垃圾和医疗垃圾等其他废弃物。

f. 禁止将含有汞、镉、砷、铬、铅、氰化物、黄磷等的可溶性剧毒废渣向水体排放、倾倒或者直接埋入地下。

g. 禁止船舶向水体倾倒垃圾或者排放含油污水、生活污水。

h. 禁止设置化工原料、矿物油类及有毒有害矿产品的贮存场所，以及生活垃圾、工业固体废物和危险废物的堆放场所和转运站。

i. 禁止通行装载剧毒化学品或者危险废物的船舶、车辆。装载其他危险品的船舶、车辆确需驶入饮用水水源保护区内的，应当在驶入该区域的24h前向当地海事管理机构或者公安机关交通管理部门报告，配备防止污染物散落、溢流、渗漏的设施设备，指定专人保障危险品运输安全。

j. 禁止进行可能严重影响饮用水水源水质的矿产勘查、开采等活动。

k. 禁止非更新性、非抚育性砍伐和破坏饮用水水源涵养林、护岸林和其他植被。

基本内容：准保护区内工业园区企业的第一类水污染物达到车间排放要求、常规污染物达到间接排放标准后，进入园区污水处理厂集中处理；不能满足水质要求的地表水饮用水水源，准保护区或汇水区域采取水污染物容量总量控制措施，限期达标；准保护区无毁林开荒行为，水源涵养林建设满足《水源涵养林建设规范》（GB/T 26903—2011）要求。

（3）修复保护。

基本内容：应根据保护饮用水水源的实际需要，在准保护区内采取工程措施或者建造湿地、水源涵养林等生态保护措施，防止水污染物直接排入饮用水水体，确保饮用水安全。

6.1.3.2 地下水饮用水源保护区安全保障

（1）隔离防护内整治要求。

基本内容：保护区内有道路交通穿越的潜水型地下水饮用水水源地，建设防撞护栏、事故导流槽和应急池等设施；饮用水水源保护区的边界设立明确的地理界标和明显的警示标识。

（2）综合整治要求。

1）一级保护区内整治要求。

基本要求：一级保护区内的水质符合国家《地下水质量标准》（GB/T 14848—2017）

Ⅲ类标准；饮用水地下水源保护区的水质均应达到国家规定的《生活饮用水卫生标准》（GB 5749—2006）的要求；一级保护区内禁止设置排污口。

基本内容：一级保护区内除遵守准保护区和二级保护区规定外，还应遵守：

a. 禁止建设与取水设施无关的建筑物。

b. 禁止从事农牧业活动。

c. 禁止倾倒、堆放工业废渣及城市垃圾、粪便和其他有害废弃物。

d. 禁止输送污水的渠道、管道及输油管道通过本区。

e. 禁止建设油库。

f. 禁止建立墓地。

2）二级保护区内整治要求。

基本要求：二级保护区内的水质符合国家《地下水质量标准》（GB/T 14848—2017）Ⅲ类标准；二级保护区内禁止设置排污口。

二级保护区内除遵守准保护区条规定外，禁止从事下列活动：

a. 新建、改建、扩建排放污染物的建设项目。

b. 铺设输送污水、油类、有毒有害物品的管道。

c. 修建墓地。

d. 丢弃及掩埋动物尸体。

基本内容：对潜水含水层地下水水源地：

a. 禁止建设化工、电镀、皮革、造纸、制浆、冶炼、放射性、印染、染料、炼焦、炼油及其他有严重污染的企业，已建成的要限期治理、转产或搬迁。

b. 禁止设置城市垃圾、粪便和易溶、有毒有害废弃物堆放场和转运站，已有的上述场站要限期搬迁。

c. 禁止利用未经净化的污水灌溉农田，已有的污灌农田要限期改用清水灌溉；化工原料、矿物油类及有毒有害矿产品的堆放场所必须有防雨、防渗措施。

对承压含水层地下水水源地：禁止承压水和潜水的混合开采，做好潜水的止水措施。

3）准保护区内整治要求。

基本要求：准保护区内的水质符合国家《地下水质量标准》（GB/T 14848—2017）Ⅲ类标准；地下水饮用水水源准保护区内，禁止从事下列活动：

a. 利用渗井、渗坑、裂隙或者溶洞排放、倾倒含有毒污染物的废水、含病原体污水或者其他废弃物。

b. 利用透水层孔隙、裂隙、溶洞和废弃矿坑储存油类、放射性物质、有毒有害化工物品、农药等。

c. 设置化工原料、矿物油类及有毒有害矿产品的储存场所，以及生活垃圾、工业固体废物和危险废物的堆放场所和转运站。

d. 人工回灌补给地下水，不得污染地下饮用水水源。

基本内容：因特殊需要设立城市垃圾、粪便和易溶、有毒有害废弃物转运站的，必须经有关部门批准，并采取防渗漏措施；当补给源为地表水体时，该地表水体水质不应低于《地表水环境质量标准》（GB 3838—2002）Ⅲ类标准；不得使用不符合《农田灌溉水质标准》（GB 5084—92）的污水进行灌溉，合理使用化肥；保护水源林，禁止毁林开荒，禁止非更新砍伐水源林。

6.2 水环境风险控制技术

6.2.1 水环境风险源识别技术

水环境风险源识别技术是指在风险事故发生之前，运用各种方法体系判断可能出现的各种水环境风险，分析和预测风险事故发生的潜在原因及范围，提前进行防范。水环境风险源可以分为固定源、移动源及流域面源三类；风险对象即为水环境风险的受体：地表水、地下水；风险因子是最终造成水体风险的污染物，流域水环境中的污染物以氮磷、重金属和有机物为代表。

6.2.1.1 调查分析法

适用范围：调查分析法适用于流域水环境的风险识别。

技术要点：调查分析法包括资料分析法和现场调查法。

技术方法：资料分析法利用手头掌握的环境统计资料、污染源普查资料、排污许可证资料以及“三同时”验收资料和环评资料等，并结合流域内曾经发生过的环境污染事件，准确确定流域水环境风险源、风险成因，并提出具体的解决对策；现场调查法建立在资料分析的基础上，筛选出流域内风险源，并确定其中主要的风险源，通过现场调查核实，做到详细登记在册，做好记录，为制订具体的解决措施提供客观准确而又翔实的第一手资料。

6.2.1.2 指标综合评价法

适用范围：指标综合评价法适用于水环境风险的点源识别。

技术要点：指标综合评价法通过构建指标体系，对研究区的固定风险源进行风险分级，建立指标体系的主要方法有德国清单法、模糊综合评判法、层次分析法等，具体指标体系会根据研究区域和风险源类别不同而有所差异，常用指标包括临界值、风险源强、风险概率等因素。

技术方法：“清单法”风险分析指标以提问的形式展示，分析结果以选择的形式出现，指标定性分析主要依据检查对象进行设定，指标量化需要综合相关行业专家的意见，对由于人的不安全行为导致的事故根源进行分析，总结事故发生的特点；模糊综合评判法从影响水环境风险源的水文地貌、污染物性质等因素出发筛选评价指标，构建具有多层次结构特点的水环境风险评价指标体系，在将水环境风险定义为风险等级与风险重要性乘积的基础上，对风险等级与风险重要性等级的分级标准进行确定；层次分析法水环境风险识别作为一个系统，将目标分解为多个目标或准则，进而分解为多指标的若干层次，通过定性指标模糊量化方法算出层次单排序和总排序，以作为目标、多方案优化决策的系统方法。

限制因素：“清单法”的完全实施需要更多部门的协助与支持，在我国应用不多；层次分析法在对象影响因素、相关指标过多时，对数据的统计量会很大，且各因素间的权重也难以确定，会影响其结果。

技术比选："清单法"以安全生产和风险预防为基本理念，针对企业的物质、溢出安全保护、转运环节、设备监测、废水分流等方面进行检查和评估，可以帮助环境监察人员在较短的时间内完成环境风险现场排查，不仅简便易行，而且还具有很强的专业技术指导性；模糊综合评判法应用于城市浅层地下水环境风险的分析具有较好效果；层次分析法灵活简洁，所需定量数据信息较少。

6.2.1.3 信息识别技术

适用范围：信息识别技术适用于大范围、立体性特征强的宏观环境风险源识别。

技术要点：信息识别技术包括视频识别技术和遥感影像识别技术。视频识别技术主要包括前端视频信息的采集及传输、中间的视频检测和后端的分析处理三个环节，在水环境治理上运用该技术可以大大提高对突发污染情况的识别和处理效率，提高水体保护的信息化。

技术方法：视频识别技术用在水源地水环境风险识别，日供水规模超过10万m^3的地表水水源地，在取水口、一级保护区及交通穿越的区域安装视频监控，日供水规模超过5万m^3的地下水水源地，在取水口和一级保护区安装视频监控，对水域全范围的24h不间断录像，并可实时调用监控视频，有异常情况实时将警情及视频画面上传至监控中心；遥感技术进行传导、接收、处理、解译和编图主要是通过电子光学仪器及电子计算机来进行，并使宏观生态环境监测工作实现了现代化，可以取得精确的环境动态变化资料和其他监测手段无法获取的信息。

限制因素：视频识别需要前端视频采集摄像机提供清晰稳定的视频信号，视频信号质量将直接影响到视频识别的效果，且对设备要求比较高，前期投入较大。

技术比选：视频识别技术可以通过对识别结果的可信度进行分析，监控检测的精度，在检测与识别模块中形成反馈，不断修正检测与跟踪的中间结果，提高系统准确性；遥感技术从空中大面积地进行宏观生态环境的研究，航空相片提供地面连续立体图像，可以克服向着立体方向发展地面点线监测的局限性和视野阻隔的问题，对生态环境要素的研究可从整体上进行，有利于监测大区域的生态环境及动态变化。

6.2.2 水体水质污染溯源技术

6.2.2.1 现场取样测定技术

适用范围：现场取样测定技术适用于水环境受突发事件后快速准确地锁定风险源，从而辅助决策部门更好地采取控制措施，将突发事件对水体的影响所造成的损失降到最低。

技术要点：现场取样测定技术主要通过同位素示踪法、水纹识别法、紫外光谱分析法、微生物溯源技术等进行污染物溯源研究。

技术方法：同位素示踪法利用特定污染源中稳定同位素分析，由于其组成的含量分析结果精确、在迁移与转化过程中具有组成不变的特点，故可使用同位素进行风险溯源；水纹识别法应用到三维荧光光谱分析，三维荧光光谱与水样一一对应，被称为水质指纹，通过对不同来源水样的水纹进行分析和判别建立水纹数据库，通过与数据库的水纹进行比对，可判断水体受到了何种污水的污染；紫外光谱分析法依据不同污染源对紫外光的吸收率存在差别，确定水体中污染物的组分；微生物溯源技术通过对源指示微生物的检测和解析，进行水体生物源污染的溯源，源指示微生物常见的有大肠埃希菌、肠球菌属、双歧杆菌属等。

限制因素：现场取样测定法需要对现场进行取样和仪器分析，工作量大、耗时较长、很难及时进行污染源排查，进而导致不能及时、有效地控制突发事件造成的损失。在实际运用时，需要决策部门采取多种技术手段辅助实施。

技术比选：同位素示踪法中的稳定同位素没有放射性，不会造成二次污染，并且同位素示踪法具有灵敏度高、方法简便、定位定量准确等优势，但是实际环境中干扰物质较多且含量较低，分析难度较大，需要研究更为适宜的前处理与分析方法，还应建立和完善相应的定量源解析模型，提高来源解析的准确度，减少来源解析的不确定性；水纹识别法灵敏度高、重复性好，可以直观显示出结果，但此方法依赖于完整水文数据库的建立，对技术水平和前期数据的要求比较高，有待进一步在全国范围内的推广使用；紫外光谱分析法灵敏度高、应用范围广，对全部金属元素和大部分非金属及其化合物都能测量，操作简单，常被用于水体污染溯源当中；微生物溯源技术的传统检测方法是通过分离培养检测样品中的源指示微生物个体是否存在，主要是适用于细菌型指示微生物，工作量大且耗费时间长。

6.2.2.2 数学模型溯源技术

适用范围：数学模型溯源技术适用于决策部门了解污染物在水环境中的迁移、扩散以及在时间空间上的变化情况，掌握污染物对流域水体造成的影响，从而对突发事件的发展做出及时、准确的响应。

技术要点：数学模型溯源技术包括基于概率统计的概率方法、基于最优化理论的确定性方法以及基于机理模型的方法。

技术方法：基于概率统计的概率方法侧重于对特定事件发生概率的评估；基于最优化理论的确定性方法使用确定的数学物理方程分析污染物的运动，通过参数优化使模拟值和观测值进行最优匹配；基于机理模型的方法以已有的水环境复杂模型为基础，结合相关限制条件或算法，进行污染物溯源。EFDC、MIKE、DELFT3D 和 WASP 是常见的地表水环境模型，WASP 模型操作使用方便、计算速度快，可模拟水体中绝大多数污染物，EFDC 模型可以提前模拟好不同水文条件下研究区河网水动力状况，突发事故溯源模拟中调用当前水文条件下对应的计算结果直接与 WASP 模型耦合，进而快速准确地预测受纳水体中污染物的时空分布和变化规律。地下水模型中常见的有 Modflow、MT3D、MODPATH 等模型，可以对地下水水流、溶质运移、反应运移进行模拟，结合研究区高程数据还可建立三维地层模型，进行钻孔数据管理、二维（三维）地质统计，并结合 ArcGIS 进行综合管理。

限制因素：概率方法随机性大且面对复杂问题时采样耗时计算量大；确定性方法存在参数“失真”的可能性，且受到初值、边界条件等多种因素影响；建立数学模型需要获取水域的遥感影像数据、气象水文数据、水利工程数据以及其他地理信息数据等，地下水数学模型更是要求研究者对研究区的地质地层结构、水文地质条件、地质钻孔或水文地质钻孔资料等各项资料加以充分调研，研究区资料不全、数据缺失会对数学模型的准确度产生影响，对研究者的专业技术水平要求较高。

技术比选：概率方法以 Bayes 定理为基础，侧重于对特定事件发生概率的评估，具有非单一解、后验概率分布不存在明显的函数表达式、随机性大且面对复杂问题时采样耗时计算量大等特点。确定性方法具有对复杂问题计算速度较快、存在最优单解等优点；基于机理模型的方法适用范围相对较小，但具有对复杂环境计算速度快、精确度高、实用性较强的优点。

6.2.3 水环境风险评估与预警技术

6.2.3.1 水环境风险评估技术

1. 水体富营养化风险评估

适用范围：水体富营养化风险评估适用于评估水体富营养化风险。

技术要点：评估流域水体富营养化程度的方法主要包括综合营养状态指数法、模糊综合评价法、灰色聚类法。

技术方法：综合营养状态指数法选取透明度作为基准变量，研究透明度、叶绿素、总磷三个参数之间的关系，目前国内采用的是改进的指数法，其评价指标是总氮、总磷、COD_{Mn}、叶绿素、透明度五个参数；模糊综合评价法是目前水体富营养化评估中应用最为广泛的评价方法之一，通过隶属度理论将模糊的、难以量化的定性描述转化为清晰的、系统的定量评估，评估结果表现为向量形式；灰色聚类法将流域视作一个灰色系统，采用灰色聚类理论构建聚类指标体系并赋予权重值，计算得到最大聚类系数及相应的聚类结果，从而实现对湖泊富营养化程度的评估分级。

限制因素：水体富营养化风险评估会由于选用不同指标而得到不同的评价结果。

技术比选：目前国内水环境富营养化的风险评估已经有符合本土特征的方法，综合营养状态指数法计算简单，使用广泛，但难以准确反映复杂条件下的水体状态；模糊综合评价法计算复杂，隶属度和指标权重的确定、算法的选取等很多方面主观性较强，一定程度上影响了该方法的实用性；灰色聚类法保留了模糊数学法的优点，同时能更充分地利用信息，规避模糊综合评价法的不合理之处。

2. 重金属风险评估

适用范围：重金属风险评估适用于水体重金属风险。

技术要点：重金属风险评估采用的方法主要有地累积指数法、富集系数法和潜在生态风险指数法。

技术方法：

1）地累积指数法的计算公式如下：

$$I_{geo}=\log_2[C_s^i/KC_n^i]$$

式中，C_s^i 为元素 n 在沉积物中的含量；C_n^i 为沉积物中该元素的地球化学背景值；K 为考虑各地岩石差异可能会引起背景值的变动而取的系数，用来表征沉积特征、岩石地质及其他相关联的影响。

2）富集系数法通过富集系数来表征重金属污染的富集特征，富集系数等于重金属元素与标准化惰性元素的比值，计算重金属元素的富集系数是评估人类活动对重金属元素在环境中富集程度的重要参数。

3）潜在生态风险指数法计算公式为

$$C_f^i = C_s^i / C_n^i, \quad C_d = \sum_i^n C_f^i, E_r^i = T_r^i C_f^i$$

$$RI = \sum_i^n E_r^i = \sum_i^n T_r^i C_s^i / C_n^i$$

式中，C_f^i 为某一重金属的污染系数；C_s^i 为不同土壤层次重金属 i 的实测值；C_n^i 为计算所需要的参照值；C_d 为重金属的综合污染程度；T_r^i 为重金属 i 的毒性响应系数，反映了其毒性水平和生物对其污染的敏感程度；E_r^i 为某单个重金属的潜在生态风险系数；RI 为综合潜在生态风险指数。

限制因素：重金属风险评估方法和标准大多直接采用国外研究成果，需进一步深入研究，多种重金属和其他元素的协同污染评价等方面有待进一步研究。

技术比选：地累积指数法不仅考虑了自然地质过程造成的背景值的影响，也充分注意了人为活动对重金属污染的影响，因此该指数可以判别人为活动对环境的影响，是区分人为活动影响的重要参数；采用富集系数法进行重金属风险评估时，植物体内的重金属含量一定要大于土壤中的含量，随着元素测定技术的提高，各种元素的富集系数会有所变化，某些甚至变化很大；潜在生态风险指数法结合重金属性质及环境行为特点，从沉积学角度定量分析多种污染物对环境的影响及其综合效应，该方法考虑了多元素协同作用、毒性水平、污染浓度以及环境对重金属污染敏感性等因素，因此在风险评估中得到了广泛应用。

3. 有机污染物风险评估

适用范围：有机污染物风险评估适用于以农药、抗生素、环境激素、全氟化合物等为代表的有毒有机污染物风险评估。

技术要点：有机污染物风险评估最早是由美国环境保护署提出的健康风险评估模型，目前国内还未形成本土的系统化评估方法和标准，地表水环境标准对很多有机物浓度尚没有明确的规定。

技术方法：健康风险评估模型直接以健康风险度为表征表示人体健康造成损害的可能性及其程度大小进行概率估计。

限制因素：运用此方法计算时需要掌握污染物进入人体的数据，但在大多数情况下直接监测人体数据不可行，多采用数学模拟、概率模型、剂量重建分析等技术间接监测，目前国内相关研究还远不成熟，某些领域的研究还处于一片空白。此外，有机污染物迁移、转化、富集等环境行为研究有待加强。

6.2.3.2 水源地预警监控技术

适用范围：水源地预警监控技术适用于河流型、湖库型水源地水环境风险预警。

技术要点：水源地预警监控技术是指在一定范围内，对一定时期的水环境状况进行监测分析，对水环境的变化分析和评价，对其未来发展趋势进行预测和评估确定水环境状况、变化差势、速度以及达到某一变化限度的时间等。根据潜在风险的时空范围和危害程度，适时提供各种预警信息及相应的综合性对策。

技术方法：日供水规模超过10万m^3的河流型水源地，预警监控断面设置在取水口上游如下位置：

(1) 两个小时及以上流程水域。

(2) 两个小时流程水域内的风险源汇入口。

(3) 跨省级及地市级行政边界，并依据上游风险源的排放特征，优化监控指标和频次。潮汐河流可依据取水口下游污染源分布及潮汐特征在取水口下游增加预警监控断面。日供水规模超过20万m^3的湖泊、水库型水源地，预警监控断面设置在主要支流入湖泊、水库口的上游，位置同河流型水源地，并依据上游风险源的排放特征，优化监控指标和频次。综合营养状态指数较大的湖泊、水库型水源开展水华预警监控。

限制因素：流域缺乏先进的监测系统，目前国内流域长期、大规模的在线监测仍存在困难；各种数据、信息不能实现动态管理和有效共享；信息系统不完善，不能实现有效传输。

6.2.3.3 水环境数学模型预测方法

1. 一维水环境数学模型

适用范围：一维水环境数学模型适用于水域范围较大、河道断面多样、地形条件多变的河道及河网水流。

技术要点：水环境模型的模拟预报主要针对可溶性污染物如重金属、有毒化合物，对于难溶于水的污染物则局限于漂浮性的石油类污染物，常用的一维水环境数学数学模型有MIKE11、HEC-RAS等。

技术方法：以质量和动量守恒定律为原理，通过求解连续方程与动量方程得到各水质参数的方法。主要研究污染物进入水体后，随水流迁移，迁移过程中受水力学、水文、物理、化学、生物、气候等因素的作用，产生物理、化学、生物等多方面演变，从而引起污染物质的稀释、降解及转化。

限制因素：计算中不仅要考虑区间降雨产流、人类活动的取用耗排、多河道交汇分流、冰冻融雪、地下水作用等对水量平衡的影响，同时要考虑各种水工建筑物，如桥梁、水闸、堰、涵洞等对动量和能量产生的影响。

2. 二维及三维水环境数学模型

适用范围：二维水环境数学模型适用于海岸、河口、湖泊、大型水库等地区、漫滩，其水域的水平尺度远大于垂向尺度，流场采用沿水深的平均流量或动量表示；或水域垂向较深的湖泊水库。三维水环境数学模型考虑污染物的横向、纵向、垂向三维变化，适用于河口、海湾、感潮河段等较为复杂的区域。

技术要点：二维及三维水环境模型主要针对重金属、有毒化合物、石油类污染物及湖泊水体富营养化的预测，常用的二维及三维水环境数学模型有EFDC模型、ECOM模型、DELFT3D、MIKE21等。

技术方法：根据物质守恒原理，用数学的语言和方法描述各种污染物质在水体中发生的物理、化学、生物化学和生态学诸方面的变化，即污染物在水体中发生的混合和输运、在时间和空间上的迁移转化规律。

限制因素：湖库水动力模型需考虑风生流、吞吐流、密度流等特殊的水力条件。水环境模型的众多影响因素中既有已知参数，又有许多未知、不确定的参数和源汇项；同时由于实际监测资料的限制许多水体的信息并不完整，参数率定较为困难。

6.2.4 水环境风险应急与决策技术

6.2.4.1 水环境风险应急技术

适用范围：该技术适用于各级人民政府、环保及其他相关部门（水务、卫生等）、相关企事业单位。

技术要点：水环境风险应急技术包括建设应急防护工程、水环境风险应急预案系统、水环境风险应急指挥系统、水环境风险应急能力保障、水环境风险应急处置工程。

技术方法：①建设应急防护工程包括建设应急物资储备库、应急池、节制闸、拦污坝、导流渠、调水沟等，污水处理排污应急池一般要求防腐水池的体积达到一天事故排放量；②水环境风险应急预案系统的完善包括环保等相关部门和企事业单位对水环境风险应急预案的编制、评估、发布、备案、实施、修订和演练等活动进行管理；③水环境风险应急指挥系统的建设包括固定式应急平台建设和移动式应急指挥系统建设，固定式应急平台建设指将风险源、城镇污水处理厂、河流监测断面、水源地、特征水污染物等监控系统信息整合在地理信息系统上，实现水源地环境信息动态监控，利用数据信息库为现场应急指挥提供科学依据；移动式应急指挥系统建设指整合车载应急指挥系统、数据收集系统和便携式通信系统，实现与固定式应急平台的实时数据传输；④水环境风险应急能力保障包括应急能力评估、应急资金、应急物资和装备以及应急队伍的保障；⑤水环境风险应急处置工程是当污染物进入水体时立刻采取的断源、控污、治污、布防等各项应急措施。

6.2.4.2 水环境风险管理决策支持系统

适用范围：水环境风险管理是水环境风险评价的最终目的。

技术要点：完整的水环境风险管理决策支持系统应包含以下三个方面内容：①集总式、静态的水循环模拟和调控向分布式、动态的水循环模拟与调控发展；②应对突发事件的应急调度管理系统；③考虑气候变化对流域产生的影响。

技术方法：水循环模拟包括三个方面：一是流域降雨径流模拟，这是流域水资源调配的科学基础；二是中长期需水预测，是水资源配置的核心，通过中长期需水预测分析给出合理的区域和行业水资源消耗量；三是水资源优化配置，将配置与优化调度、节水措施相关联。应急调度管理系统包括应急调度和水质突发事件应急系统，针对特大水污染突发事件采取措施，突显出水环境管理中处理突发应急事件的能力。全球气候变化问题越来越引起社会各界的关注，研究表明气候变化将导致水文循环的变化，加剧一些地区的水资源分配不均，导致旱涝问题日趋严重，因此对气候变化带来的水资源问题也不可忽视。

限制因素：对数据的精确度和自动化程度要求较高。

6.2.5 水环境风险智能管理技术

适用范围：水环境风险智能管理技术适用于大范围流域的水环境风险源识别、评估与预警综合管理。

技术要点：针对宏观流域的水环境风险信息管理系统，将互联网+、云计算、空间地理信息技术和新代通信技术的成果耦合，实现“空、天、地”一体化多频率宏观检测服务和管理体系，打通各有关部门信息共享的交互通道，有助于全面提升对水环境风险的管理。

技术方法：①在典型水环境风险源和水环境现场调查与检测基础上，建立水环境风险源管理信息数据库，包括基础数据库、背景数据库和风险企业数据库；②研发水环境风险源管理技术，构建流域典型风险源信息管理系统，综合利用网络技术、“3S”集成技术、多源异构数据一体化管理技术等，实现对典型风险源数据、相关基础资料和辅助资料的无缝集成、可视化查询与展示以及风险源的GPS定位管理，从而达到对典型污染物来源、类型、分布、危害等信息资料进行可视化管理的目标；③具有数据资料采集和管理、信息查询浏览、风险源GPS定位管理、风险源识别管理、风险评估、水环境风险预警等功能。

限制因素：需综合利用地理信息系统、数据库、网络技术、云计算等技术，对技术要求较高。

6.3 黑臭水体治理技术

黑臭水体是水体被污染的一种极端情况，是由于水体过度纳污导致水体供氧与耗氧失衡而产生的结果。水体的“黑臭”指标主要为感官指标，从人的视觉上来说，水体产生“黑臭”是指水体呈黑色或泛黑色，FeS以及腐殖质吸附致黑物质被认为是黑臭水体中的主要致黑原因。从人的嗅觉上来说是指水体会散发出刺激人的嗅觉器官并引起人们不愉快或厌恶的气味，如NH_3、H_2S、胺类化合物、硫醇、土臭素、二甲基异莰醇等被认为是黑臭水体中的发臭物质。

黑臭水体的治理需要坚持“因地制宜、技术集成、统筹管理、长效运行”的基本原则，根据水体污染程度、污染原因和污染阶段的不同，有针对性地选择治理技术、制定治理措施。根据不同的水文水质特征、不同的治理目标、不同阶段，综合采用不同技术，并进行组合与集成，实现对黑臭水体的治理、水质长效改善和保持。城市黑臭水体的整治技术选择应按照“控源截污、内源治理、活水循环、清水补给、水质净化、生态修复”的基本技术路线。

6.3.1 控源截污技术

6.3.1.1 截污纳管技术

适用范围：从源头控制污水向城市水体排放，主要用于城市水体沿岸污水排放口、分流制雨水管道初期雨水或旱流水排放口、合流制污水系统沿岸排放口等永久性工程治理。

技术要点：截污纳管是黑臭水体整治最直接有效的工程措施，也是采取其他技术措施的前提。通过沿河沿湖铺设污水截流管线，并合理设置提升（输运）泵房，将污水截流并纳入城市污水收集和处理系统。对老旧城区的雨污合流制管网，应沿河岸或湖岸布置溢流控制装置。无法沿河沿湖截流污染源的，可考虑就地处理等工程措施。严禁将城区截流的污水直接排入城市河流下游。实际应用中，应考虑溢流装置排出口和接纳水体水位的标高，并设置止回装置，防止暴雨时倒灌。

技术方法：截污纳管技术针对缺乏完善污水收集系统的水体，点源产生的污水直排造成的污染。通过建设和改造水体沿岸的污水管道，将污水截流纳入污水收集和处理系统，从源头上削减污染物的直接排放。对于已经建有污水收集系统的水体，需要确保雨水、地下水不会进入污水管道，造成污水溢流。

限制因素：工程量和一次性投资大，工程实施难度大，周期长；截污将导致河道水量变小，流速降低，需要采取必要的补水措施。截污纳管后污水如果进入污水处理厂，将对现有城市污水系统和污水处理厂造成较大运行压力，否则需要设置旁路处理（见6.3.1.4）。

6.3.1.2 面源控制技术

适用范围：面源控制技术主要运用于城市初期雨水、冰雪融水、畜禽养殖污水、地表固体废弃物等污染源的控制与治理。

技术要点：可结合海绵城市的建设，采用各种低影响开发（LID）技术、初期雨水控制与净化技术、地表固体废弃物收集技术、土壤与绿化肥分流失控制技术，以及生态护岸与隔离（阻断）技术；畜禽养殖面源控制主要可采用粪尿分类、雨污分离、固体粪便堆肥处理利用、污水就地处理后农地回用等技术。

限制因素：工程量大，影响范围广；雨水径流量及径流污染控制需要水体汇水区域整体实施源头减排和过程控制等综合措施，系统性强，工期较长；工程实施经常受当地城市交通、用地类型控制、城市市容管理能力等因素制约。

6.3.1.3 就地处理技术

适用范围：就地处理技术适用于短期内无法实现截污纳管的污水排放口，以及无替换或补充水源的黑臭水体，通过选用适宜的污废水处理装置，对污废水和黑臭水体进行就地分散处理，高效去除水体中的污染物，也可用于突发性水体黑臭事件的应急处理。

技术要点：采用物理、化学或生化处理方法，选用占地面积小，简便易行，运行成本较低的装置，达到快速去除水中污染物的目的；临时性治理措施需考虑后期绿化或道路恢复，长期治理措施需考虑与周边景观的有效融合。

技术方法：物理方法；化学方法；生化处理方法。

限制因素：市场装置质量良莠不齐，技术选择难度大；需要费用支持和专业的运行维护；部分化学药剂对水生生态环境具有不利影响。

6.3.1.4 旁路处理技术

适用范围：旁路处理技术主要适用于无法实现全面截污的重度黑臭水体，或无外源补水的封闭水体的水质净化，也可用于突发性水体黑臭事件的应急处理。

技术要点：在水体周边区域设置适宜的处理设施，从污染最严重的区段抽取河水，经处理设施净化后，排放至另一端，实现水体的净化和循环流动。

技术方法：在水体周边布设适宜的处理设施，将严重污染河段的河水抽出，进行净化处理后排放至另一端，实现水体净化和循环流动；临时性治理措施需考虑后期绿化或道路恢复，长期治理措施需考虑与周边景观的有效融合。

限制因素：需要费用支持和专业的运行维护。

6.3.1.5 技术比选

截污纳管技术是黑臭水体整治最直接有效的工程措施，工程量和一次性投资大，工程实施难度大，周期长，截污将导致河道水量变小，流速降低，需要采取必要的补水措施；面源控制工程量大，影响范围广，径流污染控制需要水体汇水区域整体实施源头减排和过程控制等综合措施，系统性强，工期较长；就地处理技术可实现短期内污废水和黑臭水体处理，高效去除水体中的污染物，也可用于突发性水体黑臭事件的应急处理；旁路处理技术可作为控源截污技术的补充技术或无外源补水的封闭水体的水质净化，也可用于突发性水体黑臭事件的应急处理。

6.3.2 内源治理技术

6.3.2.1 垃圾清理技术

适用范围：垃圾清理技术主要用于城市水体沿岸垃圾临时堆放点清理。

技术要点：城市水体沿岸垃圾清理是污染控制的重要措施，其中垃圾临时堆放点的清理属于一次性工程措施，应一次清理到位。

限制因素：城市水体沿岸垃圾存放历史较长的地区，垃圾清运不彻底可能加速水体污染。

6.3.2.2 生物残体及漂浮物清理技术

适用范围：生物残体及漂浮物清理技术主要用于城市水体水生植物和岸带植物的季节性收割、季节性落叶及水面漂浮物的清理，水面漂浮物主要包括各种落叶、塑料袋和其他生活垃圾等。

技术要点：生物残体及漂浮物清理技术主要包括浮动挡板、拦渣浮筒、水平格栅、水力自洁式滚刷、溢流格栅等。一般按照以下原则筛选相对应的技术手段：①浮动挡板、拦渣浮筒技术：适用于现场无供电条件，可安装在截流井内，也可以安装在调蓄池入口处，拦截物需定期清捞；②水平格栅技术、溢流格栅技术：适用于现场有供电条件，自动对栅条进行清理，可安装在溢流堰上，也可以安装在调蓄池入口处，拦截物需定期清捞；③水力自洁式滚刷技术：适用于现场无供电条件，可安装在溢流堰上，拦截物需定期清捞；④堰流过滤技术：适用于现场有供电条件，自动对网板进行清理，可安装在溢流堰上，截留的浮渣和漂浮物通过螺旋导出，无需人工清捞。

技术方法：浮动挡板技术是常用的河流漂浮物拦截装置之一，挡板材料多由柔性材料组成，可有效避免碰撞造成的损失且清渣方便，位置布置较为灵活；拦渣浮筒技术也是常用的河流漂浮物拦截装置之一，拦渣浮筒材料主要由柔性材料组成，清渣方便，使用时间长，免维护，并且可随意移动浮筒将渣物移动到指定位置，适应性强；水平格栅技术，位置固定，不可移动，对河道所含的尺寸较大的杂物（如树枝等），常需先设置一道粗格栅再与中格栅或者细格栅结合，前期投资相对较少，使用时间长，容易保养；水力自洁式滚刷是一种能够高效截留降雨时合流管道溢流雨水中的悬浮物和漂浮物的装置，易于在现有排水口溢流堰上改造安装，通过水轮驱动，无需外动力，可以有效地保证溢流雨水的清洁，防止自然水体受到污染；溢流格栅技术，基本特征与水平格栅类似，更适应于水量较大的情况。

限制因素：浮动挡板技术和拦渣浮筒技术前期安装需要人力、物力较多；水平格栅技术和溢流格栅技术对水中某类悬浮物，如纤维（羽毛、线头）、纸浆等一些固体杂物，不能完全截除，有可能发生浮渣堵塞栅孔影响处理效果的情况；所有的生物残体及漂浮物清理技术都需要进行长期清捞维护，季节性生物残体和水面漂浮物清理的成本较高，监管和维护难度大。

6.3.2.3 沙砾处理技术

适用范围：沙砾处理技术适用于颗粒物分离。

技术要点：沙砾处理技术可以减少沙砾在排水渠道、调蓄池中的沉积，根据水力学特性，沙砾处理技术主要包括高效涡流技术、水力颗粒分离器技术。

技术方法：高效涡流技术，根据离心沉降和密度差分原理，使密度小的物体被留在上方，密度大的沙砾沉降到底部，达到分离效果，可设于排水口或调蓄池进水口前；水力颗粒分离器技术，沙砾在水流导板作用下进行分离，可设于排水口前。

限制因素：沙砾处理技术处理水量小，效率低，经济成本高，截留物需定期人工清理。

6.3.2.4 悬浮物处理技术

适用范围：悬浮物处理技术适用于处理排水口溢流和初期雨水。

技术要点：悬浮物处理技术主要有高效沉淀技术、泥渣砂三相秒分离技术、磁分离技术、自循环高密度悬浮污泥滤沉技术。

技术方法：高效沉淀技术通过投加混凝与絮凝药剂使水中的悬浮颗粒物和胶体物质凝聚形成絮体后沉淀去除，主要适用于排水口前；泥渣砂三相秒分离技术利用高速旋转的滤带，截留泥渣砂以及悬浮颗粒物等，实现泥渣砂等协同去除；磁分离技术，通过投加磁种、混凝与絮凝药剂，形成以磁种为核心的絮体，利用磁力吸附或沉淀去除；自循环高密度悬浮污泥滤沉技术利用旋流混合搅拌与回流污泥接种混合，吸附污染物，通过沉淀实现高效清污分离。

限制因素：沉淀污泥需定期清排。

6.3.2.5 清淤疏浚技术

适用范围：一般而言清淤疏浚技术适用于所有黑臭水体，尤其是重度黑臭水体底泥污染物的清理，快速降低黑臭水体的内源污染负荷，避免其他治理措施实施后，底泥污染物向水体释放。

技术要点：清淤疏浚包括机械清淤和水力清淤等方式，工程中需考虑城市水体原有黑臭水的存储和净化措施。清淤前，需做好底泥污染调查，明确疏浚范围和疏浚深度；根据当地气候和降雨特征，合理选择底泥清淤季节；清淤工作不得影响水生生物生长；清淤后回水水质应满足“无黑臭”的指标要求。

技术方法：机械清淤是指将作业区水排干后，采用挖掘机进行开挖，挖出的淤泥直接由渣土车外运或者放置于岸上的临时堆放点；水力清淤指采用水力冲挖机组的高压水枪冲刷底泥，将底泥扰动成泥浆，流动的泥浆汇集到事先设置好的低洼区，由泥泵吸取、管道输送，将泥浆输送至岸上的堆场或集浆池内。

限制因素：需合理控制疏浚深度，过深容易破坏河底水生生态，过浅不能彻底清除底泥污染物；高温季节疏浚后容易导致形成黑色块状漂泥；底泥运输和处理处置难度较大，存在二次污染风险，需要按规定安全处理处置。

6.3.2.6　技术比选

垃圾清理属于一次性工程措施，应一次清理到位，主要用于城市水体水生植物和岸带植物的季节性收割、季节性落叶及水面漂浮物的清理；生物残体及漂浮物清理技术需要长期清捞维护；沙砾处理技术处理水量小，效率低，经济成本高，截留物需定期人工清理；悬浮物处理技术成本高，需定期清排；清淤疏浚适用于所有黑臭水体，尤其是重度黑臭水体底泥污染物的清理，快速降低黑臭水体的内源污染负荷，避免其他治理措施实施后，底泥污染物向水体释放。

6.3.3　生态修复技术

6.3.3.1　生态沟渠技术

适用范围：生态沟渠用于雨季田间排水，防止田间作物渍害，一般位于田块间。

技术要点：生态沟渠是指具有一定宽度和深度，由水、土壤和生物组成，具有自身独特结构并发挥相应生态功能的农田沟渠生态系统，也称之为农田沟渠湿地生态系统。生态沟渠能够通过截留泥沙、土壤吸附、植物吸收、生物降解等一系列作用，减少水土流失，降低进入地表水中氮、磷的含量。主要技术有固着藻类生态沟渠、水生（湿生）植物生态沟渠、湿地生态沟渠。

技术方法：固着藻类生态沟渠：藻类在生态沟渠中自然固着形成了稳定的固着藻类群落，即固着藻膜净化系统，种类主要为绿藻和硅藻，老化藻类膜的脱落和新膜的生长形成自然的更替，老化死亡藻膜可通过人工捞取从水中去除，使已固定在藻类中的氮、磷等营养物质从系统中彻底去除并回收利用，使污水在生态沟渠中进行复氧和深度净化，满足水质要求，操作方便；水生（湿生）植物生态沟渠利用水生植物发达的根系吸收、消化水中大量的营养物质，水生植物具有吸附水体中生物性和非生物性悬浮物质、增强固着和稳定水体底质、提高水体透明度、改善水下光照条件、增加水体溶解氧的作用，而且对氮、磷具有良好的去除效果；湿地生态沟渠是一种人类活动影响下的半自然特殊的湿地生态沟渠，在对降水量的重新分配、调节径流、雨水迁移路径的改变以及流域周边区域地表和地下水位的改变上发挥着重要作用，同时又可作为输水廊道将洪水快速排出。总体而言，生态沟渠技术有建造灵活、无动力消耗、运行成本低廉等优势。

限制因素：沟渠的水生植物要定期收获、处置和利用，防止水生植物死亡后沉积水底腐烂，造成二次污染；要减少沟渠堤岸植物带受人类活动、沟渠水流、沟渠开发等影响。

6.3.3.2　植草沟技术

适用范围：标准传输植草沟可在径流量较小、人口密度较低地区代替路边排水系统；

干植草沟一般适用于城市园区道路两侧、不透水地面周边、大面积绿地内等；湿植草沟结构通常适用于高速公路排水。

技术要点：植草沟技术按径流在其中的传输方式可分为标准传输植草沟、干植草沟和湿植草沟。

技术方法：标准传输植草沟指开阔的浅型植物沟渠，主要将收集到的径流引导输送到其他处理设施；干植草沟在标准传输植草沟的基础上增加了人工的土壤过滤层以及过滤层底部的地下排水系统，增强了雨水的输送、过滤、渗透和滞留能力；湿植草沟结构与干植草沟类似，但主要功能是沟渠型湿地处理系统，长期处于潮湿状态。

限制因素：湿植草沟结构由于易滋生蚊蝇，并不适于居住区。

6.3.3.3 曝气复氧技术

适用范围：曝气复氧技术作为阶段性措施，主要适用于整治后城市水体的水质保持，具有水体复氧功能，可有效提升局部水体的溶解氧水平，并加大区域水体流动性。

技术要点：曝气的方式主要有自然跌水曝气和人工机械曝气，主要采用跌水、喷泉、射流，以及其他各类曝气形式有效提升水体的溶解氧水平。射流和喷泉的水柱喷射高度不宜超过 1m，否则容易形成气溶胶或水雾，对周边环境造成一定的影响。

技术方法：曝气复氧技术利用空气和污水中氧气的浓度梯度，使氧气由高密度的空气向低密度的污水中转移，从而产生氧气的传递，通过合理设计，实现人工增氧的同时，辅助提升水体流动性能，氧气传递的速率取决于流体的物理特性和流动状况。

限制因素：重度黑臭水体不应采取射流和喷泉式人工增氧措施；人工增氧设施不得影响水体行洪或其他功能，需要持续运行维护，消耗电能。

6.3.3.4 人工湿地技术

适用范围：人工湿地技术主要适用于暂时不具备截污条件、气候温和、场地宽裕的小型水域。

技术要点：人工湿地系统是模拟自然湿地的人工生态系统，主要利用土壤、人工介质、植物和微生物的协同作用对污水进行处理。根据水流方向，人工湿地分为表面流人工湿地、潜流人工湿地、垂直流人工湿地。

技术方法/设计参数：表面流人工湿地是最接近天然湿地的一类人工湿地，水在切料表面漫流，水位在 0.1～0.6m，表面流人工湿地对污染物的去除主要通过植物茎叶拦截、土壤吸附和污染物自然沉降等途径；潜流人工湿地中水在床体内部流动，湿地可充分利用填料表面生长的生物膜、丰富的根系及表层土和填料截留等作用去除污染物，同时，受水生植物向根部输氧作用的影响，湿地系统内部依次形成连续的好氧、缺氧及厌氧状态，大大提高了系统对氮磷的去除效率，另外，由于水是在填料表面下流动，具有温度波动小、耐冲击等优点，潜流人工湿地是湿地治理技术的核心内容，通常以复合式潜流人工湿地形式存在；垂直流人工湿地，由于氧气可以通过大气扩散和植物传输进入湿地系统，其内部氧气较为充足，有利于好氧微生物的生长和硝化反应的进行，因此具有较好的氮磷去除效果。

限制因素：表面流人工湿地系统运行受气候影响大，夏季容易滋生蚊蝇，冬季运行效率低；垂直流人工湿地系统存在布水和集水系统复杂、有机物去除能力欠佳、建造费用高和易发生堵塞等问题，不如潜流人工湿地应用广泛。

6.3.3.5 生态浮岛技术

适用范围：生态浮岛技术适用于面积比较小的水面。

技术要点：生态浮岛是一种生长有水生植物或陆生植物的漂浮结构系统，通过植物根系的吸附和吸收作用，富集水中的氮、磷等元素，降解、富集其他有害无毒污染物，并以收获植物体的形式将其搬离水体，从而达到治理水体的目的。该技术已得到广泛认同，适用于黑臭水体治理的水质改善和生态修复阶段。

技术方法：普通生物浮岛净化水质的原理主要基于水生植物的根条作用和叶、茎的遮蔽作用，植物根系吸收水质的氮磷等（无机）营养物质，同时根系附着微生物（分解者），具有降解有机污染物的功能；上叶部、茎具有遮蔽作用，能够抑制藻类和喜阳微生物的生长，从而减少水华爆发和提高水体透明度的作用。但实际应用中，普通生物浮岛对有机物的处理能力有限，对氨氮的处理作用很小。

限制因素：难以达到对大面积河道的修复效果。

6.3.3.6 人工复合生态系统

适用范围：人工复合生态系统适用于气候温和稳定的水域。

技术要点：人工复合生态系统由漂浮、浮叶、沉水植物及根际微生物等组成。水生植被种类的选择在不同的季节、不同治理阶段可适当调整，以期获得最好的效果。

技术方法：根据不同生态类型水生高等植物的净化能力及其微生物的特点，人工复合生态系统利用特定的水生植物对湖泊水体中的污染物质进行吸收、富集、降解和转移。

限制因素：①修复周期较长，见效慢，修复过程受季节气候变化的影响较大；②水生植物修复河流的能力受到河流污染情况的影响，同时还受到水生植物自身生长过程和本身特性的影响；③水生植物死亡后如果得不到及时打捞，水生植物死亡腐烂分解过程中将释放氮、磷等污染物质，导致湖泊水体的二次污染等。

6.3.3.7 前置库技术

适用范围：前置库技术适用于水库水源地面源污染控制，能够很好地因地制宜解决面源污染的突发性、大流量等问题。

技术要点：前置库系统一般由沉降子系统、导流子系统和强化净化子系统三部分组成。其中，强化净化子系统又分为浅水生态净化区和深水强化净化区。前置库治理技术是人工湿地治理技术的扩展，是集物理、化学和生物等各方面的优势于一体的综合治理技术。

技术方法：前置库技术是根据水库形态，将水库分为一个或若干个子库与主库相连，通过延长水力停留时间促进水中泥沙及营养盐的沉降，同时利用子库中大型水生植物、藻类等进一步吸收、吸附、拦截营养盐，从而降低进入下一级子库或主库水体中营养盐含量，抑制主库中藻类过度繁殖，减缓富营养化进程，改善水质的污染控制技术团。

限制因素：植物不及时清理可能存在二次污染；季节性温度变化差异影响植物生长；底泥淤积造成内源污染。

6.3.3.8 技术比选

上述7项生态修复技术中，生态沟渠技术种植的植物既能拦截农田径流污染物，也能吸收径流水、渗漏水中的氮磷养分，达到控制污染物向水体迁移和氮磷养分再利用目的；植草沟技术可代替路边排水系统；曝气复氧技术具有水体复氧功能，可有效提升局部水体的水质，并加大区域水体流动性；人工湿地技术不仅能降解污染物，还具有强大的自然功能，如环境净化功能、物质调控功能、生态修复功能和气候调节功能等，尤其是对难降解有机污染物和重金属等污染物质处理效果较好，此外还具有美化环境的功能；生态浮岛技术既可保护水生态环境，又能带来一定的经济效益；人工复合生态系统工程造价和运行成本相对较低，管理维护技术简单便捷，可以改善湖泊区域和周边环境的生态景观，对环境影响较小，能实现水体营养平衡，改善水体的自净能力；前置库技术具有投资小、高效、低能耗及适用范围广等优点，在欧美和日本已有很多成功的案例。

6.3.4 活水保质技术

6.3.4.1 活水循环技术

适用范围：活水循环技术适用于城市缓流河道水体或坑塘区域的污染治理与水质保持。

技术要点：活水是指有水源而常流不断的水，也指新鲜而没有被污染的天然水。活水循环是指将城市各大水系进行连通，让原本相对封闭的水系流动起来。应关注循环水出水口设置，以降低循环出水对河床或湖底的冲刷。

技术方法：通过设置提升泵站、水系合理连通、调水引流或者利用风力、太阳能等方式，在一定程度上改善水体的水动力条件，实现水体流动；非雨季时可利用水体周边的雨水泵站或雨水管道作为回水系统。

限制因素：部分工程需要铺设输水渠，工程建设和运行成本相对较高，工程实施难度大，需要持续运行维护；河湖水系连通应进行生态风险评价，避免盲目性。

6.3.4.2 清水补给技术

适用范围：清水补给技术适用于城市缺水水体的水量补充，或滞流、缓流水体的水动力改善，可有效提高水体的流动性和水质。

技术要点：利用城市再生水、城市雨洪水、清洁地表水等作为城市水体的补充水源，增加水体流动性和环境容量。充分发挥海绵城市建设的作用，强化城市降雨径流的滞蓄和净化；清洁地表水的开发和利用需关注水量的动态平衡，避免影响或破坏周边水体功能；再生水补水应采取适宜的深度净化措施，以满足补水水质要求。

技术方法：合理调配水资源，加强流域生态流量的统筹管理，逐步恢复水体生态基流。鼓励将城市污水处理厂再生水、分散污水处理设施尾水以及经收集和处理后的雨水用于补水。

限制因素：再生水作补充水源往往需要铺设管道；需加强补给水水质监测，明确补水费用分担机制；不提倡采取远距离外调水的方式实施清水补给。

6.3.4.3 技术比选

上述2项活水保质技术中，活水循环技术在一定程度上改善水体的水动力条件，实现水体流动，但运行成本相对较高，工程实施难度大，需要持续运行维护；清水补给技术可有效提高水体的流动性和水质，但不适用于远距离外调水。

6.4 农村水环境综合治理技术

6.4.1 农村生活垃圾处理技术

6.4.1.1 垃圾衍生燃料技术（RDF）

适用范围：垃圾衍生燃料技术适合于目前国内大多数农村生活垃圾的处理，该方法投资省、污染低，还可盘活已关闭或即将关闭的中小电站，对我国的环境卫生建设和经济建设有着重要的意义。

技术要点：垃圾衍生燃料技术是一种将垃圾经不同处理程序处理制成燃料的技术。

技术方法：垃圾衍生燃料技术是从垃圾中除去金属、玻璃、砂土等不燃物，将垃圾中的可燃物（如塑料、纤维、橡胶、木头、食物废料等）破碎、干燥后，加入添加剂，致密成型，最终制成固体燃料，特点是大小均匀、所含热值均匀，易运输及储备，在常温下可储存几个月，且不会腐败。这种燃料可以单独燃烧，也可根据锅炉工艺要求情况，与煤燃油混烧。具体流程如图6.2所示。

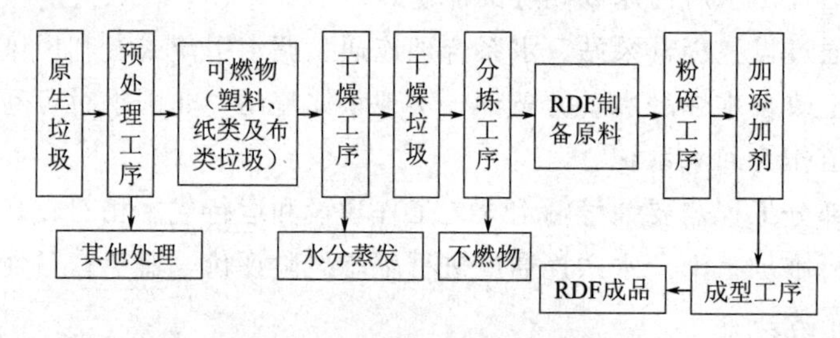

图6.2 垃圾衍生燃料技术流程

限制因素：需要较完备的供热系统，费用高。

6.4.1.2 厌氧消化技术

适用范围：厌氧消化技术从垃圾中回收甲烷，作为资源再利用的方式有着积极的意义，适合用于农村生活垃圾处理。

技术要点：生活垃圾厌氧消化技术是指生活垃圾中的有机物质在特定的厌氧条件下，微生物将有机物进行分解产生洁净能源——沼气，同时沼液及沼渣可用来生产有机堆肥的一种新型技术，具有工艺稳定、环境效率高及可持续发展等特点。

技术方法：厌氧消化技术的流程是成分复杂的有机物首先快速增殖，对pH值敏感的酸化菌将其水解和发酵转化为挥发酸，挥发酸通过乙菌氧化为乙酸盐、分子氢和二氧化碳，甲烷菌将这些物质转化为甲烷。一般厌氧消化可分为水解酸化阶段、产氢产乙酸阶段和产甲烷阶段。厌氧消化技术流程如图6.3所示。

限制因素：厌氧消化技术需首先经过预处理，且投资成本较高。

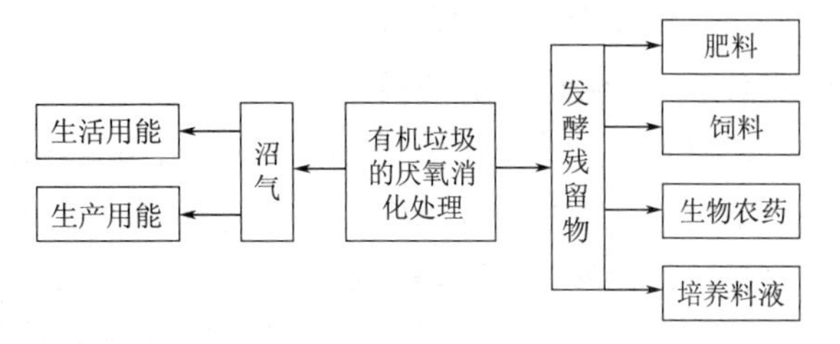

图6.3 厌氧消化技术流程

6.4.1.3 准好氧填埋技术

适用范围：准好氧填埋技术可有效降低渗滤液的污染物浓度，消除厌氧型生物反应器填埋场具有的氨积累问题，显著加速垃圾体的降解，简化了渗滤液的处理工艺，提高了土地的利用率，前景广阔，可在广大农村地区推广。

技术要点：准好氧填埋是将渗滤液收集管道按不满流设计，利用填埋层内外的温度差使空气自然通入，使填埋场内部存在一定的好氧区域。

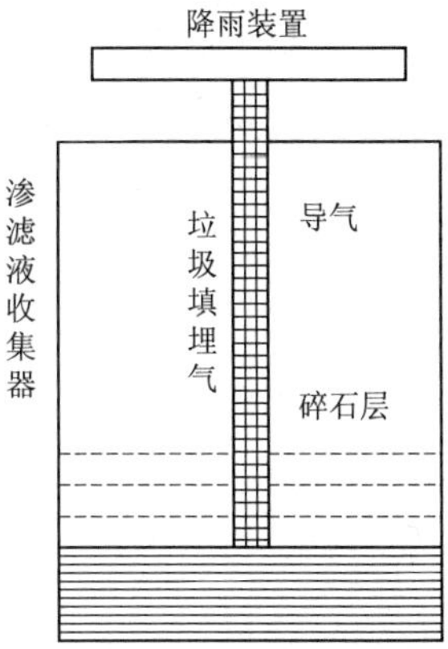

降雨装置
渗滤液收集器
垃圾填埋气
导气
碎石层

图6.4 准好氧填埋技术流程

技术方法：准好氧填埋场能在其内部不同区域形成好氧、缺氧、厌氧区域，从而加速垃圾降解，抑制甲烷、硫化氢等气体的产生，消除厌氧填埋场存在的氨积累问题。准好氧填埋技术流程如图6.4所示。

6.4.1.4 蚯蚓堆肥技术

适用范围：蚯蚓堆肥技术被认为是一种“生态环境友好型技术”，它不仅能处理大量的有机废弃物，减少对周围环境的影响，而且可获得高效、稳定的有机肥料，促进农作物生长，提高作物产量同时减少堆肥产物对环境的影响。该技术适合我国国情，尤其适合于畜禽粪便、农作物秸秆及废渣等农村生活垃圾的处理。

技术要点：蚯蚓处理垃圾主要方法有蚯蚓生物反应器和土地处理法。其技术流程如图6.5所示。

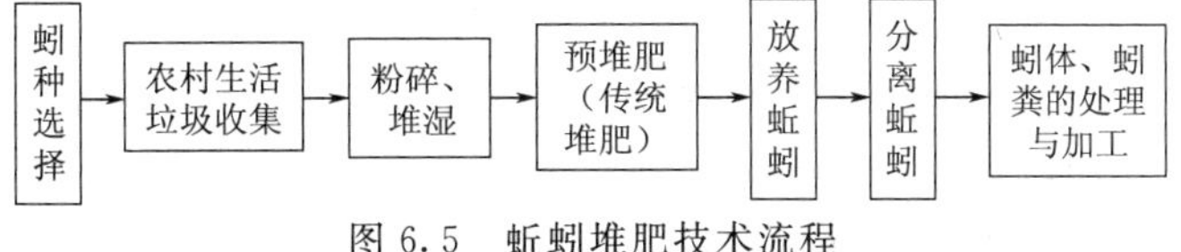

图6.5 蚯蚓堆肥技术流程

技术方法：蚯蚓堆肥处理是在普通堆肥处理的基础上结合生物处理发展起来的。它的基本原理是利用蚯蚓食腐、食性广、食量大及其消化道可分泌出蛋白酶、脂肪分解酶、纤维分解酶、甲壳酶、淀粉酶等酶类的特性，将经过一定程度发酵处理的有机固体废物作为食物喂食给蚯蚓，经过蚯蚓的消化、代谢以及蚯蚓消化道的挤压作用转化为物理、化学以及生物学特性都很好的蚓粪，从而达到无害化、减量化、资源化的目的。蚯蚓堆肥处理不仅利用蚯蚓特殊的生态学功能，还利用了蚯蚓与环境中某些微生物的协同作用。蚯蚓生物反应器可以和垃圾源头分类相配合，对混合收集的垃圾需要进行分选、粉碎、喷湿、传统堆肥等预处理；土地填埋法是在田地里采用简单的反应床或反应箱进行蚯蚓养殖并处理生活垃圾的一种方法，是目前应用较多的一种方法，不仅适用于处理分类后的有机垃圾，而且适用于处理现阶段的混合垃圾。

6.4.1.5 气化熔融焚烧技术

适用范围：气化熔融焚烧技术是垃圾处理领域的新成果，该类技术大大降低了垃圾焚烧污染物的排放量、提高了垃圾利用效率和增加了垃圾固体灰渣的附加值（可直接用于建筑原料，替代沙石），具有良好的环保特性逐渐受到各国青睐。因此，该类技术能在目前以及未来的农村生活垃圾无害化处理中发挥重要的作用。

技术要点：气化熔融焚烧技术一般分为一步法气化熔融焚烧技术和两步法气化熔融焚烧技术。

技术方法：一步法气化熔融焚烧技术是指垃圾的干燥、气化、燃烧、灰渣的熔融等过程在一个设备中全部完成的一种直接气化熔融焚烧技术；而两步法气化熔融焚烧技术则是指先将垃圾置于温度为500～600℃的设备中进行热解，然后将热解碳渣分捡出有价金属后置于温度高于1300℃的设备中进行熔融处理的一种气化熔融焚烧技术。其主要的设计原则及污染物控制机理为生活垃圾被送入气化炉或热解炉，垃圾中的有机物迅速气化，生成的气化合成气（含飞灰）进入燃烧熔融炉，气化炉中的大部分金属（如 Fe、Al、Cu 等）不会被氧化，并随底渣排出，分选后的底渣中含重金属和二噁英很少，可以回收利用；燃烧熔融炉中合成气高温燃烧，飞灰熔融为玻璃态物质，二噁英完全分解、重金属被固化。生活垃圾气化熔融系统工艺流程如图 6.6 所示。

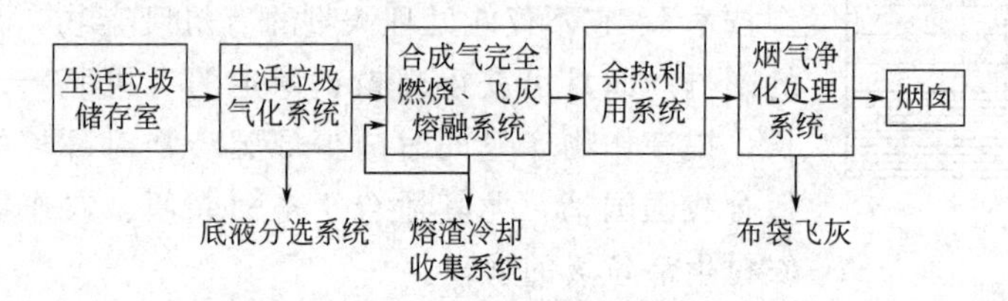

图 6.6 生活垃圾气化熔融系统工艺流程

6.4.1.6 技术比选

垃圾衍生燃料技术得到的 RDF 燃料具有热值高、燃烧稳定、易于运输、易于储存、二次污染低和二噁英类物质排放量低等特点；厌氧消化技术的投资成本一般比好氧堆肥多1.2～1.5倍，但具有良好的经济效益，生物气可用来发电或供热以及提供优质卫生的肥料，且厌氧消化占地少，大大减少了温室气体的排放；准好氧填埋技术可有效降低渗滤液浓度，避免氨积累问题，且垃圾的降解速度快，渗滤液的处理工艺简单，提高了土地的利用率；蚯蚓堆肥技术能处理大量的有机废弃物，减少对周围环境的影响，可获得高效稳定的有机肥料，在提高作物产量的同时减少堆肥产物对环境的影响；气化熔融焚烧技术的污染物排放量较低，同时垃圾的利用效率显著提高，具有良好的环保特性。

6.4.2 农村生活污水处理技术

6.4.2.1 化粪池技术

适用范围：化粪池技术可广泛应用于农村生活污水的初级处理，特别适用于生态卫生厕所的粪便与尿液的预处理。

技术要点：化粪池应进行防水、防渗和防腐处理，以防止污染地下水并保证后续污水处理单元处理水量，还应定期清掏，保持进出水畅通，清掏物作为固废进一步处理或用于农田施肥。

技术方法：化粪池是一种利用沉淀和厌氧微生物发酵的原理，以去除粪便污水或其他生活污水中悬浮物、有机物和病原微生物为主要目的的小型污水初级处理构筑物，污水通过化粪池的沉淀作用可去除大部分悬浮物（SS），通过微生物的厌氧发酵作用可降解部分有机物（COD、BOD_5），池底沉积的污泥可用作有机肥。

限制因素：沉积污泥多，需定期进行清理；沼气回收率低，综合效益不高；化粪池处理效果有限，出水水质差，一般不能直接排放水体，需经后续好氧生物处理单元或生态技术单元进一步处理。

6.4.2.2 生活污水净化沼气池

适用范围：生活污水净化沼气池适用于一家一户或联户的分散处理，如果有畜禽养殖、蔬菜种植和果林种植等产业，可形成适合不同产业结构的沼气利用模式。

技术要点：沼气池作为污水资源化单元和预处理单元，其副产品沼渣和沼液是含有多种营养成分的优质有机肥，如果直接排放会对环境造成严重的污染，可回用到农业生产中，或后接污水处理单元进一步处理。

技术方法：生活污水净化沼气池是采用厌氧发酵技术和兼性生物过滤技术相结合的方法，在厌氧和缺氧的条件下将生活污水中的有机物分解转化成甲烷、二氧化碳和水，达到净化处理生活污水的目的，并实现资源化利用。

限制因素：污水净化沼气池需由专人管理，目前采用的直通式安全排放（沼气）法和沼气池全密封法均存在缺陷。若运用直通式自行排放法（在沼气池顶部接出一个输气管，直接向外排放沼气），当沼气池在产气少或不产气时，空气就会进入沼气池，使沼气池产生好氧现象，从而达不到“厌氧灭菌”的效果。若将沼气池彻底密闭，沼气无法排出，天长日久或遇夏季气温高时，又很容易导致沼气池爆裂，造成事故。

6.4.2.3 普通曝气池

适用范围：普通曝气池适用于较大污水量情况，可用于对污水中有机物、氮和磷的净化处理。

技术要点：普通曝气池包括传统活性污泥法及其变型工艺、完全混合活性污泥法。曝气池中经鼓风后的压缩空气温度与外界气温温差较大时，应经常排放冷凝水和湿气，排放完毕立即关闭闸阀，防止空气流失；曝气池死角的积泥应及时清除；定期清除、检修和更换曝气头。

技术方法：曝气池主要由池体、曝气系统和进出水口三个部分组成。将多级曝气池串联，辅以曝气量调整和回流措施，可以实现同时对污水中有机物、氮和磷的去除。

限制因素：构筑物数量多，流程长，运行管理难度大，运行费用高，不适合小水量处理。

6.4.2.4 序批式生物反应器（SBR）

适用范围：序批式生物反应器适用于污水量小、间歇排放、出水水质要求较高的地方，如民俗旅游村、湖泊、河流周边地区等。也适用于水资源紧缺、用地紧张的地区。

技术要点：SBR运行管理中要保证每个池充水的顺序连续性，运行过程中避免两个以上的池子同时进水或第一个池子和最后一个池子进水脱节的现象；同时通过改变曝气时间和排水时间，对污水进行不同的反应测试，确定最佳的运行模式；为使污泥具有良好的沉降性能，应注意每个运行周期内污泥的SVI变化趋势，及时调整运行方式以确保良好的处理效果。

技术方法：SBR集进水、曝气、沉淀、出水于一池中完成，间歇运行，其特点是工艺简单。由于只有一个反应池，不需二沉池、回流污泥及设备，一般情况下不设调节池，多数情况下可省去初沉池，故节省占地和投资，耐冲击负荷且运行方式灵活，可以从时间上安排曝气、缺氧和厌氧的不同状态，实现除磷脱氮的目的。

限制因素：SBR的工作周期通常包括进水、反应（曝气）、沉淀、排水和空载五个阶段，需要自动控制，因此对自控系统的要求较高；间歇排水，池容的利用率不理想；在实际运行中，废水排放规律与SBR间歇进水的要求存在不匹配问题，特别是水量较大时，需多套反应池并联运行，增加了控制系统的复杂性。

6.4.2.5 生物接触氧化池

适用范围：生物接触氧化池处理规模可大可小，可建造成单户、多户污水处理设施及村落污水处理站。为减少曝气耗电、降低运行成本，建议山区利用地形高差，可利用跌水充氧完全或部分取代曝气充氧；若作为村落或乡镇污水处理设施，则建议在经济较为发达地区采用该技术，可利用电能曝气充氧，提高处理效果。

技术要点：在生物接触氧化池前应设置沉淀池等预处理设施，以防止堵塞。沉淀单元可以是单独的沉淀池或一体化设备中的沉淀单元，已建符合防水要求的化粪池也可作为沉淀池。此外，需要合理布置生物接触氧化池的曝气系统，实现均匀曝气。填料装填要合理，防止堵塞。

技术方法：生物接触氧化池是生物膜法的一种，在华北地区应用最多。该技术是在池体中填充填料，污水浸没全部填料，氧气、污水和填料三相接触过程中，通过填料上附着生长的生物膜去除污水中的悬浮物、有机物、氨氮、总氮等污染物的一种好氧生物技术。

限制因素：加入生物填料导致建设费用增高；可调控性差；对磷的处理效果较差，对总磷指标要求较高的农村地区应配套建设出水的深度除磷设施。

6.4.2.6 技术比选

化粪池技术结构简单、易施工、造价低、维护管理简便、无能耗、运行费用省、卫生效果好；生活污水净化沼气池相比较化粪池来讲，污泥减量效果明显，有机物降解率较高，经过厌氧发酵、上流式污泥床、生物过滤、沉淀、自然通风跌水曝气等多级处理，经历厌氧、缺氧、好氧多种条件改变，处理效果好，且管理方便，投资少、见效快；普通曝气池工艺变化多且设计方法成熟，设计参数容易获得，可控性强，可根据处理目的的不同灵活选择工艺流程及运行方式，取得满意处理效果；序批式生物反应器具有工艺流程简单，运转灵活，基建费用低等优点，能承受较大的水质水量的波动，具有较强的耐冲击负荷的能力；生物接触氧化池结构简单，占地面积小；污泥产量少，无污泥回流，无污泥膨胀；生物膜内微生物量稳定，生物相丰富，对水质、水量波动的适应性强；操作简便、较活性污泥法的动力消耗少；对污染物去除效果好。

6.4.3 农业面源污染处理技术

6.4.3.1 生态沟渠技术

适用范围：生态沟渠用于雨季田间排水，防止田间作物渍害，一般位于田块间。

技术要点：生态沟渠通常由初沉池、泥质或硬质生态沟框架和植物组成，初沉池位于农田排水出口与生态沟渠连接处，用于收集农田径流颗粒物，生态沟渠框架用含孔穴的水泥硬质板建成，空穴用于植物种植。

技术方法：生态沟渠分沿河主干渠和田间支渠两种，沿河主干渠在原有排水干渠的基础上进行一定的工程改造，建设成生态拦截型沟渠，干渠沿农田与河流之间的道路一侧设置，没有道路的区段，沿农田一侧设置，主干渠节点汇入农田生态塘，经生态缓冲带之后汇入生态湿地；田间支渠将淤积严重、连通度差或杂草丛生的区段进行清淤，拓宽沟渠容量，为保证水生植物正常生长，清理时要保留部分原有水生植物和一定量的淤泥。

限制因素：沟渠的水生植物要定期收获、处置和利用，防止水生植物死亡后沉积水底腐烂，造成二次污染；要减少沟渠堤岸植物带受人类活动、沟渠水流、沟渠开发等影响。

6.4.3.2 生态塘技术

适用范围：生态塘技术适用于荒废的河道、沼泽地、峡谷、废弃的水库等地段的建设。

技术要点：生态塘种植的植物以自然演替为主，塘底人工种植狐尾藻、轮叶黑藻、金鱼藻等沉水植物和芦苇、水葱、象草、菖蒲等挺水植物，塘面可种植水芹菜、黄花水龙、大薸等浮水植物。

技术方法：生态塘技术是通过在塘中种植水生作物，进行水产和水禽养殖，形成人工生态系统，在初始能源太阳能的推动下，通过生态塘中多条食物链的物质迁移、转化和能量的逐级传递和转化，将进入塘中污水的污染物进行降解和转化，不仅可以去污，还能以水生植物和水产、水禽的形式作为资源回收，净化的污水也可作为再生水资源回收再用，使污水处理与利用相结合。

6.4.3.3 生态缓冲带技术

适用范围：生态缓冲带技术适用于农村河道与陆地交界的区域。

技术要点：生态缓冲带需注意植物种类的分布和选取，以及缓冲带宽度的确定。

技术方法：生态缓冲带指在河道与陆地交界的一定区域建设乔灌草相结合的立体植物带，在农田与河道之间起到一定的缓冲作用。在构建植被缓冲带时，首先要考虑缓冲带植被的搭配，包括垂直分层和水平分异，植被结构越简单，所能提供的生态稳定性就越差。缓冲带植被的选取要遵循自然规律，通过调查河岸周围，了解适应该环境的优势种，缓冲带植被中土著种越多，缓冲带越接近天然状态，生态功能越强。

限制因素：外来种需要更多养护才能发挥生态效应。

6.4.3.4 人工湿地技术

适用范围：人工湿地技术适合在土地资源丰富的农村地区应用。

技术要点：人工湿地根据污水在湿地床中流动的方式又可分为三种类型：表面流湿地、潜流湿地和垂直流湿地。

技术方法：人工湿地指在农业区下游，建设一个或若干湿地，收集生态塘系统处理的排水，对其进行深度处理，有利于将农田面源污染降低到最低限度，湿地系统包括水收集沉降区和水净化植被过滤区两部分，为了达到高标准排水需要，也可在湿地系统中设置物化强化处理系统，用于吸附氮磷、农药和除草剂等污染物。

限制因素：需较大的场地面积。

6.4.3.5 技术比选

生态沟渠技术种植的植物既能拦截农田径流污染物，也能吸收径流水、渗漏水中的氮磷养分，达到控制污染物向水体迁移和氮磷养分再利用目的；生态塘系统结构简单，可实现污水资源化和污水回收、再利用，处理能耗低，运行维护方便，成本低，可美化环境，形成生态景观，将净化后的污水引入人工湖中，可用做景观和游览的水源，污泥产量少；人工湿地技术具有投资和运行费用低，污水处理规模灵活，维护和管理技术要求低等优点。

6.4.4 畜禽养殖污染处理技术

6.4.4.1 自然生物处理技术

适用范围：自然生物处理技术适用于距城市较远、气温较高且土地宽广的地区。

技术要点：利用天然的水体和土壤中的微生物来净化废水的方法称为自然生物处理技术，主要有水体净化技术和土壤净化技术两类，前者指氧化塘，后者包括土地处理系统(慢速渗滤、快速渗滤地面漫流)、废水灌溉处理系统和人工湿地等。

技术方法：自然生物处理技术主要通过水体或土壤中微生物的降解作用来去除污染物，对难生化降解的有机物、氮磷等营养物和细菌的去除率都高于常规二级处理，达到部分三级处理的效果。

限制因素：该方法的缺点是土地占用量较大，净化效率相对较低，处理效果易受季节温度变化的影响。

6.4.4.2 工业化处理技术

适用范围：对于规模较大养殖场，地处经济发达的大城市近郊，土地紧张且无足够农田消纳的粪便污水，自然生物处理难以有效处理的畜禽养殖废水，采用工业化处理模式净化处理畜禽养殖废水较好。

技术要点：工业化处理模式包括厌氧处理、好氧处理以及厌氧—好氧组合处理等不同组合处理系统。

技术方法：在厌氧或好氧法条件下，利用人为培养的微生物降解废水中的有机物。

限制因素：①厌氧处理出水中的COD浓度和氨氮浓度仍比较高，溶解氧很低；大多数养殖废水因混入粪尿呈偏酸性，pH值在7以下时，甲烷菌将会受到抑制甚至死亡，不利于厌氧处理；厌氧处理的最适温度是35℃，低于这个温度时处理效率迅速降低；②好氧处理工艺不耐冲击负荷，需对废水进行稀释，或采用很长的水力停留时间，这都需建大型处理装置，涉及处理工艺、设备和占用场地等方面的问题；氮、磷去除率低，处理时间长；投资大，能耗高，运行费用较贵。

6.4.4.3 畜禽粪便收集与处理技术

适用范围：畜禽粪便收集与处理技术适用于畜禽养殖场对养殖粪便的收集与无害化处理。现有采用水冲粪、水泡粪清粪工艺的养殖场，应逐步改为干清粪工艺。

技术要点：废弃物收集技术主要是干清粪工艺，包括人工清粪、机械清粪；畜禽养殖粪便处理技术主要分为堆肥技术、厌氧发酵技术、微生物发酵床技术。

技术方法：干清粪工艺是指粪便一经产生便进行分离，干粪由机械或人工收集、清扫，尿及冲洗水则从下水道分流，分别进行处理；堆肥技术在好氧或厌氧条件下，通过微生物的降解作用，将对环境有潜在危害的有机质转变为无害的有机肥料；厌氧发酵技术在无氧条件下通过微生物作用，将畜禽粪便中的有机物转化为二氧化碳和甲烷；微生物发酵床技术通过在养殖场内铺设装填有机填料的发酵床，利用兼性好氧菌等微生物的原位发酵分解粪便中的有机物，将其转化成可供畜禽食用的营养物质。

6.4.4.4 技术比选

自然生物处理法投资较省，能耗少，运行管理费用低，而其基建费用和处理成本比二级处理厂低得多，此外，在一定条件下，氧化塘和污水灌溉能对废水资源进行利用，实现污水资源化；工业化处理技术具有占地少、适应性广、不受地理位置限制、季节温受度变化的影响较小等特点；畜禽粪便收集与处理技术发酵条件易控制，产气稳定，操作相对简单，能耗适中，能产生沼气能源，可消除臭气、杀灭致病菌和虫卵。

6.4.5 水产养殖污染处理技术

6.4.5.1 多营养层次综合水产养殖模式

适用范围：多营养层次综合水产养殖模式适用于淡水池塘、海水池塘、浅海水域的水产养殖。

技术要点：淡水池塘、海水池塘、浅海水域的多营养层次综合养殖是根据养殖系统中不同层次营养级生物间的生态互利性及养殖水域对养殖生物的容纳量，将不同营养级生物（如投饵类动物、滤食性贝类、大型藻类等）科学的整合到综合养殖系统中。

技术方法：淡水池塘多营养层次综合养殖模式主要采用“滤食性鱼类-吃食性鱼类、鱼-虾-鳖”等，搭配形成“鱼-鳖、青虾-河蟹、鲢鳙鱼-名优鱼类”等模式；海水池塘多营养层次综合养殖模式，主要采用“虾-蟹-贝-鱼，虾-贝-鱼-藻，虾-鱼-参”等，养殖虾类主要选择中国对虾、日本对虾、凡纳滨对虾、脊尾白虾，蟹类主要选择三疣梭子蟹和拟穴青蟹，贝类主要选择菲律宾蛤仔、缢蛏等，鱼类主要选择半滑舌鳎、河鲀、黑鲷、虾虎鱼等，如搭配形成“对虾-梭子蟹-菲律宾蛤仔-半滑舌鳎”模式、“三疣梭子蟹-脊尾白虾-菲律宾蛤-大米草”、“斑节对虾-青蟹-黄鳍鲷”等；浅海多营养层次综合养殖模式，主要为鱼--贝-藻、鲍-藻-参、滤食性贝类-大型藻类、大叶藻海区底播等单项模式。

6.4.5.2 工业化循环水养殖模式

适用范围：工业化循环水养殖是一种结合了水产养殖技术、水处理技术等的生产方式，是现代渔业发展的趋势。

技术要点：工业化循环水养殖系统的典型工艺和装备以物理过滤结合生物过滤为主体，对养殖水体进行深度处理，并对水质进行实时监测和调控。

技术方法：典型工业化循环水养殖模式的主要设备包括机械过滤、蛋白分离器、生物滤器、消毒杀菌单元和增氧装置，工艺技术路线为鱼池出水进入物理过滤部分（固液分离器和弧形筛等），去除残饵和粪便颗粒等直径大于60μm的固体悬浮物，经水泵提升进入蛋白分离器，而后进入生物滤器，在此处对水质进行氨氧化和硝化处理，净化后的水进入消毒装置杀菌，最后经增氧重新流入养殖池。在循环水养殖工艺流程中，多种设备协同作用共同完成对水质的净化处理。

限制因素：对设备技术要求较高，费用较昂贵。

6.4.5.3 轮养轮休模式

适用范围：为保护湖泊水质和生态，在利用湖泊网围养殖时宜采用轮养轮休模式。

技术要点：轮养轮休模式分为年度轮养和季节性轮养。

技术方法：轮养轮休模式分为两种：①年度轮养，即每年空出30%左右的面积作为网围轮休区，进行苦草、轮叶黑藻、伊乐藻等优质水草的人工栽培、人工移植和自然恢复，同时进行螺蚬等底栖生物的增殖，加速资源的恢复和再生，恢复湖泊水体生态环境，第二年再进行渔业利用；②季节性轮养，即在年初网围内全面移植水草和移植螺蚬，养殖对象先用网拦在一有限空间内，随着养殖对象和水草、螺蚬等的同步生长，分阶段逐步利用。

6.4.5.4 技术比选

多营养层次综合水产养殖模式使养殖系统中一些生物释放或排泄到水体中的废弃营养物质成为另一些生物的营养物质来源，达到了生源要素的循环、高效、高值利用；工业化循环水模式运用多种设备协同作用共同完成对水质的净化处理，成本较高；轮养轮休模式可保护湖泊水质和生态环境。

6.4.6 生态农业模式

6.4.6.1 桑基鱼塘模式

适用范围：桑基鱼塘模式适用于河网分布较多，全年气候温和，雨量充沛，日照时间长的地区。

技术要点：在池埂上或池塘附近种植桑树，以桑叶养蚕，以蚕沙、蚕蛹等作鱼饵料，以塘泥作为桑树肥料，形成池埂种桑，桑叶养蚕，蚕蛹喂鱼，塘泥肥桑的生产结构或生产链条，二者互相利用，互相促进，达到鱼蚕兼取的效果。

技术方法：①建塘，新开桑基鱼塘的规格，要求塘基比1∶1，塘应是长方形，长60～80m或80～100m，宽30m或40m，深2.5～3m，坡比1∶1.5；②改土，在栽桑前应将塘基上的土全部翻耕一次，深度10～15cm；③施肥，一是要施足栽桑的基肥，二是在桑树成活长新根后，于4月下旬至5月上旬施一次速效氮肥。选择桑树优良品种，进行密植。塘基栽桑后，桑树中耕、除草、施肥、防治病虫害，合理采伐等培管都必须抓好，确保塘基桑园高产稳产，提高叶质。

6.4.6.2 稻鳅共生模式

适用范围：稻鳅共生模式适用于全国各地水稻种植区，要求水源充足，水质符合无公害养殖的要求，稻田土质肥沃，有腐殖质丰富的淤泥层。

技术要点：养殖过程中，要经常加注新水，特别是在高温季节中，要加深水位，防止泥鳅缺氧。水稻分蘖前，用水适当浅些，以促进水稻生根分蘖，水稻拔节期也需要适当加深水位。要经常检查防逃设施，尤其是在雨水季节，需加固田埂，以防泥鳅逃跑。

技术方法：①稻田改造，稻田田埂加高加宽加固，应高出水面20cm以上，为避免泥鳅外逃其内侧斜面采用水泥固化；进排水口应用网布扎牢，防止泥鳅逃逸；稻田四周开挖宽100cm、深80cm的鱼沟，并在稻田最低面开挖宽200cm、深100～120cm的鱼溜；鱼沟、鱼溜约占稻田面积的10%；稻田应向鱼溜和排水口倾斜，鱼溜底部铺设密眼网；②水稻的选择和栽种：选择抗倒伏、高产、耐肥的优质杂交稻，株行距30cm×15cm，每穴栽插4～5株；③泥鳅放养：泥鳅苗要求无病无伤，体质健壮，规格控制在6cm左右，每亩投放2万尾。

6.4.6.3 技术比选

桑基鱼塘经济效益高，充分发挥了生态系统中物质能量循环转化和生物之间的作用，以最小的投入获得最大产出，且生态效益好，桑基鱼塘内部食物链中各营养级的生物量比例适量，物质和能量的输入和输出相平衡，并促进动植物资源的循环利用，生态维持平衡，适用于我国珠三角地区；稻鳅共生模式有效提高了稻田的综合生产能力，充分合理的利用稻田的生态资源，是农业可持续发展的体现，适用于水源充足的稻田区域。

6.5 内源污染治理技术

基本内容：内源污染治理是指为改善水质和水生态环境而进行的清淤，目的是去除对水体有影响的污染底泥部分，不同于为改善航行和排涝行洪条件而进行的疏浚。环保清淤过程中，要避免底泥中污染物释放对水体的影响，对于清淤出的污染底泥，要通过工程措施进行妥善处置，避免底泥在处置和资源化利用中的二次污染。淤泥处理技术是指通过对疏浚底泥进行物理脱水、化学固化或热处理烧结的处理方式，降低底泥的含水率，提高强度，稳定污染物，使处理后的底泥满足安全堆存和资源化利用的要求。

基本原则：环保清淤与淤泥处理技术的基本原则为详细勘察、分层测试、科学评估、泥量确定、清淤方式选择、底泥出路确定、底泥处理技术选择。在对底泥进行环保清淤之前，应对拟清淤的水体进行详细水下地形调查，搞清水下地形和底泥的分布；利用专用的底泥分层采样器采集柱状泥样，分层测试底泥中的有机质、营养盐、重金属有毒有害物质、底泥含水率、液塑限、粒径分布、比重等参数；根据底泥中污染物向上覆水体的释放总量和释放速度，科学评估底泥对水质目标的影响；利用分层的底泥污染数据，以及对上覆水影响的泥层确定，确定清淤深度和清淤量；根据现场清淤条件，确定环保清淤方式；再根据底泥的出路（包括堆放和各种资源化利用手段）以及现场施工条件和工期要求，选择性价比高的底泥处理技术。

常用技术：常见的底泥清淤技术包括干挖清淤、水力冲挖、绞吸式清淤、泵吸式清淤四种；常用的底泥处理技术包括固化处理、板框压滤脱水、离心脱水、真空预压、土工管袋、建材化处理、一体化清淤-泥处理-资源化利用技术。

6.5.1 底泥调查评价程序与决策技术方法

6.5.1.1 底泥调查评价程序

调查内容：对工程区底泥进行物理、化学指标分析，查明工程区内底质土层性质，以了解工程区底质的污染程度和污染底泥的分布情况，为确定工程区污染底泥疏浚范围、疏浚深度以及疏挖量等的确定提供基础资料。其中物理指标包括底泥常规的物理力学性质、底泥质地、底泥含水率等；化学指标包括营养盐、重金属和有机类污染物的含量及分布规律等。

取样方法：目前污染底泥的采样方式一般分为人工与机械两种。工程区底泥物理力学指标测定所需的样品主要采用机械采样方式，采样设备包括工程钻机及污染底泥快速取土装置。工程区底泥物理化学指标测定所需的样品在风浪较小、环境条件较好，而且水深浅、污染底泥厚度较薄的湖泊河流可采用人工方式，由采样人员使用底泥采样器进行采样。人工方式底泥采样器主要有抓斗和柱状采样器两种：抓斗采样深度一般为底泥表层10cm；柱状采样器可以采集不同深度的底泥样品，主要用于底泥垂直污染特征研究。

底泥分层：根据污染程度，一般将底泥从上到下分为污染底泥层（A层）、污染过渡层（B层）和正常湖泥层（C层）。

污染底泥层（A层）：污染最为严重的一层。一般情况下，在有机质及营养盐污染严重的地区，该层颜色为黑色至深黑色，上部为稀浆状，下部呈流塑状，有臭味。该层沉积年代新，为近年来人类活动的产物，是湖泊内源污染物的主要蓄积库。

污染过渡层（B层）：污染较轻的一层，是正常湖泥层到污染底泥层的渐变层，一般情况下，在有机质及营养盐污染地区，该层颜色多为灰黑色，软塑-塑状，较A层密实。

正常湖泥层（C层）：未被污染的底泥层。该层颜色保持着未被污染的当地土质正常颜色，一般无异味，质地较密实。

6.5.1.2 底泥调查评价决策技术

1. 高氮、磷污染底泥环保疏浚技术

高氮、磷污染底泥环保疏浚前需制定必要的环境监测方案，对全湖底泥污染状况进行鉴别和勘测，确定该类底泥的疏浚区域、面积、深度。考虑到因扰动产生的疏浚过程中污染底泥在悬浮、泥浆输送过程中各种泄漏问题，应采取相应的防污染扩散的保护措施。

底泥堆场应采取隔离措施防止污染物质渗透而产生二次污染。采用绞吸挖泥船等泵类设备清淤时，堆场余水需进行收集处理，其处理工艺应简单可行、经济有效，适合大流量的泥浆操作，处理后余水需达到《污水综合排放标准》（GB 8978—1996）中规定的二级排放标准。疏浚后的底泥经过脱水干化处理后，可用于农田、菜地、果园基肥，或用于道路、土建基土等资源化途径。疏浚后的底泥堆场可结合周边的整体景观规划，建设成景观绿地或湿地。

2. 重金属及有毒有害有机污染底泥环保疏浚技术

重金属及有毒有害有机污染底泥环保疏浚前应当采取严格的环境监测措施。除高氮、磷污染底泥所必须注意的问题外，监测方案的制订还应综合考虑堆场污泥余水下渗污染地下水、污泥中有害物质扩散及污染、底泥和堆场再利用中潜在的生态风险防范等问题。

环保疏浚前应进行细致、周密的调查和勘测，对污染物进行必要的现场调查、样品分析和室内外模拟研究，确定污染物的种类、含量、特性（挥发性、溶解性），确定分布范围及其可能产生的生态环境效应，并对其进行生态风险评估。疏浚时应采用先进的低扰动、高固含率的底泥疏浚技术。在运输过程中应采取严格的防泄漏措施，以避免重金属及有毒、有害有机污染细颗粒物的扩散和底泥中这部分污染物的解吸。在环保疏浚底泥输送过程中，对于含有易挥发性污染物的底泥应采取必要的防护措施，全程密闭输送。

堆场应建在远离人类活动、不易发生地质灾害、远离水体的区域。同时避免在地下水丰富的区域选址，以免对周围环境产生危害。堆场应采取严格的防渗措施及建造必要的防冲刷设施；对于有毒、有害有机污染底泥，还要建造必要的防臭设施。同时，应设置明显的安全警示标志。余水经集中收集处理后水质应达到《污水综合排放标准》（GB 8978—1996）中规定的二级排放标准。脱水后底泥应迅速进行安全填埋或无害化处理处置，处理后底泥的毒性浸出值低于《危险废物鉴别标准浸出毒性鉴别》（GB 5085.3—2007）中的相应规定。在可能的情况下，无害化处理技术应与底泥综合利用相结合，但是不得用于农作物种植。疏浚后应采取必要的土壤修复对堆场进行快速恢复。

3. 底泥环保疏浚控制指标确定

底泥营养盐含量：工程区水体达到相应地表水质标准或水体功能区划所要求水质时底泥中氮、磷含量。不同湖泊河流高氮、磷污染底泥环保疏浚控制值根据实际有所不同。例如，太湖高氮、磷污染底泥环保疏浚范围控制值为TN含量不小于1627mg/kg，TP含量不小于625mg/kg。底泥重金属生态风险：工程区重金属污染底泥的疏浚控制值为重金属潜在生态风险指数不小于300。底泥厚度：根据工程区底泥分布特征和疏浚工程的施工技术条件确定。例如，太湖环保疏浚底泥厚度建议值不小于10cm。工程性安全指标：根据相关的法律法规和管理规定要求，与水利工程措施、水源地取水口、养殖区保持一定的安全距离。例如，太湖环保疏浚的工程性安全指标为：与太湖、太湖大堤等水利工程措施、及养殖区的安全距离为200m，与水源地取水口的安全距离为500m。

4. 底泥疏浚范围确定技术

疏浚范围确定的步骤运用疏浚控制指标对工程区进行评判，同时结合水质功能区划，具体步骤如下：

（1）在数据数量和质量达到要求的基础上，对工程区底泥中TN含量进行空间插值分析，确定TN含量大于等于高氮、磷污染底泥疏浚氮控制值的区域。

（2）在数据数量和质量达到要求的基础上，对工程区底泥中TP含量进行空间插值分析，确定TP含量不小于高氮、磷污染底泥疏浚磷控制值的区域。

（3）对工程区底泥中重金属生态风险指数进行分析，确定重金属生态风险指数不小于300的区域。

（4）对使用TN含量、TP含量、重金属生态风险指数所控制区域进行叠加，控制指标为TN含量、TP含量和重金属生态风险指数的所控制区域的并集。

（5）采用空间插值分析，去除底泥厚度小于10cm的区域。

（6）根据安全性控制指标，去除水利工程设施、取水口以及重要渔业养殖场周围的安全规划保护区域。

经过上述步骤得到的区域即为工程区域污染底泥环保疏浚范围。

5. 底泥疏浚深度控制技术

（1）高氮、磷污染底泥环保疏浚深度确定。采用分层释放速率法。具体步骤：①对各分层底泥中TN含量、TP含量进行测定，了解TN、TP含量随底泥深度的垂直变化特征，重点考虑TN、TP含量较高的底泥层；②进行氮、磷吸附-解吸实验，了解各分层底泥氮、磷释放风险大小，找出氮、磷吸附-解吸平衡浓度大于上覆水中相应氮、磷浓度的底泥层；③确定TN、TP含量高，并且释放氮、磷风险大的底泥层作为疏浚层，相应的底泥厚度作为疏浚深度。

（2）重金属污染底泥环保疏浚深度确定。主要采用分层-生态风险指数法，主要分为两个步骤：①对污染底泥进行分层；②根据重金属潜在生态风险指数，确定不同层次的底泥释放风险及重金属污染底泥所处层次，从而确定重金属污染底泥疏浚深度。复合污染底泥环保疏浚深度确定：针对高氮、磷污染和重金属污染的交叉地带，疏浚深度应综合考虑，取二者中较深者作为复合污染区的疏浚深度。

6.5.2 污染底泥原位修复技术

6.5.2.1 原位掩蔽技术

适用范围：原位掩蔽技术适用于急需治理、浮泥较少且水动力较小的水域。

技术要点：原位掩蔽技术所采用的覆盖物主要有未污染的底泥、沙、砾石或一些复杂的人造地基材料等。该技术能有效防止底泥中多氯联苯（PCBs）、多环芳烃（PAHs）及重金属进入水体而造成二次污染，对水质有明显的改善作用。

技术方法：原位掩蔽技术是在污染的底泥上放置一层或多层覆盖物，使污染底泥与水体隔离，防止底泥污染物向水体迁移。覆盖主要通过以下三个方面限制污染沉积物的环境影响：①将污染沉积物与底栖生物物理性地分开；②固定污染沉积物，防止其再悬浮或迁移；③降低污染物向水中扩散能量。

限制因素：原位掩蔽工程量大，需要大量的清洁泥沙，掩蔽还会增加底泥的量，使水体库容变小，因此不适用于浅水和对水深有一定要求的水域。此外，底泥中污染物并未被清除，仍存在于水体中。

6.5.2.2 原位化学处理技术

适用范围：原位化学处理技术发展较早，较为成熟，已被广泛应用。

技术要点：原位化学处理技术就是通过在已污染的沉积物表层加入化学试剂，使沉积物中的污染物得到转化（无害化）或固化，从而减少污染沉积物的环境影响的治理措施。

技术方法：常用的药剂有氯化铁、铝盐和石灰等。上述药剂投放到水体中会形成一层新的活性层沉积在污染沉积物表面，这些化学物质很容易与沉积物中释放出来的磷形成沉淀，阻止了磷向水体的扩散。氯化铁可与硫化氢反应，形成氢氧化铁并与磷结合；铝盐可在水体中形成磷酸铝或胶体氢氧化铝，进而形成磷酸铝沉淀，从而限制磷的释放。

限制因素：对水生生态系统存在潜在的威胁，石灰可以增大水中氨的毒性，而铁和铝盐则可以破坏鱼鳃的正常功能。因此，一般只用于应急措施。

6.5.2.3 原位生物修复（微生物修复）技术

适用范围：原位生物修复（微生物修复）技术适合于面积较大、底泥污染负荷较低的生物修复。

技术要点：微生物修复技术是利用天然的或经驯化的微生物通过氧化、还原、水解作用等将有机污染物降解成 CO_2 和 H_2，或转化成其他无害物质。采用人工驯化、固定化微生物和转基因工程菌能够成功降解底泥中的有机污染物，但是要将其制成能方便使用的生物修复产品，还需要进行大量的研究。

技术方法：原位生物修复分为工程修复和自然修复两类，前者利用加入生物生长所需营养来提高生物活性或添加实验室培养的具有特殊亲合性的微生物来加快环境修复，后者是利用底泥环境中原有生物，在自然条件下进行生物修复。

限制因素：只有激活土著微生物，才能保证原位生物处理技术的有效实施。原位处理需要投加具有高效降解作用的微生物和营养物，有时还需投加电子受体或供氧剂，但外加的微生物或其他物质易受水力条件及土著微生物等因素的强烈影响，难以达到预期的效果。

6.5.2.4 技术比选

原位掩蔽技术相对于其他修复技术对有毒物质污染底泥的修复效果明显，有效阻止了底泥污染物进入水体，同时工程造价低。但是此方法降低了水深，对底栖生态系统具有破坏性；在浮泥较多或水动力强度较大的水域，覆盖法的工程效果将明显降低。

原位化学处理技术，化学修复的试剂用量难以把控，甚至有些固化试剂本身对水体生态环境有所影响，同时化学反应可能受 pH 值、温度、氧化还原状态、底栖生物等有微小的扰动。但是，化学修复作为发展较早，相对成熟的一项技术手段，还是被广泛运用。

原位生物修复技术不需疏浚，可直接对底泥进行处理，这样既可节省大量的疏浚费用，又能减少疏浚带来的环境干扰，是理想的污染沉积物治理方法。生物修复方法价格低廉，对环境本身影响较小，相关部门需要因地制宜的综合采用合适的方法处理底泥污染问题，控制内源因素对水质的污染。

6.5.3 污染底泥环保清淤技术

环保清淤包含两个方面的含义：一方面指以水质改善为目标的清淤工程；另一方面则是在清淤过程中能够尽可能避免对水体环境产生影响。环保清淤的特点有：①清淤设备应具有较高的定位精度和挖掘精度，防止漏挖、超挖、伤及原生土；②在清淤过程中，防止扰动和扩散，应不造成水体的二次污染，降低水体的混浊度，控制施工机械的噪音，不干扰居民正常生活；③淤泥弃场要远离居民区，防止途中运输产生的二次污染。环保清淤的关键和难点在于如何保证有效的清淤深度和位置，并进行有效的二次污染防治。

6.5.3.1 干挖清淤技术

适用范围：干挖清淤技术适用于没有防洪、排涝、航运功能的流量较小的河道、池塘、湖泊。

技术要点：干挖清淤是指将作业区水排干后，采用挖掘机进行开挖，挖出的淤泥直接由渣土车外运或者放置于岸上的临时堆放点。

技术方法：干挖清淤时若河塘有一定宽度，施工区域和储泥堆放点之间出现距离，需要有中转设备将淤泥转运到岸上的储存堆放点。一般采用柱塞泵将流塑性淤泥进行输送，输送距离可以达到200～300m，利用皮带机进行短距离的输送也有工程实例。

限制因素：由于要排干河道中的流水，增加了临时围堰施工的成本；同时很多河道只能在非汛期进行施工，工期受到一定限制，施工过程易受天气影响，并容易对河道边坡和生态系统造成一定影响。

6.5.3.2 水力冲挖技术

适用范围：水力冲挖技术适用于没有防洪、排涝、航运功能的流量较小的河道、山塘和湖漾。

技术要点：水力冲挖清淤中应做好日常清洁工作，淤泥按指定地点弃放，不污染堆泥场的环境，运输渣土过程中，采取有效的措施，防止出现“滴、洒、漏”现象。

技术方法：水力冲挖清淤是指采用水力冲挖机组的高压水枪冲刷底泥，将底泥扰动成泥浆，流动的泥浆汇集到事先设置好的低洼区，由泥泵吸取、管道输送，将泥浆输送至岸上的堆场或集浆池内。

限制因素：这种方法形成的泥浆浓度低，为后续处理增加了难度，施工环境也比较恶劣。

6.5.3.3 环保绞吸式清淤技术

适用范围：环保绞吸式清淤技术适用于水面较大、水下情况简单的湖泊、池塘和大河清淤工程及在城市内河的清淤工程。

技术要点：环保绞吸式清淤船配备有专用的环保绞刀头，清淤过程中，利用环保绞刀头实施封闭式低扰动清淤，开挖后的淤泥通过挖泥船上的大功率泥浆泵吸入并进入输泥管道，经全封闭管道输送至指定卸泥区。

技术方法：环保绞吸式清淤船由浮体、铰刀、上吸管、下吸管、泵、动力等组成。利用下吸管前段的铰刀，耙头装置将水底沉积物切割搅动疏松后，经下吸管由泵吸起，由上吸管送出到指定位置。

限制因素：通过采用较小的船体，也可以采用绞吸式清淤，只是受水下地形和水下垃圾的影响，清淤效率大大降低。

6.5.3.4 环保泵吸式清淤技术

适用范围：环保泵吸式清淤分为泵吸式和气动泵式。泵吸式清淤的装备相对简单，可以配备小中型的船只和设备，适合进入小型河道施工；气动泵式清淤适用于深水情况下的清淤。

技术要点：环保泵吸式清淤分为泵吸式和气动泵式。泵吸式清淤又包括射吸式清淤和气动力清淤两种方式。

技术方法：射吸式清淤将水力冲挖的水枪和吸泥泵同时装在1个圆筒状罩子里，由水枪射水将底泥搅成泥浆，通过另一侧的泥浆泵将泥浆吸出，再经管道送至岸上的堆场，整套机具都装备在船只上，一边移动一遍清除。气动泵式清淤利用压缩空气为动力进行吸排泥，首先将圆筒状下端有开口泵筒在重力作用下沉入水底，陷入底泥后，在泵筒内施加负压，软泥在水的静压和泵筒的真空负压下被吸入泵筒。然后通过压缩空气将筒内淤泥压入排泥管，淤泥经过排泥阀、输泥管而输送至运泥船上或岸上的堆场中。

限制因素：一般情况下容易将大量河水吸出，造成后续泥浆处理工作量的增加。同时，我国河道内垃圾成分复杂、大小不一，容易造成吸泥口堵塞的情况发生。

6.5.3.5 技术比选

干挖清淤技术的优点是清淤彻底，质量易于保证而且对于设备、技术要求不高；产生的淤泥含水率低，易于后续处理。

水力冲挖技术具有机具简单，输送方便，施工成本低的优点。且施工状况直观、质量易于保证，同时也容易应对清淤对象中含有大型、复杂垃圾的情况。

环保绞吸式清淤技术船配备专用的环保绞刀头具有防止污染淤泥泄漏和扩散的功能，可以对较薄的污染底泥进行清淤，而且对底泥扰动小，避免了污染底泥的扩散和回淤现象。同时环保绞吸式挖泥船具有高精度定位技术和现场监控系统，通过模拟动画，可直观地观察清淤设备的挖掘轨迹；高程控制通过挖深指示仪和回声测深仪，精确定位绞刀深度，挖掘精度高。

射吸式清淤操作灵活、设备简单，清淤成本较低，且可以对其他挖泥船不易清除的区域如边坡、河道建筑边缘进行清理。但是工作环境要求苛刻，只能应用于比较狭窄、具有一定深度的河道；对淤泥成分也有较高的要求，只能清理泥或细砂类土质，中砂或更大的颗粒则没有明显效果，在施工过程中产生底泥扩散的现象也需要进行控制。气动泵式清淤在清除有害层的过程中，不会对周边水体造成剧烈扰动，更不会形成悬浮类胶体状物质的再悬浮和扩散，从而能避免在疏浚过程中的二次污染，起到生态保护的目的。但是技术尚不成熟，只能用于局部清淤，不便于大规模地扩大使用。

6.5.4 疏浚淤泥处理处置技术

河道清淤必然产生大量淤泥，这些淤泥一般含水率高、强度低，部分淤泥可能含有有毒有害物质，这些有毒有害物质被雨水冲刷后容易浸出，从而对周围水环境造成二次污染。因此有必要对清淤后产生的淤泥进行合理的处理处置。淤泥的处理方法受到淤泥本身的基本物理和化学性质的影响，这些基本性质主要包括淤泥的初始含水率（水与干土质量比）、黏粒含量、有机质含量、黏土矿物种类及污染物类型和污染程度。在实际的淤泥处理工程中，可以根据待处理淤泥的基本性质和拥有的处理条件，选择合适的处理方案。

6.5.4.1 板框压滤脱水技术

适用范围：板框压滤脱水技术适用于环保清淤泥浆的脱水处理工程，由于板框压滤机一般为间歇操作，效率较低，处理场要有足够的泥浆调节池容积；同时由于板框压滤机基建设备投资较大，适用于将清淤泥浆进行集中处理的工况。

技术要点：板框压滤机是一种由滤框组成的滤室，在压力作用下，利用过滤介质把固体与液体分开的设备。它采用增强聚丙烯滤板、滤框采用专利技术模压而成，强度高，重量轻，耐腐蚀，板框压滤系统由滤板、滤框和滤布及附属设备（进泥系统、投药系统和压缩空气系统）组成。

技术方法：板框压滤机的板与框相间排列而成，在滤板的两侧覆有滤布，用压紧装置把板与框压紧，即在板与框之间构成压滤室。在板与框的上端中间相同部位开有小孔，压紧后成为一条通道，调理后的泥浆在泥浆泵的作用下由该通道进入压滤室，滤板的表面刻有沟槽，下端钻有供滤液排出的孔道，滤液在压力下，通过滤布、沿沟槽与孔道排出滤机，使泥浆脱水。

限制因素：板框式压滤机的不足之处在于，滤框给料口容易堵塞，滤饼不易取出，不能连续运行，处理量小，工作压力低，普通材质方板不耐压、易破板，滤布消耗大，板框很难做到无人值守，滤布常常需要人工清理。

6.5.4.2 淤泥离心脱水技术

适用范围：淤泥离心脱水技术适用于环保清淤泥浆的脱水处理工程，由于离心脱水机为连续运行，处理效率较高。受离心机脱水能力的限制，脱水后的泥含水率仍然较高，不满足直接使用的要求。离心脱水可以作为泥浆的减容浓缩预处理手段，后续视使用情况再对浓缩后的泥进行二次处理。

技术要点：污泥机械脱水是以多孔性物质为过滤介质，在过滤介质两侧面的压力差作为推动力，污泥中的水分被强制通过过滤介质，以滤液的形式排出，固体颗粒被截留在过滤介质上，成为脱水后的滤饼，从而实现污泥脱水。其中利用离心力作为动力除去污泥中水分的称为离心式脱水法。

技术方法：在对清淤底泥进行脱水时，通常利用卧式螺旋沉降离心机。该机转鼓与螺旋以一定差速同向高速旋转，物料由进料管连续引入输料螺旋内筒，加速后进入转鼓，在离心力场作用下，较重的固相物沉积在转鼓壁上形成沉渣层。输料螺旋将沉积的固相物连续不断地推至转鼓锥端，经排渣口排出机外。较轻的液相物则形成内层液环，由转鼓大端溢流口连续溢出转鼓，经排液口排出机外。本机能在全速运转下，连续进料、分离、洗涤和卸料。

限制因素：离心机的易损部件为轴承和密封件，卸料螺旋的维修周期一般为2～3年，电耗方面较板框压滤机高一点，且设备本体噪声大。

6.5.4.3 淤泥真空预压地基加固技术

适用范围：淤泥真空预压地基加固技术适用于环保清淤泥浆的脱水处理工程，清淤泥浆有足够的堆场用地和开发时间，同时对处理后的土地有使用要求的情况下，可以采用本技术。

技术要点：真空预压法是在需要加固的软土地基表面先铺设砂垫层，然后埋设垂直排水管道，再用不透气的封闭膜使其与大气隔绝，密封膜端部进行埋压处理，通过砂垫层内埋设的吸水管道，使用真空泵或其他真空手段抽真空，使其形成膜下负压，使吹填泥浆的含水率降低，增加压实地基的有效应力。

技术方法：应在淤泥堆场布设降水设施时的作业安全及堆泥厂周边的安全防护措施。在工作期间必须严控淤泥翻浆现象的出现，目的是确保抽真空后不会因为泥浆堵塞排水滤管而干扰抽真空的效果。为了确保施工过程的密闭，整个环节还需铺设密封膜，一般为2层，铺设前，需工人清理作业场地，避免有锥形物体出现，密封膜在加固区一定要留出足够宽度，通常有2.5m。施工时，务必将加固区边界的密封膜封入淤泥中，其深度需不小于1m，在施工过程中，由专人定时巡查，避免突发情况导致施工的气密性下降，而影响工程质量。

限制因素：泥膜会产生屏蔽作用，使得负压向土体内的传递减弱，影响土体中水的排出，减弱加固效果；加固过程中土体变形较大，最终导致土体中的排水板发生较大的S形或Z形弯折变形，甚至局部产生折断，使排水板的工作性能大大降低。

6.5.4.4 淤泥土工管袋脱水处理技术

适用范围：淤泥土工管袋脱水处理技术适用于环保清淤泥浆的脱水处理工程，清淤泥浆有足够的处理场地和开发时间，同时对处理后的土地或土材料有使用要求的情况下，可以采用本技术。

技术要点：土工管袋是一种由聚丙烯纱线编织而成的具有过滤结构的管状土工袋。主要用于包裹砂类泥土，形成柔性、抗冲击的大体积重力结构，其直径可根据需要变化，最大长度可达近百米。土工管袋最初被用于护岸围堤工程中，目前其应用领域越来越广。

技术方法：土工管袋脱水法是在水下疏浚的过程中将高分子絮凝剂按一定比例剂量的溶液投入到淤泥泥浆，充分混合后充填到土工管袋中，经压滤脱水并固结，从而达到减少泥浆体积、提高泥浆强度的效果。利用该法可以将泥浆经固结后形成土地直接进行开发利用，也可以将泥浆脱水后形成的土作为填土材料使用。

限制因素：管袋的有效充填次数和管袋的原始尺寸和管袋的材质有关，同时会对管袋的最终固结高度产生一定的影响。同时，每种管袋都有一定的有效充填次数上限。因此，在每次有效充填过程中，应在絮凝剂投加控制、疏浚压力和流量控制，以及管袋表面强化脱水措施等方面进行强化管理，例如在管袋表面进行人工敲打洗刷或机械清扫等，充分利用每次有效充填，提高管袋的使用效率。

6.5.4.5 淤泥固化处理技术

适用范围：淤泥固化处理技术适用于环保清淤淤泥的处理工程，当施工工期短、现场可用地不足、处理土使用要求高，以及对于受重金属污染严重的淤泥处理，适用于本技术。

技术要点：固化处理（也称固化/稳定化）是将淤泥与能聚结成固体的黏结剂混合，从而将污染物捕获或固定在固体结构中的技术。固化是在废物中添加固化剂，使其转变为不可流动固体或形成紧密固体的过程。稳定化是将污染物转变为低溶解度、低迁移性及低毒性的物质的过程，稳定化不一定改变污染土壤的物理性状。

技术方法：淤泥固化处理技术就是利用相应的固化材料来激发淤泥活性，提升淤泥软基的强度，疏浚淤泥经过固化处理后，淤泥中多余的自由水被转化成为以结合水和结晶水等形式存在的固体形态的水，固化淤泥具有足够的强度，可以满足各种工程填土的参数要求；同时淤泥中的污染物被包裹、吸附在固化体中，不易向外界扩散。

限制因素：前期设备投入较大，成本较高，不适合小规模的填筑工程。碱性固化材料会使土的性质发生变化，处理后的土适合作填土使用，不适合用于绿化。

6.5.4.6 淤泥建材化处理利用技术

适用范围：淤泥建材化处理适用于清淤工程量较小、淤泥中粘粒含量高、清淤工程附近有砖瓦厂的情况。

技术要点：淤泥中含有大量无机质，可以作为制砖、水泥和陶粒等建筑材料的原料。淤泥的建材资源化利用在目前呈现出稳健发展的态势，是一种技术相对成熟、社会经济效益明显的淤泥处理的有效途径。

技术方法：淤泥建材化处理是指通过热处理的方法将淤泥转化为建筑材料，按照原理的差异又可以分为烧结和熔融。烧结是通过加热800～1200℃，使淤泥脱水、有机成分分解、粒子之间黏结，如果淤泥的含水率适宜，则可以用来制砖或水泥。熔融是通过加热1200～1500℃，使淤泥脱水、有机成分分解、无机矿物熔化，熔浆通过冷却处理可以制作成陶粒。热处理技术已经比较成熟，产品的附加值高，但是对淤泥的性质有选择性，并且处理量有限，处理产品的销路也受到制约。

限制因素：不同地区的淤泥各有不同，应当根据地方特点有针对性地采取治理措施，实现对淤泥最大化的处置与利用。热处理工厂都在固定点位，给疏浚泥的长距离运输带来不便。而且工厂对黏土原材料的需求量相对于疏浚泥的产生量差别巨大。因此，热处理利用方法只能在一定范围内，在有条件的地区使用，不能为了解决淤泥出路而专门建设热处理工厂。

6.5.4.7 一体化清淤-泥处理-资源化利用技术组合模式

适用范围：该技术适用于清淤泥浆没有堆放场地，处理土有合适出工程用途的清淤工程。通过工艺和参数设计得到泥浆各种处理技术组合，利用组合式的处理设备，在清淤现场附近，直接将疏浚泥浆转化为土材料进行转用。

技术要点：一体化清淤-泥处理-资源化利用技术，根据城市河湖清淤泥浆、建筑泥浆、城建开挖淤泥等体量庞大、高含水率、高有机质、极细颗粒的特点，可对淤泥进行即时脱水、减量，将清淤泥浆迅速分离成清水和泥饼，并可根据需要完成对重金属、微生物、细菌等有害物质的固结、消毒或钝化。

技术方法：一体化清淤-泥处理-资源化利用是一种全新的不占用堆场的环保清淤泥浆处理模式，该技术针对清淤与泥浆处理速度严重不匹配的问题，通过对清淤的泥浆采用旋流、振筛、混凝浓缩等方式，进行快速的粗粒分离、浓缩减量方式，减少后期需要处理的泥量，经过混凝浓缩后的淤泥，再利用板框压滤或固化处理技术，直接转化为满足工程使用要求的泥饼或固化土。该方法在实施前需要根据清淤工期、现场条件、处理土的用途对整个泥浆处理工艺进行匹配性设计，并对各种药剂的掺加量进行试验，以确定最优的工艺参数和药剂配方。

限制因素：一体化清淤-泥处理-资源化利用技术对不同工程有不同的实施方法，应根据实际情况，因地制宜，选择合适合理的一体化方案。

6.5.4.8 技术比选

板框压滤脱水技术相比于其他技术结构较简单，操作容易，运行稳定，保养方便；过滤面积选择范围灵活，占地少；对物料适应性强，适用于各种中小型污泥脱水处理的场合。板框压滤法满足不了大型疏浚工程的要求，对于少量和工期宽裕的疏浚淤泥处理工程，这种方法较为合适。

淤泥离心脱水技术生产能力强，连续24h工作、处理能力大、分离效果好，能耗低，人工成本低，完全自动化操作，运行可靠，无需人工干预，结构紧凑，占地面积小，易于操作，维护方便且维护费用低。

在淤泥真空预压地基加固技术在施工过程中，只需要使用简单的设备，其加荷迅速、效果明显，不需要其他堆载材料，加荷时成功率高。

土工管袋脱水工艺具有既经济、简便又高效的特点，特别是在国外的污染底泥脱水等环境工程中得以推广应用。与传统的机械脱水（如板框压滤）相比，该方法具有工艺简单，便于操作，几乎无需设备固定资产投资，可以在现场不具备水电等条件下工作，处理成本相对较低。另外，全过程管道密闭输送，不会带来二次污染问题。值得关注的是，管袋脱水部分不耗能，与机械脱水相比，该脱水减容技术还具有节能减排的优点。

淤泥固化处理技术施工简便灵活，同时由于具有快硬性，可以缩短填土施工工期；可以根据固化疏浚淤泥的用途设计配方，一次处理使其满足工程对强度、变形和渗透性的要求；固化反应后所产生的包裹着淤泥颗粒的凝结硬化壳可有效地降低疏浚淤泥中污染物质的活性，从而起到一定的减污作用。

淤泥建材化的相关研究主要集中在淤泥固化和制备烧结材料方面，在制备烧结材料的过程中虽然需要消耗大量的能源，但能够有效实现淤泥的资源化，并固结淤泥中的重金属离子，有效地解决了淤泥烧结制品在使用过程中对环境造成的二次污染。

与传统清淤方法相比，一体化清淤-泥处理-资源化利用技术组合模式具有清淤过程环保、污染物去除率高、无需堆场（节省土地）、连续快速脱水、设备占地面积小、综合成本低等优势，具有良好的社会经济效益和推广应用前景。

第 7 章　水生态修复技术指南

《意见》对水生态修复提出了明确的要求，即推进河湖生态修复和保护，禁止侵占自然河湖、湿地等水源涵养空间。在规划的基础上稳步实施退田还湖还湿、退渔还湖，恢复河湖水系的自然连通，加强水生生物资源养护，提高水生生物多样性。开展河湖健康评估。强化山水林田湖系统治理，加大江河源头区、水源涵养区、生态敏感区保护力度，对三江源区、南水北调水源区等重要生态保护区实行更严格的保护。积极推进建立生态保护补偿机制，加强水土流失预防监督和综合整治，建设生态清洁型小流域，维护河湖生态环境。

水生态修复是“河长制”的重要内容。本章以“评估”+“技术”的组合模式，介绍了水生态修复技术中的水生态系统安全评估技术、河流生态修复技术、湖泊水库生态修复技术以及生态补偿技术。本章技术路线如图 7.1 所示。

7.1　水生态系统安全评估技术

7.1.1　水生态安全评估技术

7.1.1.1　河流、湖泊水生态环境质量评价技术

适用范围：水生态环境质量评价技术适用于河流、湖泊及水库的水生态环境质量评价。

技术要点：水生态环境质量评价技术主要包括水质评价、生境评价、生物评价以及水生态环境质量的综合评价。

技术方法：水质评价参照《地表水环境质量标准》(GB 3838—2002) 基本项目标准限值，水质指标的评价根据不同功能分区水质类别的标准限值，进行单因子评价 (其中水温和 pH 值不作为评价指标)，最后根据水质类别等级进行赋分；生境评价需结合区域内河流实际特点，建立包含河道生境、河岸生境和滨岸带生境 3 大方面共 10 项的评价指标体系；生物评价需监测区域样品中大型底栖生物/藻类的定性（或定量）采集和鉴定分析，记录定性定量分析数据，并选择其中一种或几种评价方法对监测流域进行评价；水生态环境质量的综合评价是利用综合指数法进行水生态环境质量综合评估。

限制因素：选择的指标是否具有代表性；评价方法的可操作性；评价体系要兼顾监测点位和数据时间、空间的覆盖性；人为干扰会对河流生境产生强烈影响。

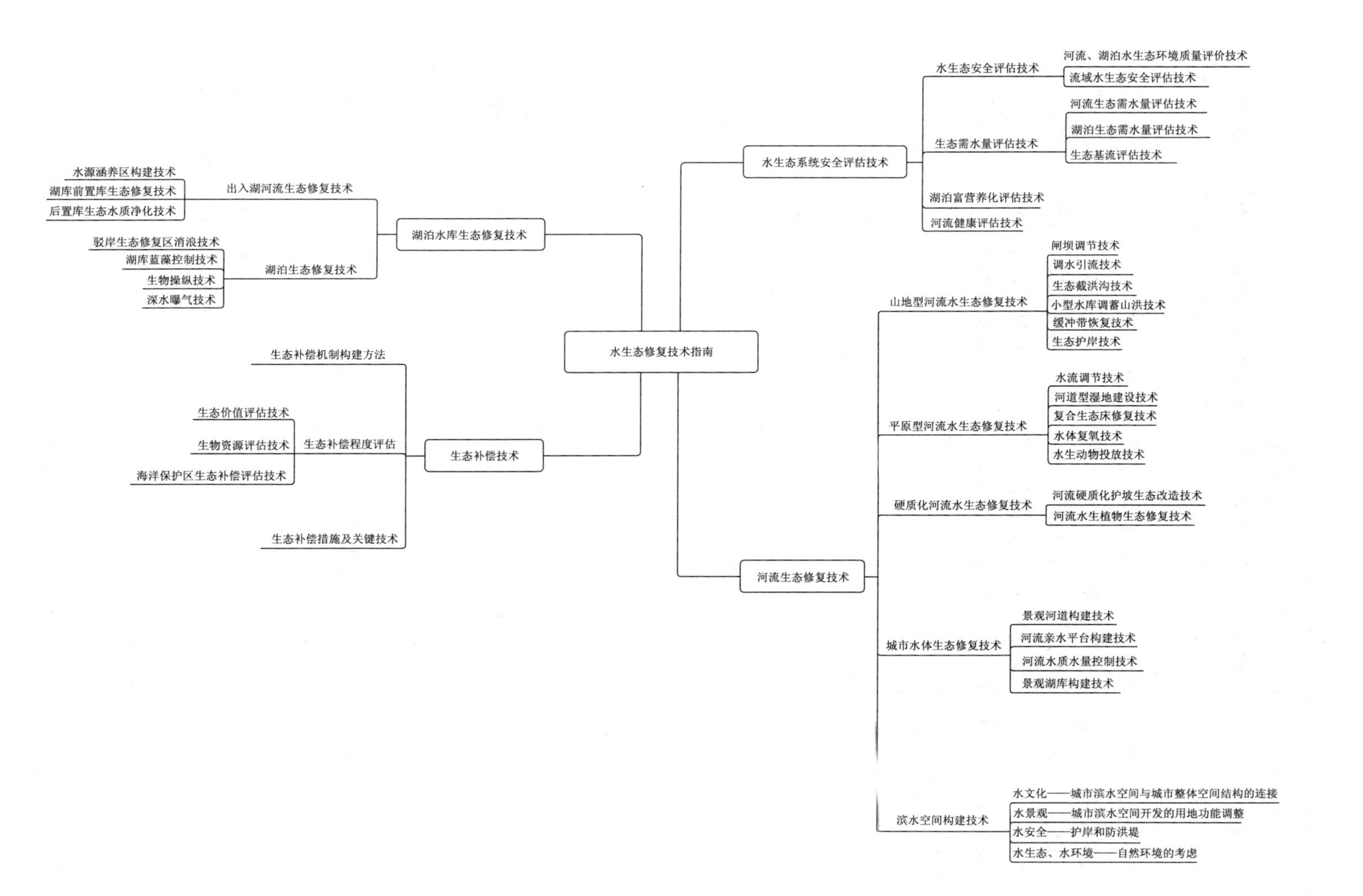

图 7.1 水生态修复技术指南技术路线图

7.1.1.2 流域水生态安全评估技术

适用范围：该技术适用于流域水生态安全评估。

技术要点：常用水生态安全评估技术包括："压力—状态—响应"（PSR）模型；"压力—状态—功能—风险"（PSFR）模型；"驱动力—压力—状态—影响—响应"（DPSIR）模型；层次分析法（AHP）。

技术方法：以流域为对象，选择不同的框架模型，根据自然生态因子与社会、经济因子的相互作用关系选择评价指标。根据所选评估指标体系按权重赋分，可使用综合指数评价法计算 ESI（生态安全指数），并根据 ESI 得分将水生态系统的安全评级。

限制因素：数据值的缺失包括单一数据的缺失和数据类的缺失；计算模型大量采用乘法运算，因此 0 值或极小值将对模型结果产生显著影响；数据缺少时间序列；标准值的缺失。

技术比选：PSR 模型从人口增长、社会经济发展等方面对生态系统产生的压力（P）、社会经济和自然生态系统的现有状态（S）、自然生态系统和社会反应（R）三个方面选择指标，总体上反映了自然生态系统、自然资源、社会经济系统、人类发展之间的相互依存和相互制约的关系；PSFR 模型将服务功能和生态风险同时引入评价体系；DPSIR 模型是 PSR 模型的升级版本，该概念模型中"驱动力"是引发环境变化的根本动力也是潜在诱因，例如流域系统内的人类活动和社会产业的发展趋势；AHP 直接选取经济生态安全系统、自然生态安全系统、社会生态安全系统中的指标构建生态安全评估评价体系。

7.1.2 生态需水量评估技术

7.1.2.1 河流生态需水量评估技术

适用范围：河流生态需水量评估技术适用于自然形成的河流生态需水量计算。

技术要点：河流生态需水量评估技术主要有水文学法、栖息地评价法和整体分析法。

技术方法：在收集分析项目和所在河流生态系统及人类活动影响等基本资料的基础上，获取项目所在河段的生态保护目标，确定生态需水的评估范围并分析评估范围内的生态系统特性，选取生态需水计算要素，选择合适的生态需水计算方法进行生态需水计算，最后对生态需水计算结果进行合理性分析。

限制因素：河流生态需水计算方法的选取需考虑：生态保护目标、选定的生态需水计算要素、河流生态系统的类型和特性、生态需水计算地点在河流生态系统中的相对位置、气候特性、水文特性、河床特性以及生物特征等。

技术比选：水文学法宜用在规划项目等对计算结果精度要求不高并且生物资料缺乏的情况；栖息地评价法宜用于河道生态保护目标为确定的物种及其栖息地；整体分析法宜用于流域整体的生态需水评估。

7.1.2.2 湖泊生态需水量评估技术

适用范围：湖泊生态需水量评估技术适用于整个湖泊水体的生态需水量计算。

技术要点：湖泊生态需水量评估技术主要有水量平衡法、换水周期法、最小水位法和功能法。

技术方法：水量平衡法是根据湖泊水量平衡原理，湖泊所蓄水量由于入流和出流水量不尽相同而处于不断变化中，在没有或较少人为干扰的状态下，湖泊水量的变化处于动态平衡；换水周期法是根据自然湖泊换水周期理论确定的计算方法；最小水位法是根据湖泊生态系统和水深来确定湖泊生态环境需水量的计算方法；功能法是根据生态系统生态学的基本理论和湖泊生态系统的特点，从维持和保证湖泊生态系统正常的生态环境功能的角度，对湖泊最小生态环境需水量进行估算的计算方法。

限制因素：湖泊生态需水计算要素；生态保护目标；湖泊类型、湖泊生态系统特性特别是湖泊生态系统的重要性和敏感性；湖泊的水文特性及所处气候区；吞吐型湖泊和闭口型湖泊生态需水量计算方法的差异性。

技术比选：湖泊水量平衡法和换水周期法适用于认为干扰较小的闭流湖或水量充沛的吞吐湖的保护与管理，同时也适合在人工控制下的城市人工湖泊，这两种方法可以利用水文数据，建立动态的生态环境需水量模型；最小水位法适用于干旱、缺水区域或人为干扰严重的湖泊；功能法是以生态系统生态学为理论基础，从湖泊生态环境功能的维持和重建的角度，以保护和恢复湖泊生态系统的生物多样性和生态完整性为目的。

7.1.2.3 生态基流评估技术

1. 水文学法

适用范围：水文学法通常应用于流域规划层面，或者在不允许进行更详细的调研情况下应用。

技术要点：Tennant 法、90%保证率法、最枯月流量法、流量历时曲线法、7Q10 法、基本流量法、最小月平均流量法等。

技术方法：水文学法是利用简单的水文指标设定流量的传统的基流计算方法，又称标准设定法或快速评价法，以历史流量为基础确定河流生态基流，能反映出年平均流量相同的季节性河流和非季节性河流在生态环境需水量上的差别。

限制因素：一般没有直接考虑水生生物，忽略了生物参数及其相互影响的关系。

技术比选：比选情况见表 7.1。

表 7.1 河流生态基流计算的水文学法比选

方法	指标表达	特点
Tennant 法	将多年平均流量的 10%～30%作为生态基流	适用于流量较大河流；拥有长序列水文资料
90%保证率法	90%保证率最枯月平均流量	适合水资源量小，且开发利用程度已经较高的河流；要求拥有长序列水文资料
最枯月流量法	最枯月平均流量	与 90%保证率法相同，均用于纳污能力计算
流量历时曲线法	利用历史流量资料构建各月流量历时曲线，以 90%保证率对应流量作为生态基流	简单快速，同时考虑了各个月份流量的差异；需分析至少 20 年的日均流量资料
7Q10 法	90%保证率最枯连续 7 天的平均流量	适用于水资源量小，且开发利用程度已经较高的河流；计算需要长序列水文资料
Texas 法	50%保证率下月平均流量的特定百分率	考虑水文季节变化因素，特定百分率的设定以研究区典型植物以及鱼类的水量需求为依据
RVA 法	指标发生几率的 75%和 25%作为 RVA 阈值，阈值差值的 25%作为生态基流	确定 RVA 阈值是计算生态需水的基础

续表

方 法	指 标 表 达	特 点
NGPRP法	平水年90%保证率的流量	考虑了枯水年、平水年和丰水年的差别
基本流量法	选取平均年的1,2,3,…,100天的最小流量系列,计算流量变化情况,将相对流量变化最大处点的流量设定为河流所需基本流量	能反映出年平均流量相同的季节性河流和非季节性河流在生态环境需水量上的差别
月(年)保证率法	将年内过程分为非汛期和汛期,主张非汛期少用水,汛期多用水	适用于水资源利用程度大的河流
最小月平均流量法	以河流最小月平均实测径流量的多年平均作为河流的基流量	由于采用实测径流量,因此要求选用人类影响较小的实测资料

2. 水力学法

适用范围：大多数水力学法未考虑河流季节性变化，一般不能用于季节性河流。

技术要点：我国使用较多的水力学法是湿周法和R2Cross法。

技术方法：水力学法根据河道水力参数（河宽、水深、流速和湿周等），确定河流所需的生态基流量。河道水力学参数可以通过实测或采用曼宁公式计算获得。

限制因素：应用时仅采用一个或几个断面数据代表整条河流的水力参数，应用时容易产生较大误差。

技术比选：比选情况见表7.2。

表7.2 河流生态基流计算的水力学法比选

方 法	指 标 表 达	特 点
湿周法	①湿周流量关系图中的拐点确定生态流量;②当拐点不明显时,以某个湿周率相应的流量作为生态流量;③湿周率为50%时,对应的流量可作为生态基流	适合于宽浅矩形渠道和抛物线形断面,且河床形状稳定的河道,直接体现河流湿地及河谷林草需水
R2Cross法	采用河流宽度、平均水深与流速、湿周率等指标来评估河流栖息地的保护水平,从而确定河流目标流量	R2Cross法的基础是曼宁公式,根据一个河流断面的实测资料,确定相关参数并将其代表整条河流

3. 栖息地法

适用范围：栖息地法适用性已逐渐向整体法转移。

技术要点：栖息地法较为复杂，应用比较广泛的是美国鱼类和野生动物保护部门开发的河道内流量增量法（Instream Flow Incremental Methodology，IFIM），目的是建立鱼类和流量的关系。其他方法如物理栖息地模拟法（The Physical Habitat Simulation Model，PHABSIM），中尺度栖息地适宜度模型（Mesohabitat Simulation Model，MesoHABSIM）等方法也有所应用。

技术方法：栖息地法以水力学法为基础，考虑了生物因素的影响，并利用指示物种所需的水力条件确定河流流量。

限制因素：定量化生物信息不易获取，在具有多个敏感目标的河段，计算结果的准确性需要进一步判断。

技术比选：比选情况见表7.3。

表7.3 河流生态基流计算的栖息地法比选

方法	指标表达	特点
IFIM法	利用水力模型预测水深、流速等水力参数，把特定水生生物不同生长阶段的生物学信息与其生存的水文水化学环境相结合，考虑流量、最小水深、水温、溶解氧、总碱度、浊度、透光度等指标	能将生物资料与河流流量研究相结合，同时还可以和水资源规划过程相结合
PHABSIM法	该模型要求将河道断面按照一定距离分割，确定各部分的地质、水文、基质和河面覆盖类型等，调查分析指示物种对这些参数的适宜要求	统筹考虑每个断面、每个指示物种的生境适宜性
MesoHABSIM法	包含水文形态模型、生物模型和栖息地模型3个部分；水文形态参数常涉及水深、流速、基质等，以物理化学属性作为自变量，以生物数据作为因变量，建立栖息地环境与生物丰度的逻辑回归模型	该方法即能整体反映河段水文生态关系，又能对水系流域河流管理和生态修复提供科学参考

4. 整体法

适用范围：整体法适用于整个河流生态系统。

技术要点：整体法包括BBM法、整体研究法、水文-生态响应关系法等。

技术方法：整体法强调河流是一个综合生态系统，从生态系统整体出发，根据专家意见综合研究流量、泥沙运输、河床形状与河岸带群落之间的关系，使推荐的河道流量能够同时满足生物保护、栖息地维持、泥沙沉积、污染控制和景观维护等功能。

限制因素：需要大量水文数据、水力参数、生物数据和多学科专家咨询意见。

技术比选：比选情况见表7.4。

表7.4 河流生态基流计算的整体法比选

方法	指标表达	特点
BBM法	包括干旱年基本流量和正常年基本流量、干旱年高流量和正常年高流量等	根据专家意见，定义河流流量状态的组成成分，确定河流的基本特性
整体研究法	①较小的洪水可以保证所需营养物质的供应，以及颗粒物和泥沙的输运；②中等的洪水可以造成生物群落重新分布；③较大的洪水则能造成河流结构损坏；④低流量可以保证营养物质循环、群落动态性和动物迁移、繁殖，影响湿地物种种子存活，避免鱼类死亡和在季节性河流中产生有害物种	保持河流流量的完整性、天然季节性和变化性
水文-生态响应关系法	①调研河流的生态状况；②认识自然水文情势的生态功能、水文改变的生态响应，构建水文-生态响应的概念模型；③确定环境水流评估的生态保护目标及其关键期；④针对不同生态目标，采用一定的数学模型和方法建立水文指标与生态指标的量化关系；⑤估算生态需水，并与人类需水相协调，确定可操作的环境水流；⑥基于适应性管理方法开展多次环境水流试验，不断修正水文-生态响应关系和环境水流估算结果	②～⑤包含了该方法的核心技术和创新之处

5. 技术比选

河流生态基流计算方法比选情况见表7.5。

表7.5　河流生态基流计算方法比选

类　型	解决问题	优　点	缺　点
水文学法	作为经验公式用于宏观管理	一般计算较简单，且对数据要求一般不高	一般没有直接考虑水生生物，忽略了生物参数及其相互影响的关系
水力学法	建立了河道地形与生态基流之间的关系	较水文学法更为准确，考虑了河道形态要素，一般河道数据可通过调查获得，同时可为其他方法提供水力学依据	应用时仅采用一个或几个断面数据代表整条河流的水力参数，应用时容易产生较大误差；大多数水力学法未考虑河流季节性变化，一般不能用于季节性河流
栖息地法	将河流流量、水力参数与生物资料相结合	较为充分地考虑了生物目标需求	定量化生物信息不易获取，在具有多个敏感目标的河段，计算结果的准确性需要进一步判断
整体法	评估整个河流生态系统的需求	计算结果能够最大程度的保障生态基流	整体法需要大量水文数据、水力参数、生物数据和多学科专家咨询意见，不利于作为管理手段使用

7.1.3　湖泊富营养化评估技术

适用范围：湖泊富营养化评估技术适用于湖泊水体。

技术要点：目前我国湖泊富营养化评估技术可分为指数评价方法和系统评价方法两类。其中，指数评价方法主要包括卡森营养状态指数法（TSI）、修正卡森营养状态指数法（TSIM）、综合营养状态指数法（TLI）等；系统评价方法主要包括应用模糊数学评价法、灰色关联度法、BP神经网络法等。

技术方法：通过与湖泊营养状态有关的一系列指标及指标间的相互关系，选取关键营养评价指标，确定评价标准，根据实际情况使用合适的评价方法，对湖泊的营养状态做出准确的判断。

限制因素：对湖泊营养状态的划分比较混乱，描述方法不一；湖泊富营养化评估技术及指标各不相同；分级评价标准差别很大。

技术比选：指数评价方法是根据湖泊的单项或多项富营养化代表性指标，对湖泊营养状态进行连续分级，计算较为简单，结果以定量为主，评价结果有时候差别很大；系统评价方法的计算过程较复杂，结果以定性为主，评价精度较高。其中，模糊评价法的计算相对简单；灰色关联度法突出了环境系统的灰色性和模型性特征，计算较模糊评价法复杂得多；BP神经网络法需要较长时间编制计算机程序和训练网络。

7.1.4　河湖健康评估技术

适用范围：河湖健康评估技术适用于河流和湖泊水体。

技术要点：根据水利部组织编写的《河湖健康评估技术导则》（以下简称《导则》），将待评估河流湖泊分为目标层、准则层以及指标层进行评估。目标层为河湖健康，是河湖生态系统状况与社会服务功能状况的综合反映；准则层包括完整性准则层和河长制任务准则层，其中完整性准则层包括水文水资源完整性、物理结构完整性、化学完整性、生物完整性和社会服务功能完整性，河长制任务准则层包括水资源保护、水域岸线保护、水污染防治、水生态保护与社会服务保障；指标层共包括16个基本指标和8个备选指标，基本指标为必选指标，备选指标可结合实际选择，各流域或地区可在基本指标及备选指标基础上，根据河湖特点增加自选指标。河湖健康分为5级，分别为理想状况、健康、亚健康、不健康、病态，河湖健康等级根据评估指标综合赋分确定，采用百分制，河湖健康等级、颜色分级和说明见表7.6。

表7.6　河湖健康评估分级表

等　级	颜　色	赋分范围
理想状况	蓝	80≤HI≤100
健康	绿	60≤HI<80
亚健康	黄	40≤HI<60
不健康	橙	20≤HI<40
病态	红	0≤HI<20

技术方法：根据《导则》，首先分别对单个指标进行评估与赋分，其中水文水资源方面可评估其水资源开发利用率、流量过程变异程度、生态用水满足程度、水土流失治理程度；物理结构方面可评价其河（湖、库）岸带稳定性指标、河湖岸带植被覆盖度、河湖岸带人工干扰程度、河湖连通状况、水域空间状况；水质准则层可评估其入河湖排污口布局合理程度、水体整洁程度、水质状况、底泥污染状况、水功能区达标率；生物准则层可评估其浮游植物数量、浮游动物生物损失指数、大型水生植物覆盖度、大型无脊椎动物生物完整性指数、鱼类保有指数；社会服务准则层可评估其公众满意度、河湖社会服务功能、防洪指标、供水指标、航运指标。继而对各个指标进行赋分评估，根据《导则》赋予各评估指标在所属于准则层的赋分权重，得到最终的河湖健康情况赋分，并根据河湖健康评估分级表得出最终河湖健康评估结果。

限制因素：对待评估河湖基础数据要求较高，对于水文水资源资料缺乏的地区较难保证评估的精准度；此外指标赋分表分值跨度较大，实际操作过程中对于处于两个分数段之间的情况取高值或低值还需进一步详细说明，便于实际操作。

7.2　河流生态修复技术

7.2.1　山地型河流水生态修复技术

7.2.1.1　闸坝调节技术

适用范围：闸坝调节技术适用于有落差的河流，而且河岸两边要有能够拦水、蓄水的堤防。

技术要点：常用的闸坝调节技术有山地型河流溢流坝技术、山地型河流透水坝技术等。

技术方法：闸坝可以改变自然流量变化模式，对水流具有蓄泄自如的能力。通过闸坝、水库对河流流量的合理调蓄，并联合运用下游河道工程，可以减少河流的洪峰流量，防洪除涝。大坝拦蓄水量可使季节性河流变为常年河流，从而有更稳定充足的水量灌溉耕地，提高粮食产量。

限制因素：坝址的选择；大坝坝体的布置；坝体平面布置；坝型选择。

技术比选：在采用山地型河流溢流坝技术时，山地型河流通常需要沿河修建人工泄水建筑物（如溢流坝）来拦截水流，抬高河床水位或调节流量，以及将下泄水流的动能转变成热能以达到消能的目的；山地型河流透水坝技术用砾石或碎石在河道（不能是航道）垒筑坝体，利用坝前河道的容积贮存一次或多次降雨的径流或间歇排放的面源污染，通过控制透水坝的渗流量，拦蓄地表径流，从而使径流在设计时间内流过透水坝，抬高上游水位，同时也有一定的净化效果。

7.2.1.2　调水引流技术

适用范围：调水引流技术适用于有一定的调水条件、河道需水量不足的时期（如枯水期）。

技术要点：常用补水活水工程、生态输水。

技术方法：通过补水活水工程抬升地下水位、输水沿岸植物物种多样性增加、植被长势恢复，拯救了天然植被。同时，优选输水时段，确认最佳输水时期，达到“生态契合”。河流水文调控与植被自然更新相协调，扩大输水的生态效应并提高水资源的利用效率，会取得良好的生态经济效益。

限制因素：调出地区水源是否充足；调出区与调入区之间的距离长短以及地形地质条件；工程沿线的生态保护。

技术比选：补水活水工程补水的重点是保证河道生态基流量、维持河道水面线，活水的重点是增加水的流动能力、改善水动力、维持河道水体流速；生态输水是通过生态输水工程抬升地下水位、输水沿岸植物物种多样性增加、植被长势恢复，拯救了天然植被，同时，优选输水时段，确认最佳输水时期，达到“生态契合”。

7.2.1.3　生态截洪沟技术

适用范围：丰水期水量较大时使用该技术。

技术要点：常用生态草沟技术、生物砖截水沟技术等。

技术方法：“高水高排”是山洪防治规划的重要原则。采用截洪沟将山洪从城市上游引流直排城市下游河道，因势利导，不但可降低下游片区的防洪压力，提高城市防洪排洪体系的安全性，更减少了整个防洪排洪工程的投资。

限制因素：河流的防洪标准；地形地质条件；工程沿线的生态保护。

技术比选：生态草沟是一种类似地表沟渠的绿色排水系统，实现洼地串联和雨水转输，在沟渠内种植植被，不仅能抵抗雨水冲刷，而且大小不等的卵石形成沟渠的表面，能更大限度对山洪进行消能和截留，减小洪峰径流量；生物砖截水沟使用带有种植孔的水泥砖砌成，在山体坡面上生物砖截水沟的种植孔内注满含有草籽的营养土，待草籽发芽长大后，绿草能够完全覆盖排水沟的水泥砖面，与周边绿地融为一体，实现自然化绿化效果。

7.2.1.4 小型水库调蓄山洪技术

适用范围：小型水库调蓄山洪技术适用于山地型河流。

技术要点：利用山前水塘、洼地滞蓄洪水或修建小型水库调蓄山洪。

技术方法：山前水塘、洼地是天然的洪水调蓄设施，适当进行修整，就能起到调蓄的作用；在地形地势有利的条件下，可以修建人工水库调蓄山洪，同时积蓄的雨洪水可成为水库下方农业灌溉和居民生活水源。

限制因素：地形地势条件。

7.2.1.5 缓冲带恢复技术

适用范围：缓冲带恢复技术适用于生态系统与陆域生态系统之间的过渡带，如河岸带、湖滨带、海岸带等。

技术要点：常采用缓冲带恢复技术、生态堤岸。

技术方法：缓冲带植被选取要遵循自然规律，其选取原则如下：选择适应环境能力强、容易形成群落系统的水生植物；选择当地乡土物种，便于后期扩大其生长区域，形成植物种群抱团生长；选择净化能力较强的植物种类。缓冲带植被中土著种类越多，看上去就越接近天然状态，并且其生态功能也就越强，本地的野生动植物之间也会更加和谐。

限制因素：缓冲带植物种类的分布与选取；缓冲带宽度的确定。

技术比选：生态缓冲带和生态岸堤是一个完整的结构，河道、石块堆岸、铺设层和缓冲带间并不是孤立开来的，要将其结合起来考虑。

7.2.1.6 生态护岸技术

适用范围：生态护岸技术适用于恢复后的自然河岸或具有自然河岸“可渗透性”的人工护岸。

技术要点：常有植物护岸、木材护岸、抛石护岸、石笼护岸、不同材料组合护岸等。

技术方法：①治水：主要通过修建护岸来实现；②自然环境、生态系统的设置：主要通过水边绿化、设置生物的生长区域和水质保护等实现；③水边景观的设计：通过设置建筑物来保证与周围环境的和谐以及保证水边景观的连续性、自然性；④亲水空间的设计：通过水边的台阶、缆绳、绿地等设施来实现；⑤循环型空间的设计：用木材、石头、砂子等天然材料的多孔性构造，控制废料的产生，尽量避免未来发生的处理问题及二次性环境污染问题。

限制因素：选用的材料及建造方法不同，护岸的防护功能可能相差很大；建造初期若受到强烈干扰，则会影响到以后防护作用的充分发挥；不能抵抗高强度、持续时间较长的水流冲刷。

技术比选：①植物护岸：自然河岸两侧都生长着芦苇、柳树等植物，恢复河岸原有的植物群落是河岸带建设的出发点；②木材护岸：用圆木等固定河岸坡脚，在柳树根系未发达之前能起到临时保护河岸的辅助作用；③抛石护岸：抛石具有很高的水力糙率，减小波浪和水流作用，维修要求低，便于修补以及耐久性强等优点；④石笼护岸：在方形或圆柱形的铁丝笼内装满直径不太大的天然石块，利用其挠性大、容许护堤坡面变形的特点而被用于边坡护个岸以及坡脚护底等，形成具有设定抗洪能力，并具高空隙率、多流速变化带的护岸；⑤不同材料组合护岸：为了快速恢复受损的河岸生态系统可以采取不同材料组合的护岸方法，如植物、木材和石块组合护岸，植物袋和混凝土块体组合护岸，石笼和植物组合护岸。

7.2.1.7 技术比选

山地型河流水生态修复技术比选情况见表7.7。

表7.7 山地型河流水生态修复技术比选

编号	技术名称	技术要点	适用范围
1	闸坝调节技术	闸坝可以改变自然流量变化模式，对水流具有蓄泄自如的能力	有落差的河流，而且河岸两边要有能够拦水、蓄水的堤防
2	调水引流技术	通过补水活水工程抬升地下水位；优选输水时段，确认最佳输水时期	适用于河道需水量不足的枯水期
3	生态截洪沟技术	采用截洪沟将山洪从城市上游引流直排城市下游河道	丰水期水量较大时使用
4	小型水库调蓄山洪技术	利用山前水塘、洼地滞蓄洪水或修建小型水库调蓄山洪	山地型河流
5	缓冲带恢复技术	缓冲带植被要选择适应环境能力强的水生植物、当地乡土物种和净化能力较强的植物种类	用于生态系统与陆域生态系统之间的过渡带
6	生态护岸技术	治水；自然环境、生态系统的设置；水边景观的设计；亲水空间的设计；循环型空间的设计	用于恢复后的自然河岸或“可渗透性”的人工护岸

7.2.2 平原型河流水生态修复技术

7.2.2.1 水流调节技术

适用范围：水流调节技术适用于水动力不足或水流过大影响河流生态或驳岸安全的非主要行洪通航河流。

技术要点：主要有引水调控技术；透水坝技术；阶梯式溢流坝技术；河水泵站技术。

技术方法：通过向被污染河流调入清洁水，增加河流水量并加速水流流动，从而促进河流污水的稀释，在一定程度上缓解河流水质污染状况，或者稳定水流和水质变化，减小对后续处理措施扰动。

限制因素：区域环境问题以及地区用水需求。

技术比选：引水调控技术适用于水流缓慢、动力掺混能力弱、水流交换不畅、水体自净能力差、纳污能力小等导致水污染严重的河流以及附近有充足清洁水源的污染河流；透水坝技术适用于水量足够，水质不稳定的河流；阶梯式溢流坝技术适用于较小水库或具有较长溢流前沿的溢流坝；河水泵站技术适用于河流年季径流变化大，闸拦蓄的部分水量靠自流已不能满足市区某一时段的供水需求。

7.2.2.2 河道型湿地建设技术

适用范围：河道型湿地建设技术适用于区域水体流速较缓、行洪压力不大、有一定轻微污染水流入河流或者需要景观提升，且具有建设湿地条件的中小型平原型河流。

技术要点：河道型湿地建设可根据建设目的分为河岸污染截留系统和河道生态修复系统两类。河岸污染截留系统可分为景观型多级阶梯式人工湿地护坡技术和坡面构造湿地系统技术。河道生态修复系统可分为河湾水生植物湿地净化技术和河边沼泽湿地净化技术。

技术方法：通过建造类似沼泽的湿地，放置一定高度的填料，种植特定的水生植物，水生植物根系周围生长的微生物群体组成复合生态系统，经物理、化学和生物三重协调作用使污水得到高效净化。

限制因素：河流的水文条件；水生植物；气候因素；经济成本。

技术比选：景观型多级阶梯式人工湿地护坡技术主要适用于受面源污染比较严重的河道；坡面构造湿地系统技术主要适用于河网接纳的面源污染物，主要是来自沟渠侧面经地表径流与潜流（地下径流）输入沟渠河网的污染物质；马蹄型湿地主要适用于解决流域河网区农田排水多经过排水管或排水沟收集后直接排入河道中，形成了大量的营养物污染点源的问题；河湾水生植物湿地净化技术主要适用于河网区河道的弯曲地带多且可利用的情况；河边沼泽湿地净化技术主要适用于河边有天然沼泽湿地的情况。

7.2.2.3 复合生态床修复技术

适用范围：结合具体场地情况，通常在水流较缓的河道及河荡区域，根据植物的生长繁殖季节以及景观要求等，合理配置浮岛内植物种群组成，营造具有自然特色的景观。

技术要点：主要采用的技术有漂浮板状生态浮床和管状生态浮床。

技术方法：利用陶粒等代替土壤，并将植物固定在塑料、泡沫、PVC 管等材料制成的床体上，植物根系向下生长，与污染水体接触，通过吸收、吸附以及根系上附着微生物的降解作用去除水体中的 COD、TN、TP 等污染物。

限制因素：水体的性质、溶解氧、pH 值、污染物的形态；水力停留时间和水流的速度；植被；气候条件风、温度等条件。

技术比选：漂浮板状生态浮床，对于宽阔水面，可在排污口附近以及河岸较陡的部位，布设生态浮床；管状生态浮床应用于小型河流，水流水位变化小的河流。

7.2.2.4 水体复氧技术

适用范围：该技术适用于水体受到有机污染物质影响，水体溶解氧含量低于相应标准的河流。

技术要点：水体复氧技术包括生态喷泉复氧技术、河道曝气技术和水力跌水复氧技术。

技术方法：根据不同的溶解氧浓度现状、河流类型和水环境要求，在满足污染治理和外形美观的要求下，对水体进行曝气复氧。

限制因素：河流的水温、水深、流速、曝气机充气量、曝气方式、曝气机安装位置、水力停留时间、外来污染物质等。

技术比选：难于直接运用污水治理技术进行深度处理的，且具有景观性要求的水体，适合采用生态喷泉复氧技术；为了在较短时间内提升水质，针对污染较严重的水体或应用于突发性河道污染应急处理等，可以使用河道曝气技术；污染较轻、自然修复的城市河道，适合采用水力跌水复氧技术，这种技术一般与其他技术相结合。

7.2.2.5　水生动物投放技术

技术范围：水生动物投放技术适用于食物链较短，营养丰富，有浮游植物的水体。

技术要点：水生动物投放主要包括滤食性鱼类投加技术与滤食性软体动物投加技术。

技术方法：水生动物投放适用于食物链较短，营养丰富，有浮游植物的水体，投加时需要注意要投加滤食性动物。

限制因素：河流水位；水生植物；气候；经济成本。

技术比选：对于流动性较大的水体，以及坡面硬质化程度较严重河道，或者遇到应对突发污染的情况时，可以使用鱼类投加技术；对于水体较为静止，且两旁坡岸有植物、能够使生物膜生长的河道，可以使用软体动物投加技术。

7.2.2.6　技术比选

平原型河流水生态修复技术比选情况见表7.8。

表7-8　平原型河流水生态修复技术比选

编号	技术名称	技术内容	适用范围
1	水流调节技术	通过向被污染河流调入清洁水，增加河流水量并加速水流流动，从而促进河流污水的稀释；或稳定水流和水质变化，减小对后续处理措施扰动	所有河流
2	河道型湿地建设技术	建造类似沼泽的湿地，放置一定高度的填料，种植特定的水生植物，经物理、化学和生物三重协调作用净化污水	平原型河流
3	复合生态床修复技术	利用陶粒等代替土壤，并将植物固定在塑料、泡沫、PVC管等材料制成的床体上，通过吸收、吸附以及微生物的降解作用去除水体中的污染物	场地情况，植物的生长繁殖季节以及景观要求等
4	水体复氧技术	根据不同的溶解氧浓度现状、河流类型和水环境要求，对水体进行复氧	受到污染的河流
5	水生动物投放技术	投加时需要注意要投加滤食性动物	适用于食物链较短，营养丰富，有浮游植物的水体

7.2.3　硬质化河流水生态修复技术

7.2.3.1　河流硬质化护坡生态改造技术

适用范围：河流硬质化护坡生态改造技术适用于河流驳岸硬质化、需要提升水体自净能力和生态效果的河流。

技术要点：主要技术有石笼护岸技术、网格护岸技术、生态混凝土技术、新槽开挖及辊式植被技术、坡面打洞及回填技术等。

技术方法：对于硬质化护坡的改造，一般采取两种措施：一是对护坡的硬质化结构进行清除，使水土连接；在护坡上设置多孔或网格等混凝土结构，保证护坡稳定并且给坡面植物、动物和微生物提供良好的生存环境；在护坡上合理配置植物，营造河流生态系统多样性，提高河流水体的自净能力；二是直接在硬质坡面的基础上进行生态修复，其基本思路是敷设基质、栽种植物。

限制因素：要综合考虑河流边坡的稳定性、水流的大小和水位波动等因素。

技术比选：石笼护岸技术、网格护岸技术、生态混凝土技术可持续性强，可以促进陆域和水域的良好联系，保证了河流环境的完整性，但是由于需要对原先硬质化结构进行清除，所以成本较高，并且这种技术作用后的护坡稳定性相较于原先的硬质化护坡较弱，适用于河岸受水流冲刷不严重的区域；新槽开挖及辊式植被技术、坡面打洞及回填技术由于其技术操作方便，适用于护坡硬质化程度较高的区域。

7.2.3.2 河流水生植物生态修复技术

技术范围：河流水生植物生态修复技术适用于水文水质条件得到改善的河流。

技术要点：主要技术有河流挺水植物修复技术、河流浮水植物修复技术、河流沉水植物修复技术。

技术方法：在河流中合理种植水生植物，通过其庞大的枝叶和根系形成天然的过滤网，对水体中的污染物质进行吸附、分解或转化，从而促进水中养分平衡；同时通过植物的光合作用，释放氧气，使水体中的溶解氧浓度上升，抑制有害菌的生长，减轻或消除水体污染。

限制因素：地质地形、水质水文、生态环境。

技术比选：对于流域面积大，河道较长的区域可以将挺水、浮水、沉水三种水生植物的修复技术有机结合，更好地发挥协同作用。对于河流水深较浅并且项目预算较少的情况，考虑到沉水植物净化水质效果较好，可单独采用沉水植物修复技术。

7.2.3.3 技术比选

硬质化河流生态修复技术比选情况见表 7.9。

表 7.9 硬质化河流生态修复技术比选

编号	技术名称	技术要点	适用范围
1	河流硬质化护坡生态改造技术	对于硬质化护坡的改造，其基本思路是敷设基质、栽种植物	硬质化河流
2	河流水生植物生态修复技术	在河流中合理种植水生植物；同时通过植物的光合作用，释放氧气，使水体中的溶解氧浓度上升，减轻或消除水体污染	水文水质条件得到改善的河流

7.2.4 城市水体生态修复技术

7.2.4.1 景观河道构建技术

景观河道构建技术是指在改善河道水体污染状况，提高水质的基础上，从生态适宜性角度出发，优选适合河道环境条件的水生生物，并根据工程水力学特点（水深）进行各种生物的优化配置，在配置过程中兼顾水质净化功能和景观效果。

1. 人工湿地水处理构建技术

适用范围：人工湿地水处理构建技术适用于河道较宽的河流，且不适用于重度污染水体。

技术要点：主要的湿地类型有表面流湿地、水平潜流湿地、垂直流湿地。

技术方法：①表面流湿地：向湿地表面布水，水流在湿地表面呈推流式前进，在流动过程中，与土壤、植物及植物根部的生物膜接触，通过物理、化学以及生物反应，污水得到净化，并在终端流出；②水平潜流湿地：污水由进水口一端沿水平方向流动的过程中依次通过砂石、介质、植物根系，流向出水口一端，以达到净化目的，是小流域水质治理、保护的有效手段；③垂直流湿地：在垂直潜流系统中，污水由表面纵向流至床底，在纵向流的过程中污水依次经过不同的专利介质层，达到净化的目的，垂直流潜流式湿地具有完整的布水系统和集水系统，其优点是占地面积较其他形式湿地小，处理效率高，整个系统可以完全建在地下，地上可以建成绿地和配合景观规划使用。

限制因素：受较轻污染影响。

技术比选：不同形式湿地比选工艺见表7.10。

表7.10 湿地工艺比选

比较内容	表面流湿地	水平潜流湿地	垂直流湿地
工艺特点	水位较浅，水流缓慢，以水平流的流态沿湿地表面流经处理单元，湿地一般有土壤、沙、煤渣或其他基质材料，供水生植物固定根系	水位位于基质层以下，水流以水平流的流态从基质层流经处理单元，主体分土壤层和基质层，填料较复杂，能发挥植物、微生物和基质的协同作用	湿地的水流方向和根系层垂直状态，表层通常为渗透性能良好的砂层，间歇进水，大气中氧气较好传输进入湿地，提高处理效果
示意图	① 表面流湿地	② 水平潜流湿地	③ 垂直流湿地
工程建设	简单	一般	复杂
运行管理	工艺较简单，工程建造，维护与管理相对简单	建造费用中等，运行管理比表面流人工湿地复杂，但比垂直流人工湿地简单	建设费用高，运行和管理复杂，需经常维护和管理
投资	低	中	高
运行费	少	少	中
占地面积	多	中	少
处理效果	较好	好	最好
工艺局限	工程占地多，不太适合寒冷地区，处理不当时夏季可能滋生蝇蚊，有异味	建设和运行费用略高。控制较复杂。可适合寒冷地区，冬季处理效果受气温影响	不太适合寒冷地区，对有机物的去除不如水平潜流湿地，落干/淹水时间较长，控制管理复杂。建设与投资费用高

2. 生态浮岛构建技术

适用范围：生态浮岛构建技术适用于具有水位波动及陡岸深水环境的河道以及有景观功能需求的河道。

技术要点：主要的浮岛类型有湿式生态浮岛与干式生态浮岛。

技术方法：生态浮岛主要是通过植物的根系来达到净化水体的效果，浮岛植物的根系一方面可以吸收和吸附水中的含氮、磷物质；另一方面根系可以分泌大量的酶来促进水中有机物的分解；再者，根系与微生物可形成相互协同效应，共同降解水中的营养盐类。除了根系的作用外，浮岛植物在水面要占据一定的面积，从而可以减弱藻类的光合作用，某些浮岛植物还具有克制藻类生长的作用，从而延缓水质的恶化。

限制因素：具有水位波动及陡岸深水环境。

技术比选：湿式生态浮岛：水和植物接触；干式生态浮岛：水和植物不接触。

3. 生物栅构建技术

适用范围：生物栅构建技术适用于修复富营养化水体和轻污染水体。

技术要点：生物栅构建技术是在生态浮床和人工湿地基础上发展起来的一种新型的水体原位修复技术，一种新型的组合生态浮床，其修复技术结合了水生动植物和微生物的化学、生物和物理作用。填料作为生物栅处理系统最重要的核心部分，作为支撑载体可以固定植物根系和为生物膜上的微生物生长提供附着基质，还可以作为污染物的传递介质。植物作为生物栅系统的一个重要组成部分，可以提高其对景观水体的去污效果和增强其景观、经济和社会价值。生物栅通过拥有的较大比表面积为微生物提供载体，从而抑制水体中藻类的生长，遏制或者消除水华，从而迅速提高水体的透明度，改善水体景观质量。

限制因素：河道水流流速稳定。

技术比选：悬浮填料生物膜微生物相对处于好氧生境，有利于COD和氨氮的好氧氧化去除，而组合填料和新型填料存在兼性厌氧的生境，有利于总氮的去除。

4. 河道生物群落构建技术

适用范围：河道生物群落构建技术适用于水质状况良好的水体。

技术要点：在生态景观河道内种植一些观赏植物、放养滤食性鱼类，利用各级营养级之间的生物链效应达到净化水质的目的。如水草吸收水中的氮与磷；浮游动物以藻类为食；滤食性鱼类以浮游动物为食；杂食性鱼类以小型鱼类为食。通过合理搭配草、植、鱼之间的比例，构建一个平衡的水生生态系统。

限制因素：适宜生物生长生存的环境。

5. 曝气增氧技术

适用范围：曝气增氧技术适用于水域面积较大的水体。

技术要点：主要的曝气设备有鼓风曝气设备、表面曝气设备、潜水射流曝气设备以及沉水式曝气设备。

技术方法：①鼓风曝气设备是用有一定分量和压力的曝气风机经连接输送管道，将空气通过扩散曝气器强制通入到液体中，使池内液体与空气充分接触；②表面曝气设备是用马达直接带动轴流式叶轮，将污水由导管经导水板向四周喷出形成薄片状（或水滴状）的水幕，在飞行途中和空气接触形成水滴，在落下时撞击液面，液面产生乱流和大量气泡，使水中含氧量增加；③潜水射流曝气设备，曝气设备由专用水泵、进气导管、喷嘴座、混气室、扩散管所组成，水流由喷嘴座高速射入混气室，空气由进气导管引导至混气室与水流结合，经扩散管排出；④沉水式曝气设备是利用马达直接传动叶轮的旋转来造成离心力，低压吸进水流，同时，叶轮进口处也制造真空以吸入空气，在混气室中，这些空气与水混合之后由离心力急速排出。

限制因素：河流的深度、水流强度、水面面积等。

7.2.4.2 河流亲水平台构建技术

1. 景观亭

适用范围：湖库基本均可使用。

技术要点：根据作用不同有景亭、桥亭、戏亭、井亭、碑亭、旗亭、江亭、街亭、凉亭、鼓亭、钟亭、路亭等。

技术方法：多建于路旁，供行人休息、乘凉或观景用。亭一般为开敞性结构，没有围墙，顶部可分为六角、八角、圆形等多种形状。因为造型轻巧，选材不拘，布设灵活而被广泛应用在园林建筑之中。

限制因素：湖库周边面积足够。

技术比选：在南北方皆适宜，北方的亭子体量较大，亭子的屋顶屋面坡度较缓，整个屋脊曲线较为平缓；而南方的亭子因雨季较长，顶屋面坡度较大，屋脊的曲线也显得更弯曲，屋角常高高翘起，亭柱没有北方亭子那样粗大，显得较细巧。

2. 滨河步道

适用范围：滨河步道适用于城市水体、湿地、湖泊、池塘等。

技术要点：主要有橡胶步道、木头步道和石头水泥步道等。

技术方法：把人与自然作为设计主题，在保护原有自然生态景观的基础上，将自然景观和人文景观高度结合，体现出人与自然的和谐融洽。植物配置也应考虑当地的气候条件，充分发挥自然优势。能简单地把滨河步道设计到水边，要依照地形地势的特点设计出各具特色的驳岸景观。设计过程中避免植物、景观石、景观小品等景观重复出现，要突出主要景观，彰显个性景观。坚持整体性原则，各段相互衔接、呼应，并各具特色，最终形成一个整体。

限制因素：所建步道的地势。

3. 过河汀步

适用范围：过河汀步适用于窄而浅的水面。

技术要点：汀步类型有玻璃汀步、塑木汀步和山石汀步等。

技术方法：台阶踏步宽度不宜小于0.30m，踏步高度不宜大于0.15m，并不宜小于0.10m，踏步应防滑。台阶数不小于18级，须设休息平台，平台宽度应根据使用功能或设备尺寸缓冲空间而定，但不得小于1.20m。夜景灯光照明条件较差的地方，应设置台阶灯，台阶灯间距以及品种应和水电专业人员协商确定。第一级台阶前如有排水方向，则应设置截水沟，以免雨水对台阶造成冲刷，导致损坏，降低台阶使用年限。水池中汀步的顶面距水面的常水位不小于0.15m，表面不宜光滑，面积一般为0.25 ～0.35m^2，汀步中心间距一般为0.5～0.6m，相邻汀步之间的高差不大于0.25m，间距一般不大于0.15m。汀步设计应以便于游人行走为原则。

限制因素：适合较浅的河流，需要考虑安全防护和水位变化。

技术比选：①玻璃汀步：在设计中运用比较少，玻璃汀步易滑，对于老人及小孩不太安全；②塑木汀步：常见于庭院小路间，不能被水侵蚀时间久，易腐烂；③山石汀步：看是一条小路，却是庭院里最重要的元素，没有它庭院的各部分便成了碎片，多见水中汀步、水面汀步、草坪汀步三种。

7.2.4.3 河流水质水量控制技术

河流水质水量控制是控制河流污染和管理河流不可或缺的途径，解决缺水问题是“治本”之道，挖掘区域内可利用的水源，从根本上解决水环境恶化、生态破坏等问题。同时，“治标”措施必不可少，考虑水质水量强化及调控工程，短期内改善河流水质水量现状。远期还可对水源进行规划，以及强化城区内的湿地生态系统建设，促进城市生态文明建设发展。

1. 综合调水技术

适用范围：综合调水技术适用于上、下游能人工控制到一定水位差的河流，下游水体有足够大的环境容量且能确保冲污效果和承纳污染的流域。

技术要点：主要的调水方式有引入污染河道上游、引用附近的清洁水源以及污水处理厂中水回用。

技术方法：①引入污染河道上游：通过人工控制使河流上、下游得到一定的水位差，要求河流上游来水充沛；②引用附近的清洁水源：跨越两个或两个以上流域的引水（调水）工程，将水资源较丰富流域的水调到水资源紧缺的流域，以达到地区间调剂水量盈亏，解决缺水地区水资源需求的一种重要措施；③污水处理厂中水回用：利用污水处理厂处理后的尾水进行再生利用，改善下游污染河道水质。

限制因素：是否具备较完善的泵闸系统，通过泵闸的开启和关闭，完成水流调度；是否具备较丰富的水量资源，满足水流内、外循环的要求。

2. 城市湿地生态系统恢复与构建技术

适用范围：城市湿地生态系统恢复与构建技术适用于地势平缓，土地资源相对较富裕的地区。

技术要点：按照系统布水方式的不同或水在系统中流动方式的不同，一般可将人工湿地分为表面流湿地、水平潜流湿地、垂直流湿地。

技术方法：近期处理：①可对现有湿地处理系统加以合理改造，可增加生物多样性，完善湿地结构，充分发挥它的功能；②可对污水处理厂、高架或高速交汇路段等地段，建立生态长廊，作为湿地生态系统加以利用。远期规划可以将湿地生态系统与河道生态修复工程相结合，形成深度处理系统，可用于水源的跨区域引调水路径。

限制因素：选取的植物应具有良好的生态适应能力和生态营建功能。

技术比选：同表7.10。

3. 阶梯氧化塘系统构建技术

适用范围：阶梯氧化塘系统构建技术适用于去除营养物，处理溶解性有机物，处理水质状况良好的水体。

技术要点：氧化塘是一种利用水塘中的微生物和藻类对污水和有机废水进行生物处理的方法。其基本原理是通过水塘中的“藻菌共生系统”进行废水净化。通过闸控手段引水，流经阶梯氧化塘系统，改善水质，污水净化后再生利用。现阶段主要的氧化塘类型有表面流氧化塘、水平流氧化塘和垂直流氧化塘。

技术方法：①表面流氧化塘：向氧化塘表面布水，水流在氧化塘表面呈推流式前进，在流动过程中，与土壤、植物及植物根部的生物膜接触，通过物理、化学以及生物反应，污水得到净化，并在终端流出；②水平流氧化塘：污水由进水口一端沿水平方向流动的过程中依次通过砂石、介质、植物根系，流向出水口一端，以达到净化目的；③垂直流氧化塘：在垂直流系统中，污水由表面纵向流至床底，在纵向流的过程中污水依次经过不同的介质层，达到净化的目的。垂直流氧化塘具有完整的布水系统和集水系统，其优点是占地面积较其他形式湿地小，处理效率高，整个系统可以完全建在地下，地上可以建成绿地和配合景观规划使用。

限制因素：通常占据一定土地面积，区域有一定的落差或增加水泵等辅助调控措施。

4. 雨水汇流区域海绵生态湿地建设技术

适用范围：雨水汇流区域海绵生态湿地建设技术适用于农村聚集区、城市社区建筑、小区、道路、绿地与广场等建筑。

技术要点：常用的措施有植草沟、渗水砖、雨水花园以及下沉式绿地。

技术方法：优先利用植草沟、渗水砖、雨水花园、下沉式绿地等“绿色”措施来组织排水，以“慢排缓释”和“源头分散”控制为主要规划设计理念，既避免了洪涝，又有效收集了雨水。雨水通过这些“海绵体”下渗、滞蓄、净化、回用，最后剩余部分径流通过管网、泵站外排，从而可有效提高城市排水系统的标准，缓减城市内涝的压力，又可加大河流枯季流量。

限制因素：工程量较大，耗时较长。

技术比选：①植草沟：种有植被的地表浅沟，可收集、输送、排放并净化径流雨水；②渗水砖：下雨时，雨水能及时通过渗水砖渗入地下，或者储存于路面砖的空隙中，减少路面积水；③雨水花园：自然形成的或人工挖掘的浅凹绿地，被用于汇聚并吸收来自屋顶或地面的雨水，通过植物、沙土的综合作用使雨水得到净化，并使之逐渐渗入土壤，涵养地下水，或使之补给景观用水、厕所用水等城市用水；④下沉式绿地：低于周围地面的绿地，其利用开放空间承接和贮存雨水，达到减少径流外排的作用，内部植物多以本土草本植物为主。

7.2.4.4 景观湖库构建技术

随着旅游业的蓬勃发展，许多湖库已经开发成为旅游景点，在对湖库实施生态恢复的同时进行与之相适配的景观设计，从而使湖库具有水质净化与景观美化的双重功能。为此应遵循四个原则：①综合性、功能和经济型原则；②生态稳定、完整和生态安全原则；③整体性和连续性；④体现地方特色。

1. 湖库水体水生植被生态恢复及景观设计

适用范围：湖库浅水区域基本均适用。

技术要点：常用的技术有构筑浅滩沟壑及堆岛措施，根据水文变化和周边环境，合理搭配植物类型，构建挺水植物、浮叶植物、漂浮植物和沉水植物等植物系统；部分区域可以构建生态浮岛。

技术方法：湖库水体水生植物是指生长在湖库中的沉水、浮水、漂浮和挺水植物。其技术核心是植被选择和水生群落的建立。在满足生态恢复的前提下，设计植物在水平和垂直方向的分布，色彩也要进行搭配，以及一年四季中不同植物间的功能替代。

限制因素：适宜生物生长生存的环境，水生植物要选择耐污性好、去除氮磷能力强的植物。

技术比选：①生态浮岛，一种针对富营养化的水质，利用生态工学原理，降解水中的COD、氮、磷的含量的人工浮岛，它能使水体透明度大幅度提高，同时水质指标也得到有效的改善，特别是对藻类有很好的抑制效果；②水生植物，根据水生植物的生活方式，将其分为挺水植物、浮叶植物、沉水植物、漂浮植物以及湿生植物，水生植物的恢复与重建在淡水生态系统的稳态转化（从浊水到清水）中具有重要作用，是水生态修复的主要措施。

2. 湖滨带生态恢复及景观设计

适用范围：湖库岛屿和湖湾区域的缓坡驳岸基本均适用。

技术要点：常用的技术有湖滨湿地工程技术、水生植被恢复工程技术、人工浮岛工程技术、河道廊道水边生物恢复技术等。

技术方法：①湖滨湿地工程技术，对临湖土地进行湿地工程建设；②水生植被恢复工程技术，水生植物的恢复与重建在淡水生态系统的稳态转化（从浊水到清水）中具有重要作用，是水生态修复的主要措施；③人工浮岛工程技术，主要机能包括水质净化；创造生物（鸟类、鱼类）的生息空间；改善景观；消波效果对岸边构成保护作用；④河道廊道水边生物恢复技术，改善入库河道廊道水体水质，改善景观。

限制因素：受空间地形、水流、水位及水质等环境影响较大。

3. 湖岸、沟渠生态恢复及景观设计

适用范围：湖库基本均适用。

技术要点：常用技术有发达根系固土植物、土工材料复合种植基、植被型生态混凝土等；生态驳岸有自然原型驳岸、自然型驳岸、多种人工自然型驳岸。

技术方法：将湖岸改造成为不规则的河湾，延长湖岸线长度，并根据不同物种需要将湖岸改造成平缓型、陡峭型、泥泞型等多种类型，美化视觉效果；在湖岸外侧种植阔叶林或高大乔木，减少热辐射，为湖岸外侧的湿地生物提供遮阳场所，但要避免成行成排的树木所带来的视觉单一以及树木太密影响水面阳光直射；采取过渡性的景观设计方法使湖库景观及周围景观自然相连，从而形成亲水区-见水区-远水区-望水区四个层次的景观格局，在三维空间内丰富湖区景观。

限制因素：适宜生物生长生存的环境。

技术比选：①植被生态型护岸，在湖岸岸坡上合理引入植被，包括草本植物和木本植物等。利用植被加固坡岸，是稳定边坡、控制侵蚀和修复生境的重要工程手段；②自然石护岸，选用天然山石和卵石，不经人为加工，石块与石块之间的缝隙用碎石和土填充，山石和卵石缝隙栽植植物、山石和卵石的缝隙为水生动物提供了栖息场所，凸现生态感；并且山石、卵石和栽植的植物具有净化水质作用；③多孔质护岸，多孔质护岸形式兼顾生态景观功能和水工结构要求，对湖岸起着保护作用，防止泥土流失，而且种植的植物对水质污染有一定的天然净化作用。

7.2.4.5 技术比选

城市水体生态修复技术比选情况见表7.11。

表7.11 城市水体生态修复技术比选

技术名称	技术分类	技术要点	适用范围
景观河道构建技术	人工湿地水处理构建技术	由人工建造和监督控制的由土壤和填料混合组成填料床，在床体表面种植水生植物，形成一个独特的动植物生态环境	适用于河道较宽的河流，且不适用于重度污染水体
	生态浮岛构建技术	通过植物的根系来达到净化水体的效果	适用于具有水位波动及陡岸深水环境的河道；有景观功能需求的河道
	生物栅构建技术	生物栅通过拥有的较大比表面积为微生物提供载体，提高水体的透明度，改善水体景观质量	适用于修复富营养化水体和稀释后的黑臭水体
	河道生物群落构建技术	在生态景观河道内种植一些观赏植物、放养滤食性鱼类，净化水质	适用于水质状况良好的水体
	曝气增氧技术	通过调活水体，增加水体溶氧，提高水体的自净能力	适用于水域面积较大的水体
河流亲水平台构建技术	景观亭	多建于路旁，供行人休息、乘凉或观景用	湖库基本均使用
	滨河步道	提高滨水区域的安全性和辨识度，在陆地和水域之间建立一条的公共通道	适用于城市水体、湿地、湖泊、池塘等
	过河汀步	供行人观赏自然风景	窄而浅的水面
河流水质水量控制技术	综合调水技术	通过调水对河网水流进行科学调度，尽量提高水体流动能力，是改善水质水量的一项有效工程措施	河流上、下游能人工控制到一定的水位差。应确保冲污效果和承纳污染的流域下游水体有足够大的环境容量
	城市湿地生态系统恢复与构建技术	①可对现有湿地处理系统加以合理改造；②建立生态长廊	地势平缓，土地资源相对较富裕的地区
	阶梯氧化塘系统构建技术	利用水塘中的微生物和藻类对污水和有机废水进行生物处理的方法	适用于去除营养物，处理溶解性有机物，处理水质状况良好的水体
	雨水汇流区域海绵生态湿地建设技术	下雨时吸水、蓄水、渗水、净水，需要时将蓄存的水“释放”并加以利用	要以城市建筑、小区、道路、绿地与广场等建设为载体

续表

技术名称	技术分类	技 术 要 点	适 用 范 围
景观湖库构建技术	湖库水体水生植被生态恢复及景观设计	湖库水体水生植物是指生长在湖库中的沉水、浮水、漂浮和挺水植物	湖库基本均适用
	湖滨带生态恢复及景观设计	生态优先,因地因时制宜,合理开发,符合市场经济和社会价值	湖库基本均适用
	湖岸、沟渠生态恢复及景观设计	生态优先,因地因时制宜,合理开发,符合市场经济和社会价值	湖库基本均适用

7.2.5 滨水空间构建技术

7.2.5.1 水文化——城市滨水空间与城市整体空间结构的连接

适用范围：水质状况良好的水体均适用。

技术要点：①利用滨水丘陵地形的有利地势设置景观点；②滨水街区建筑高度分区控制，城市滨水街区的建筑布局和形体设计应有意识地预留视觉廊道通向水域空间，靠近水域的建筑不能阻挡街区内部的建筑朝向水域的视线；③结合当地气候特点，靠近水边的建筑底层架空或局部透空，形成半公共空间，吸引人的活动，同时也使滨水景观成为视觉焦点；④与城市功能分布相适应，在滨水边缘地带特殊地段，人流密集、多种交通方式交汇的地方，开辟公共广场；⑤桥是特殊的景观和观景点，通常是滨水景观最具魅力的地方，其地点的选择、与周边环境的协调，以及桥本身的形态都很重要，应慎重行事；⑥运用人工方法开凿河道将水体引入滨水岸域，这种方法尤其适用于滨水娱乐休闲区和滨水居住区；⑦严格控制建筑与水体边缘的距离，水边设连续的散步道和绿化林带，改变建筑阻挡水体，建设亲水平台供人亲近水体，亲水平台的构建技术见7.2.4.2；⑧考虑从水上或者对岸观赏沿河景观时水域与周边城市环境的和谐，此时，防洪堤的形态显得尤为重要；⑨保持和突出建筑物及其他历史因素的特色，这些因素包括地理条件、景观构成因素、区域社会构成、历史建筑物现状、街区人文历史等。城市的广场、教堂及传统的街坊、里弄、寺庙等都是城市景观的重要场所因子，它们在城市居民的深层意识中形成某种固定的观念，具有重大的凝聚力作用。

限制因素：部分文化内容比较抽象，需与有形载体结合，促进区域旅游文化融合发展。

7.2.5.2 水景观——城市滨水空间开发的用地功能调整

适用范围：水质状况良好的水体均适用。

技术要点：城市滨水空间开发的用地功能主要有六种模式，即滨水商办金贸区、滨水餐饮娱乐区、滨水文体博览区、滨水居住区、滨水休闲活动区、滨水营运码头区。城市滨水用地调整可分为开发型、更新型、保护型三种方式。

技术方法：①开发型是将未开发的自然土地、农业用地转化为城市建设用地的开发过程；②更新型，或称为再开发，是城市空间的新陈代谢过程，往往涉及衰落或者废弃的用地功能的变更，伴随着大量建筑的拆建和部分具有保留价值的建筑的改造，典型的城市滨水空间再开发项目是在原有的码头、货栈、仓库等用地的基层上重新建造商业、游览、休闲等功能设施，恢复该地区的活力；③保护型，创造滨水空间场所感，最重要的是以公共活动吸引公众的参与；举办活动可以按照古老传统，每年在一定的时候举行某个文化活动；或者引导市民和旅游者参观文物、古建筑、历史遗迹，观赏风景，了解风土人情、民俗习惯；建筑水上公园、水上娱乐、天然浴场，开辟水上游览线等，融观水、戏水、游水于一体。

限制因素：城市开发的强度、基地城市化程度和历史价值的差别。

7.2.5.3 水安全——护岸和防洪堤

适用范围：水质状况良好的水体均适用。

技术要点：根据剖面形态的差别，可分为垂直型、斜坡型和阶梯型三种。

限制因素：气候、水位、地形地势。

技术比选：垂直型护岸节约用地，通常只用于河道狭窄的水网城市。其他两种适用于水面宽阔的岸线，有利于保护滨水生态环境，并使水面易于亲近。在不同的滨水环境氛围，城市中心或城市边缘、风景旅游区或城市广场、高原地带或海滨，护岸可采用不同材料建造，就地取材，因地制宜。常见的有绿化护岸、碎石护岸、沙滨护岸、石积护岸、混凝土护岸、碎石贴面护岸等类型。

7.2.5.4 水生态、水环境——自然环境的考虑

适用范围：水质状况良好的水体均适用。

技术要点：生态方法，维护地方生态系统的平衡。

技术方法：正确建立城市废物、雨水、废土地和其他城市要素的联系，使之变成有用的资源。把生活污水同农业、林业生产连接，既处理了污水又促进了生产，还补充了地下水。

限制因素：生态环境。

技术比选：①生态方法，运用自然资源为原料，投入小，收益大，是水质净化的一种有效途径；②维护地方生态系统的平衡，乔木、灌木、攀援植物、地面的植被都是森林系统不可分割的组成部分。滨水绿化林带的培植应从大自然中吸取经验，向立体化发展，使各种植物相互依存，形成稳定的生态结构，达到局部生态系统的平衡，吸引鸟类、昆虫类等生物回到城市中来，保护自然土壤的物理、化学属性和微生物区系。而且，城市滨水空间的绿化种植鼓励利用丰富的乡土树种和特色树种，注重展现层次变化、质感变化、色彩变化、季相变化、图案变化等，以适应城市气候环境和城市特点。

7.2.5.5 技术比选

滨水空间构建技术比选情况见表7.12。

表7.12 滨水空间构建技术比选

方面	技术名称	技术要点	适用范围
水文化	城市滨水空间与城市整体空间结构的连接	城市滨水空间结构达到地域的融合	适用于水质状况良好的水体

续表

方面	技术名称	技术要点	适用范围
水景观	城市滨水空间开发的用地功能调整	在滨水城市,滨水空间的景观是城市意象生成的主导因素	适用于水质状况良好的水体
水安全	护岸和防洪堤	滨水城市在水滨高筑堤坝以预防洪水灾害	适用于水质状况良好的水体
水生态、水环境	自然环境的考虑	正确建立城市废物、雨水、废土地和其他城市要素的联系	适用于水质状况良好的水体

7.3 湖泊水库生态修复技术

7.3.1 出入湖河流生态修复技术

适用范围：出入湖河流生态修复技术适用于湖泊、水库的生态修复。

技术要点：出入湖河流生态修复技术主要有水源涵养区构建技术、湖库前置库生态修复技术以及后置库生态水质净化技术。

技术方法：水源涵养区构建技术主要是划定生态红线以及划定水源涵养功能区；湖库前置库生态修复技术是在大型河湖、水库等水域的入水口处设置规模相对较小的水域（子库），将河道来水先蓄在子库内，在子库中实施一系列水的净化措施（如种植水生植物等），同时沉淀污水挟带的泥沙、悬浮物后再排入河湖、水库等水域（主库）；后置库生态水质净化技术是在大型河湖、水库等水域的出水口处设置规模相对较小的水域，将湖库出水先蓄在子库内，在子库中实施一系列水的净化措施，同时沉淀污水挟带的泥沙、悬浮物后再排入河道。

限制因素：地质地形、水质水文、生态环境。

技术比选：出入湖河流生态修复技术比选见表 7.13。

表 7.13 出入湖河流生态修复技术

编号	技术名称	技术要点	适用范围
1	水源涵养区构建技术	以保护饮用水水源为主要目的,建立森林、林木和灌木林	河川上游的水源地区
2	湖库前置库生态修复技术	在大型河湖、水库等水域的入水口处设置规模相对较小的水域(子库),将河道来水先蓄在子库内,在子库中实施一系列水的净化措施(如种植水生植物等),同时沉淀污水挟带的泥沙、悬浮物后再排入河湖、水库等水域(主库)	大型河湖、水库等水域
3	后置库生态水质净化技术	在大型河湖、水库等水域的出水口处设置规模相对较小的水域,将湖库出水先蓄在子库内,在子库中实施一系列水的净化措施,同时沉淀污水挟带的泥沙、悬浮物后再排入河道	适用于水质较出水河道水质差的湖泊和水库

7.3.2 湖泊生态修复技术

7.3.2.1 驳岸生态修复区消浪技术

适用范围：驳岸生态修复区消浪技术适用于受波浪影响较强的软质驳岸区域。

技术要点：可采用的技术有石坝消浪技术、桩式消浪技术、植物消浪技术、浮式消浪技术、筏式消浪技术以及管袋消浪技术。

限制因素：水位、水流及波浪大小。

技术比选：石坝消浪技术和桩式消浪技术具有较高的消浪能力和稳定性，但施工难度大，且需要引入外部土石源；植物消浪技术、浮式消浪技术和筏式消浪技术生态性好、施工难度低，但稳定性和消浪能力较低；管袋消浪技术就地取材，将附近湖底清淤取得的淤泥作为堤身主材，不用引入任何外部土石源，并具有较高的稳定性和消浪能力。

7.3.2.2 湖库蓝藻控制技术

适用范围：湖库蓝藻控制技术基本均适用藻类频繁爆发的湖库。

技术要点：利用一系列物理、化学或生物方法，减少水体营养盐含量，抑制蓝藻生长繁殖，从而改善水质。物理方法主要有稀释冲刷、蓝藻打捞、底泥疏浚、填沙、营养盐钝化、底层曝气、覆盖底部沉积物及絮凝沉降等；化学方法抑藻主要包括除草剂法和铜制剂法等；生物方法控制蓝藻水华主要包括水生植物抑藻，螺、蚌、蚬、螃蟹等底栖性食藻动物和鲢鳙鱼等滤食性鱼类抑藻和微生物抑藻等。

限制因素：时间，温度，生态环境。

技术比选：物理方法适用于蓝藻密集区，能直接大量清除湖面蓝藻水华，可以作为蓝藻水华大面积暴发时的应急措施，且无明显负面影响。在蓝藻水华暴发季节，利用机械方法打捞湖面表层的蓝藻水华，能够有效遏制蓝藻的大量繁殖。

化学方法适用于蓝藻暴发初期，作为应急处理，不适用于水质敏感区。

生物方法适用于水质敏感区。

7.3.2.3 生物操纵技术

适用范围：生物操纵技术适用于湖泊生态修复。

技术要点：主要的技术有经典生物操纵技术、非经典生物操纵技术。

技术方法：经典生物操纵技术是在湖泊富营养化控制方面运用生物操纵措施即增加凶猛性鱼类数量以控制浮游生物食性鱼的数量，从而减少浮游生物食性鱼类对浮游动物的捕食，以利于浮游动物种群（特别是枝角类）增长，浮游动物种群的增长加大了对浮游植物的摄食，这样就可抑制浮游植物的过量生长以至水华的发生；非经典生物操纵技术时通过控制凶猛鱼类及放养食浮游生物的滤食性鱼类（鲢、鳙）来直接牧食蓝藻水华。

限制因素：营养盐富集、藻类种类、浮游生物种类。

技术比选：经典生物操纵技术适用于营养水平较低湖泊中的藻类控制，非经典生物操纵技术适用于形成大型群体的水华蓝藻的控制。

7.3.2.4 深水曝气技术

适用范围：深水曝气技术适用于水较深的水域。

技术要点：向底层水体直接充氧，通过混合上下水层间接充氧。

技术方法：利用向底层水体直接充氧和通过混合上下水层间接充氧的功能，提高下层水体溶解氧浓度，抑制沉积污染物内源释放；同时借助其垂向混合功能，破坏水体分层，迫使富光区藻类向下层无光区迁移，抑制其生长繁殖，进而达到控制内源污染、抑制藻类生长、改善水源水质的目的。

限制因素：地质地形、生态环境。

技术比选：①向底层水体直接充氧，水深在 10m 左右，曝气装置设于池底部，需使用高风压的风机，无需设导流装置，自然在池内形成环流；②通过混合上下水层间接充氧，水深在 10m 左右，曝气装置设在 4m 左右处，这样可使风压在 5m 的风机，为了在池内形成环流和减少底部水层的死角，一般在池内设导流或导流筒。

7.3.2.5 技术比选

湖泊生态修复技术比选情况见表 7.14。

表 7.14 湖泊生态修复技术比选

编号	技术名称	技术要点	适用范围
1	驳岸生态修复区消浪技术	符合所在地相关规定；满足现场环境条件；不能引起二次污染；满足有效性、稳定性、经济性、生态性或景观性等	湖库基本均使用
2	湖库蓝藻控制技术	利用一系列物理、化学或生物方法，减少水体营养盐含量，抑制蓝藻生长繁殖，从而改善水质	湖库基本均使用
3	生物操纵技术	利用食物网，通过对生物群落及其生境的一系列操纵，达到藻类生物量下降等水质改善的目的，并对使用者提供有益的水生生物群落管理措施	湖库基本均使用
4	深水曝气技术	利用向底层水体直接充氧和通过混合上下水层间接充氧的功能，改善水源水质	深水曝气技术适用于水较深的水域

7.4 生态补偿技术

7.4.1 生态补偿机制构建方法

7.4.1.1 生态补偿机制内涵

生态补偿机制是以保护生态环境、促进人与自然和谐为目的，根据生态系统服务价值、生态保护成本、发展机会成本，综合运用行政和市场手段，调整生态环境保护和建设相关各方之间利益关系的一种制度安排。主要针对区域性生态保护和环境污染防治领域，是一项具有经济激励作用、与“污染者付费”原则并存、基于“受益者付费和破坏者付费”原则的环境经济政策。

7.4.1.2 基本内容

（1）政府补偿。政府补偿是目前我国开展生态补偿最重要的形式。政府补偿是指政府以财政补贴、政策倾斜、项目实施、税费改革、人才和技术投入等手段对生态环境保护责献者进行补偿，以维护国家生态安全、促进区域协调发展。主要实践途径有财政转移支付、税收制度、行政收费、金融信贷政策等。

(2) 社会补偿。社会补偿是指国际、国内各种组织和个人对保护生态环境的非利益相关者提供物质性的捐赠与援助。调动社会各方面积极参与生态补偿机制建设，筹集生态环保资金，提高公众生态环保意识，是保护生态环境的重要基础。主要实践途径有社会捐助、发行生态彩票、自愿义工等。

(3) 国际合作补偿。地球生态系统是一个整体。推动国际合作，实现利益共享、成本分摊，可以使生态补偿机制更好发挥作用。

(4) 生态移民补偿。在生态脆弱地区实行生态移民，是保护生态环境、蓄积自然资源的重要举措，是减少贫困人口、提高扶贫效益的治本之策，也是加快城镇化进程、实现城乡统筹发展的重要途径。

7.4.1.3 基本要求

(1) 完善生态补偿政策，尽快建立生态补偿机制。

(2) 中央和地方财政转移支付应考虑生态补偿因素，国家和地方可分别开展生态补偿试点。

(3) 改进和完善资源开发生态补偿机制，开展跨流域生态补偿试点工作。

7.4.2 生态补偿程度评估

7.4.2.1 生态价值评估技术

适用范围：生态价值评估技术适用于“先发展后治理”的生态保护模式。

技术要点：生态系统服务功能评估技术包括：市场定价技术、生产率技术、人力资本技术、机会成本技术、条件价值技术、旅行费用技术等。

限制因素：计算生态补偿选定的计算公式、新建工程范围内受影响的环境面积、由景观规划设计师评估自然环境和景观类型的生态价值、新建工程的生态影响系数。

技术比选：市场定价技术适用于评估没有费用支出但有市场价格的生态系统服务；生产率技术适用于评估可作为市场产品的功能价值评价；人力资本技术适用于能清楚的明确环境因子和疾病存在因果关系，而且损失成本可以用货币进行计量；机会成本技术适用于资源短缺时，某些资源应用的社会净效益不能直接估算的场合；条件价值技术适用于已经事先了解支付意愿与环境因素之间关系的情景；旅行费用技术适用于评价没有市场价格的自然景点或者环境资源的价值。

7.4.2.2 生物资源评估技术

1. 鱼类资源评估技术

适用范围：鱼类生物。

技术要点：鱼类资源评估技术主要有物理评估技术，其中包括网具捕捞技术、水声学技术、水下视觉调查；数学评估技术，其中包括剩余产量模型（资源动态模型）、年龄结构模型、ArcGIS地统插值方法。

技术方法：针对鱼类资源进行评价和估算。目前应用较普遍的是数学评估技术，即根据鱼类生物学特性资料和渔业统计资料建立数学模型，对鱼类的生长、死亡规律进行研究；考察捕捞对渔业资源数量和质量的影响，同时对资源量和渔获量作出估计和预报，在此基础上寻找合理利用的最佳方案，为制定渔业政策和措施提供科学依据。

限制因素：所选参数和模型的不确定性。

技术比选：在鱼类资源种类比较单一、鱼类活动范围小、鱼类集群性强的区域适合应用网具捕捞技术；在禁渔、范围较大的区域适合应用水声学技术或水下视觉调查技术；在已知鱼类平均密度数据、体长数据、分布范围的区域适合应用 ArcGIS 地统插值方法来估算此区域的鱼类资源总量；在鱼类数据获得较困难，但是可以获得一定时间序列下鱼类产量和鱼类资源丰度数据的区域适合应用剩余产量模型技术；在可以轻松获得鱼类资源的体长和年龄数据、资源丰度数据的区域适合应用年龄结构模型。

2. 甲壳类资源评估技术

适用范围：甲壳类资源评估技术适用于甲壳类生物。

技术要点：甲壳类资源评估技术包括物理评估技术和数学评估技术，其中物理评估技术包括网具捕捞技术、水声学技术，数学评估技术包括基于体长的世代分析法（LCA）、统计体长-年龄结构模型、综合体长结构模型、基于体长的单位补充量模型、资源量动态模型、时滞差分模型、损耗模型。

技术方法：对于甲壳类生物，如何模拟其生长过程是非常关键的一个内容，另外空间分布的特性也需要予与参数化并纳入到评估模型中。此外，关于模型的前提假设对估算结果产生的影响也需要进一步确定，模型中参数的数量设定、参数的估算过程也需要进一步优化。

限制因素：所选参数和模型的不确定性。

技术比选：在具有游泳型贝类和浮游型贝类的区域，适用网具捕捞技术；已知一定范围内的生物量和捕捞能力水平等的区域适用资源量动态模型或损耗模型；已知甲壳类生物的体长组成、生长率的区域适用基于体长的世代分析法；已知甲壳类生物一定时间序列产量的年龄结构、资源丰度的区域适用统计体长-年龄结构模型；已知甲壳类生物一定时间序列下渔获体长分布、丰度指数、自然死亡率、生长率资源补充量或补充量随时间变化的关系的区域适用综合体长结构模型、基于体长的单位补充量产量模型以及时滞差分模型。

3. 淡水藻类资源评估技术

适用范围：淡水藻类资源评估技术适用于评估淡水区域河底或湖底的淡水藻类资源。

技术要点：淡水藻类资源评估技术包括物理评估方法和数学评估方法，其中物理评估方法包括侧扫声呐技术、潜水采样技术、水下录像技术；数学评估方法包括地质块段法、算术平均法、加权平均法、最近区域法、主成分分析法、聚类分析法。

技术方法：①侧扫声呐技术：利用回声测深原理探测海底地貌和水下物体的设备；②潜水采样技术、水下录像技术：潜入水中进行采样或在水中进行录像对藻类进行资源评估；③地质块段法：按一定的条件或要求（如不同的地质条件、矿产质量、开采技术条件、研究程度等），把整个矿体划分为若干大小不等的部分（即块段），然后用算术平均法分别计算各部分的体积和储量；④算术平均法：求出一定观察期内预测目标的时间序列的算术平均数作为下期预测值的一种最简单的时序预测法；⑤加权平均法：利用过去若干个按照时间顺序排列起来的同一变量的观测值并以时间顺序数为权数，计算出观测值的加权算术平均数，以这一数字作为预测未来期间该变量预测值的一种趋势预测法；⑥最近区域法：是一种储量计算法，实质是将形状不规则的矿体人为地简化为许多便于计算体积的多角形；⑦主成分分析法：利用降维的思想，把多指标转化为少数几个综合指标（即主成分），其中每个主成分都能够反映原始变量的大部分信息，且所含信息互不重复；⑧聚类分析法：将物理或抽象对象的集合，分组为由类似对象组成的多个类的分析过程。

限制因素：地形地势，区域面积。

技术比选：在地形较为平坦的河底或湖底，即小范围藻类资源量评估，适合应用潜水采样技术；在地形比较崎岖，尤其有岩礁的湖底、大范围进行藻类资源量评估，适合应用侧扫声呐技术。藻类资源数学评估方法更适用于小范围区域的调查和评估。

4. 微生物资源评估技术

适用范围：生态系统内微生物。

技术要点：微生物资源评估技术包括培养技术（富集培养法、平板分离法）和非培养技术（荧光定量PCR、基因克隆建库、16SrRNA/DNA测序技术、甘油二烷基甘油四醚脂技术、荧光原位杂交法、高通量测序技术、Illumina测序技术）。

技术方法：①富集培养法指利用不同微生物间生命活动特点的不同，人为地提供一些特定的环境条件，使特定种（类）微生物旺盛生长，使其在数量上占优势，更利于分离出该特定微生物，并引向纯培养；②平板分离法由接种环以无菌操作沾取少许待分离的材料，在无菌平板表面进行平行画线、扇形画线或其他形式的连续画线，微生物细胞数量将随着画线次数的增加而减少，并逐步分散开来；③荧光定量PCR，通过荧光染料或荧光标记的特异性的探针，对PCR产物进行标记跟踪，实时在线监控反应过程，结合相应的软件可以对产物进行分析，计算待测样品模板的初始浓度；④16SrRNA/DNA测序技术指对环境细菌的16SrDNA进行高通量测序；⑤荧光原位杂交法，一种非放射性分子生物学和细胞遗传学结合的新技术，是以荧光标记取代同位素标记而形成的一种新的原位杂交方法；⑥高通量测序技术，以能一次并行对几十万到几百万条DNA分子进行序列测定和一般读长较短等为标志；⑦Illumina测序技术，采用稳定的可逆终止法边合成边测序技术。

限制因素：微生物的生命活动特点，微生物种类、数量、分子结构水平等。

技术比选：在充分了解不同微生物间生命活动特点的条件下，适合应用培养技术；在掌握微生物蛋白质、核算分子的性质，同时能够利用其性质在分子结构水平上操作的条件下，适合应用非培养技术。

生物资源评估技术比选情况见表7.15。

表7.15 生物资源评估技术比选

技术名称	技术要点	适用范围
鱼类资源评估技术	对鱼类资源进行评价和估算	鱼类生物
甲壳类资源评估技术	如何模拟其生长过程，另外空间分布的特性也需予与参数化并纳入到评估模型中；关于模型的前提假设对估算结果产生的影响，模型中参数的数量设定、参数的估算过程也需要优化	甲壳类生物

续表

技术名称	技术要点	适用范围
淡水藻类资源评估技术	浅水采样技术	在地形较为平坦的河底或湖底，即小范围藻类资源量评估
	侧扫声呐技术	在地形比较崎岖，尤其有岩礁的湖底、大范围进行藻类资源量评估适合应用
	藻类资源数学评估方法	适用于小范围的调查和评估的区域
微生物资源评估技术	培养技术	在充分了解不同微生物间生命活动特点的条件下
	非培养技术	在掌握微生物蛋白质、核算分子的性质，同时能够利用其性质在分子结构水平上操作的条件下

7.4.2.3 海洋保护区生态补偿评估技术

适用范围：海洋保护区生态补偿评估技术适用于海洋保护区。

技术要点：海洋保护区生态补偿评估技术包括经济补偿法、资源补偿法和生境补偿法。其中，生境补偿法包括建设人工鱼礁法、建设海洋牧场法、建立海洋保护区法。

限制因素：海域用途与现状。

技术比选：①经济补偿法适用于任何海域，适用性最广，操作起来最简单，但是不产生经济效益，政府将通过多种渠道获取的资金进行二次环境投资和环境保护，使得环境效益往往具有一定的间接性和延迟性；②资源补偿法适用于施工建设海域，一般针对那些经济鱼类物种，虽有一定的环境效益但不长远，补偿效果不稳定且容易受到补偿海域其他物种以及所处生境等外界因素干扰，甚至会产生由于物种选择不妥而造成外来物种入侵现象，而补偿实施后在效果评估方面也往往具有一定难度；③生境补偿法中建设海洋牧场法和人工鱼礁法适用于鱼类繁殖区、适宜生长区，而建立海洋保护区法适用于特征物种生存区。

海洋保护区生态补偿评估技术比选情况见表7.16。

表7.16 海洋保护区生态补偿评估技术比选

技术名称	技术要点	适用范围
经济补偿法	政府将通过多种渠道获取的资金进行二次环境投资和环境保护	适用于任何海域
资源补偿法	一般针对那些经济鱼类物种	适用于施工建设海域
生境补偿法	根据不同实际情况采取不同方法，虽然在过程实施方面会相对复杂，但却具有长远的经济效益和环境效益	建设海洋牧场法和人工鱼礁法适用于鱼类繁殖区、适宜生长区，建立海洋保护区法适用于特征物种生存区

7.4.3 生态补偿措施及关键技术

7.4.3.1 措施

(1) 加快建立“环境财政”。把环境财政作为公共财政的重要组成部分，加大财政转移支付中生态补偿的力度。

（2）完善现行保护环境的税收政策。增收生态补偿税，开征新的环境税，调整和完善现行资源税。

（3）建立以政府投入为主、全社会支持生态环境建设的投资融资体制。

（4）积极探索市场化生态补偿模式。引导社会各方参与环境保护和生态建设。

（5）为完善生态补偿机制提供科技和理论支撑。建立和完善生态补偿机制是一项复杂的系统工程，尚有很多重大问题急需深入研究，为建立健全生态补偿机制提供科学依据。

（6）加强生态保护和生态补偿的立法工作。环境财政税收政策的稳定实施，生态项目建设的顺利进行，生态环境管理的有效开展，都必须以法律为保障。

（7）确定西部生态补偿重点，突破领域。西部生态保护与建设还需要在一些领域重点突破，以点带面，推动生态补偿发展。

（8）加强组织领导，不断提高生态补偿的综合效益。

建立和完善生态补偿机制，必须认真落实科学发展观，以统筹区域协调发展为主线，以体制创新、政策创新和管理创新为动力，坚持“谁开发谁保护、谁受益谁补偿”的原则，因地制宜选择生态补偿模式，不断完善政府对生态补偿的调控手段，充分发挥市场机制作用，动员全社会积极参与，逐步建立公平公正、积极有效的生态补偿机制，逐步加大补偿力度，努力实现生态补偿的法制化、规范化，推动各个区域走上生产发展、生活富裕、生态良好的文明发展道路。

7.4.3.2 关键技术

传统的工程建设忽视生态系统的健康需求，有时甚至带来地方物种灭绝的悲剧，引发巨大社会争议。未来的工程建设应基于河流生态系统四维时空特征，考虑通过实施生态工程，尽量避免、减缓或补偿工程对于廊道的负面影响。从生态补偿技术层面上来看，以下几个方面的关键技术值得重视和研究。

1. 纵向通道工程技术

生态基流和生物通道技术是补偿纵向连通损失的关键技术。

（1）生态基流。河流廊道的纵向连通性需要建立在维持水文连续性的基础之上。符合廊道基本生态功能需求的最小流量，即生态基流对维持廊道生态的健康极为重要，坝后下泄水流应满足生态基流要求。对于生态基流，具有地域性的特点，缺乏统一标准，需通过生态学、水文学等多学科交叉论证。一般来说，对于小型河流，生态基流应不小于多年平均流量的10%，大中型河流则不应小于5%。

（2）生物通道。在有珍稀保护、地方特有和具有重要经济、科学价值的水生生物洄游通道河段建闸筑坝，必须建设生物通道。水头较低的闸坝适宜修建鱼道、鱼梯、鱼闸等永久性设施，高坝则宜设置升鱼机、鱼泵设施。同时需要考虑鱼卵和幼鱼的下行通道，通过改建溢洪道和排漂孔，或增设旁路过鱼系统，可减少幼鱼洄游时通过水工机械的死亡率。在有效监管的前提下也可以考虑在水生生物洄游季节以运鱼船、人工网捕的方式实现连通。

2. 横向通道工程技术

(1) 生态型堤防。堤防工程妨碍水流横向漫溢，阻隔河流廊道的横向连通。从恢复河流生态功能的角度出发，需要改进传统堤防的规划设计，建设生态型堤防工程。堤防后移应该提倡，遵循宜宽则宽的原则，处理好与土地开发利用的矛盾，尽量不侵占沿岸交错带，从而使河道在沿岸高度活跃区域内保持连通。

(2) 沿岸植被防护带。在河道沿岸设置植被防护带，按照因地制宜的原则采用乡土树种，按适当比例引入乔灌草结构，能涵水保土并为交错带生物提供良好生境。

(3) 自然脉冲调度。防洪和发电调度造成水流的均一稳定，从而损失了洪水脉冲的横向连通效应。因此传统水利工程的调度中应考虑通过增加脉冲洪峰的流量和持续时间，减缓洪水退水过程，以恢复河流的横向连通。如美国的萨凡纳河、比尔威廉斯河等通过恢复脉冲洪峰保护了本地种，改善了河流生态状况。

3. 垂向通道行补偿技术

岸坡防护应采用透水材料，尤其注意采用天然材料，以保持地表水和地下水连通。对于湖库的垂向分层，通过分层泄水设施，可有效解决低温水问题；而通过水轮机通风、水库曝气或修建曝气堰等，可以解决溶解氧低下的问题。

4. 工程全时段的生态监督

生态水利工程应考虑河流廊道在时间尺度上的动态变化性，进行从建设到调度运行全过程的生态监管。

建设过程的生态监督是有效手段，在施工过程中应努力控制作业带宽，做好水土保持工作。施工季节和时段的选择更须科学考究，宜选择枯水季节以减少破坏，不宜选择繁殖孵化季节以避免干扰。

调度运行管理中将生物的生命周期纳入考虑，具有重要意义。在幼鱼下行洄游季节，可考虑增加溢洪道和下泄水量。在产卵季节，可考虑降低下泄水流的日常波动；而在沿岸交错带树苗的生长季节，应该减少下泄水流非自然脉冲的频率和淹没时间。在沿岸农作物生长季节，须注意分层泄水以保证水温。

7.4.3.3 技术比选

生态补偿关键技术比选情况见表 7.17。

表 7.17 生态补偿关键技术比选

技术分类	技术名称	技术要点	适用范围
纵向通道工程技术	生态基流	符合廊道基本生态功能需求的最小流量，即生态基流对维持廊道生态的健康极为重要，坝后下泄水流应满足生态基流要求	一般小型河流：生态基流应不小于多年平均流量的10%；大中型河流不应小于5%
	生物通道	水头较低的闸坝适宜修建鱼道、鱼梯、鱼闸等永久性设施，高坝则宜设置升鱼机、鱼泵设施。需考虑鱼卵和幼鱼的下行通道，通过改建溢洪道和排漂孔，或增设旁路过鱼系统	有珍稀保护、地方特有和具有重要经济、科学价值的水生生物洄游通道河段建闸筑坝处

续表

技术分类	技术名称	技术要点	适用范围
横向通道工程技术	生态型堤防	堤防后移应该提倡，遵循宜宽则宽的原则，处理好与土地开发利用的矛盾，尽量不侵占沿岸交错带	需改进传统堤自然脉冲调度防的规划设计
	沿岸植被防护带	在河道沿岸设置植被防护带按照因地制宜的原则采用乡土树种，按适当比例引入乔灌草结构	因地制宜的原则，乡土树种
	自然脉冲调度	水利工程的调度中应考虑通过增加脉冲洪峰的流量和持续时间，减缓洪水退水过程	防洪和发电调度造成水流的均一稳定，从而损失了洪水脉冲的横向连通效应
垂向通道行补偿技术		对于湖库的垂向分层，通过分层泄水设施可有效解决低温水问题	岸坡防护是否可应采用透水材料尤其是天然材料，以保持地表水和地下水连通
工程全时段的生态监督		进行从建设到运行全过程的生态监管	控制作业带宽，做好水土保持工作；施工季节和时段的选择；生物的生命周期；水温

第8章　执法监管技术指南

《意见》对执法监督提出了明确的要求，即建立健全法规制度，加大河湖管理保护监管力度，建立健全部门联合执法机制，完善行政执法与刑事司法衔接机制。建立河湖日常监管巡查制度，实行河湖动态监管。落实河湖管理保护执法监管责任主体、人员、设备和经费。严厉打击涉河湖违法行为，坚决清理整治非法排污、设障、捕捞、养殖、采砂、采矿、围垦、侵占水域岸线等活动。本章从监管机制、监督机制、评估考核机制、长效管理机制四个方面展开论述。本章技术路线如图8.1所示。

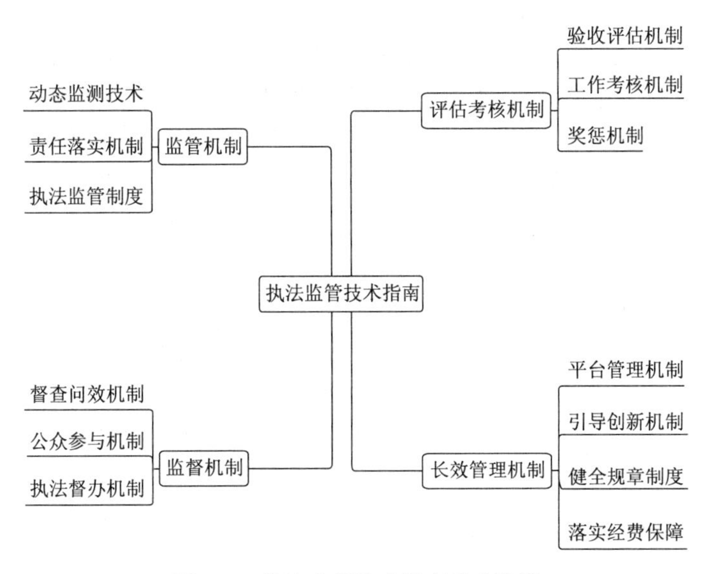

图8.1　执法监管技术指南技术路线

8.1　监管机制

8.1.1　动态监测技术

适用范围：动态监测技术主要用于对河湖水域岸线、水体生态环境要素等进行监测，及时获取精确的环境动态变化资料。

技术要点：可采用现场巡查与实时监控相结合的方式，现场巡查包括人工巡查技术与无人机巡查技术，实时监控技术包括视频监控技术、遥感监控技术、在线自动监测技术等。

技术方法：

河湖长、巡查员、保洁员等相关人员开展日常及不定期巡查，做好观测、维护、养护、保洁工作，保障河湖工程安全，及时发现各类污染河湖水质、破坏水环境和侵占水域岸线等违法行为。

无人机巡查技术主要以无人机为搭载平台，通过集成高清摄像机、自动取样装置、水质在线监测仪或多光谱分析仪等多种设备，对地形复杂、执法和监测车辆无法前往的巡查和监测水域，准确拍摄记录河流水质情况、两岸实景，并实现自动水样采集及水质在线自动监测和远程传输。

视频监测技术实现对水域全范围的24h不间断录像，及实时调用监控视频，实时上报异常情况。

遥感监控技术利用卫星遥感技术和信息化技术，通过调取卫星遥感监测图检查，以文字描述、照片、音频、视频的方式上报最新情况。

在线自动监测技术是以在线自动分析系统为核心，通过各种传感设备获取信息，实现各信息的智能识别、定位、跟踪、监控和管理。

限制因素：对地形复杂、执法和监测车辆无法前往的水域，人工巡查难以开展；无人机巡查技术无法在禁飞区使用；视频监控技术在夜间实施难度高；河流和中、小型湖泊受卫星遥感时间、空间分辨率的限制而无法进行有效的监测；冬季北方较冷，河道结冰，对水质监测的自动取水产生了较大的影响；自动监测站点长期无人值守，会发生偷盗等破坏设备的行为；先进的技术设备缺乏专项经费支持，制约工作开展。

技术比选：人工巡查技术耗费大量的人力物力财力，存在管理协同性差、信息共享困难、处理周期长、效率低、应急管理时效性差的问题；无人机巡查技术因其起降灵活，适用范围广，尤其是受地理或交通条件影响的区域，具有分辨率高、实效性好等特点；视频监控技术节省了管理人员工作量，具有实时性、全面性、高分辨率等特点；遥感监控技术在获取大面积同步和动态环境信息方面“快”而“全”，克服地形制约因素，取证效果佳，应用广泛；在线自动监测技术提高了监测工作效率和监测结果的准确性、降低了水体监测的管理成本。

8.1.2 责任落实机制

适用范围：责任落实机制主要用于有效调动地方政府履行环境监管职责的执政能力，构建责任明确的河湖长体系。

技术要点：可采用健全河湖长架构、责任分级机制、责任追究机制、联管协作机制等。

技术方法：

健全河湖长架构是指省、市、县、乡党政主要负责人担任总河湖长，根据河湖自然属性、跨行政区域、经济社会、生态环境影响的重要性等确定河湖分级名录及河湖长，所有河流水系分级分段设立省、市、县、乡、村级河湖长，并延伸到沟、渠、塘等小微水体，劣Ⅴ类水质断面河道由省、市、县主要领导担任河湖长，县级及以上河湖长要明确相应联系部门。

责任分级机制是指河湖最高层级的河湖长是第一责任人，对河湖管理保护负总责，省、市、县、乡级分级分段河湖长对河湖在本辖区内的管理保护负直接责任，村级河湖长承担村内河流“最后一公里”的具体管理保护任务。

责任追究机制是指对于河湖长履职不力，不作为、慢作为、乱作为，河湖突出问题长期得不到解决的，严肃追究相关河湖长和有关部门责任。

联管协作机制是指各区域间加强沟通协调，河流下游主动对接上游，左岸主动对接右岸，湖泊占有水域面积大的主动对接水域面积小的，积极衔接跨行政区域河湖管理保护目标任务，统筹开展跨行政区域河湖专项整治行动，探索建立上下游水生态补偿机制，推动区域间联防联治。

限制因素：河湖长责任落实的最高行政级别为省级；党政负责人发生职务调动时，河湖管理保护责任落实较困难；跨流域、跨行政区域、跨部门的联合管理、协同工作需要磨合。

技术比选：健全河湖长架构具有规模高、覆盖面广、组织体系完善等特点；责任分级机制保障河湖长制的顺利运转、有效落地，有助于河湖长工作的监督与考核；责任追究机制对河湖长履职积极性具有促进作用；联管协作机制有助于消除管理保护的“真空地带”。

8.1.3 执法监管制度

适用范围：执法监管制度主要用于防范、打击涉河湖违法行为，清理整治非法排污、设障、捕捞、养殖、采砂、采矿、围垦、侵占水域岸线活动。

技术要点：可采用许可机制、处罚机制、调解机制、联合执法机制等。

技术方法：

许可机制指河湖长制执法监管部门和流域管理机构对水生态保护、河道管理、防汛抗旱、工程管理、水资源管理、水土保持等机构所行使的行政许可权，如设立排污许可证、取水许可证、河道采砂许可证等，统一行使水行政许可职能，依证实施监管，维护生态安全。

处罚机制指河湖长制执法监管部门和流域管理机构担负水工程、河道、供水、排水和水源地保护等涉水违法案件的查处，水行政处罚权应由水政监察机构行使，对实施违反水法律法规行为的人采取必要的行政强制措施，对其进行行政处罚，并监督行政处罚决定的履行，如对侵占岸线、非法采砂、违法捕鱼等违规行为限期整改，对不服从管理继续违规的依法强制执行并进行处罚。

调解机制指在河湖长的统一安排与协调下，由河湖长制执法监管部门和流域管理机构对辖区内的用水、生态、环保、调度等矛盾进行调节，以法律法规和规章政策为依据，在平等自愿的基础上，本着互让互谅的精神，就纠纷事宜进行协商，心平气和地解决彼此间的纷争，确保河湖长制执法监管的顺利进行。

联合执法机制是指统筹水利、环保、国土资源、交通运输、渔业等部门的行政执法职能，推进流域综合执法和执法协作，与公安、司法、海事、环保等部门联合执法，加强水利综合执法，通过开展专项执法和集中整治行动，加大对河道水事违法行为的查处力度，完善行政执法与刑事司法衔接机制，严厉打击破坏水资源、危害水生态、影响水安全、侵占河道、非法采砂、设置行洪障碍等行为，维护良好的河道管理秩序。

限制因素：许可机制的相应法律条款需进一步完善，申报流程较为复杂，工作效率有待优化提升；处罚机制成效有限，由于涉河违法行为违法成本低，调查取证和定罪量刑难，河道执法监管难度大，一定程度上造成了涉河违法行为屡禁不止；调解机制涉及牵涉法律条文多，以及复杂的民俗、民风、民情，对调解员能力要求较高；联合执法机制需要协调水利局、水务局、公安局、河湖长办等单位，执法监管队伍的组成人员一方面要了解给排水、水利工程等方面的水利专业知识，另一方面又要有能够胜任执法工作的法律专业知识。

技术比选：许可机制为环保执法提供了重要凭证，加强了水资源、污染源规范化管理；处罚机制有效打击了涉河湖违法行为，消除违法人员的侥幸心理，同时起到震慑作用；调解机制有效防止水事纠纷激化，避免人员财产进一步受损，维护社会稳定；联合执法机制有效整合执法力量，具有行动快、见效快、合力强、联动性好的特点。

8.2 监督机制

8.2.1 督查问效机制

适用范围：督查问效机制主要用于上级部门全面、及时掌握各地推行河湖长制工作进展情况，指导、督促各地加强组织领导，健全工作机制，落实工作责任，按照时间节点和目标任务要求积极开展河湖长制工作。

技术要点：可采用督导检查制度、督查暗访制度。河湖长制工作落实要点包括河湖分级名录确定情况、工作方案制定情况、组织体系建设情况、制度建立和执行情况、河湖长制主要任务实施情况、整改落实情况。

技术方法：

督导检查制度，县级以上河湖长定期牵头组织，通过巡查调研、听取汇报等形式，对下一级河湖长履职情况以及非法采砂整治、清河行动开展、巡河工作落实、信息制度落实、河湖长会议、河湖长制档案整理等河湖长制工作重点落实情况进行督导检查，指导辖区内河湖长制工作重点和方向，发现问题及时发出整改督办单或约谈相关负责人，确保整改到位。

督查暗访制度指由上级部门组织工作人员严格按照“四不两直”（不发通知、不打招呼、不听汇报、不用陪同接待，直奔基层、直插现场）要求，深入基层乡村，重点暗访督查各地河湖“四乱”现象及“清四乱”行动开展情况等河湖长制工作落实情况，并采用随机抽查的方式现场督查河湖长及河湖长办履职情况，在现场暗访督查工作前应做好充分准备，明确暗访范围、检查方式、组织分工，细化检查内容和相关要求，并制定暗访报告编写提纲，以及电话记录单、群众问询记录单、问题记录单等详细表格，就发现问题“一地一单”“一事一单”直接督办总河湖长，要求限期整改。

技术比选：督导检查制度有效指导、督促下级部门加强组织领导，健全工作机制，落实工作责任，按时间节点和目标任务要求积极推行河湖长制各项工作。督查暗访制度有效督促各级河湖长及河湖长办履职尽责，确保河湖长制在各地落地生根、取得实效。

8.2.2 公众参与机制

适用范围：公众参与机制主要用于民众、社会团体、媒体等举报、监督、曝光河湖长制工作中的问题，以及提供公众参与河湖保护工作的渠道。

技术要点：可采用公开公告机制、电话热线机制、信息平台机制、曝光反馈机制。参与渠道包括电话、邮箱、政府网站等公众信息平台，参与方式包括举报问题、监督整改、曝光整改结果、志愿服务、提建议等。

技术方法：

公开公告机制指公开河湖长制相关政策、工作开展情况等，如向社会公告河湖长名单，在河湖岸边显著位置规范设置河湖长公示牌，标明河湖长职责、河湖概况、管护目标、监督电话等，接受社会监督。

电话热线机制包括通过畅通监督电话、河湖长制工作邮箱、微信公众号等通信渠道，鼓励社会公众积极参与护水，另外对于热线电话的统计数据、群众反映问题及后续处理可通过媒体、相关信息平台公开。

信息平台机制包括河湖长制信息公开平台、政务公开平台，功能包括河湖长制相关政策、工作情况的信息公开，组织多种形式的志愿者行动，扩大社会公众参与度，助力岸线清洁、河湖长制政策宣传等。

曝光反馈机制包括对巡查发现、群众举报的问题在主流媒体、相关信息平台上曝光，可与媒体联办河湖问题曝光台、专栏，或召开新闻发布会，并建立“河湖长工作联系单”、签发“河长令”“湖长令”“交办单”等“一事一办”方式，交相关部门办理和督办查办，确保事事有着落、件件有回音，提高政府公信力。

限制因素：公开公告机制应注意信息的更新及公示牌的维护；电话接听工作需开展业务培训，电话热线机制由于公布电话号码会引来很多无关电话，干扰正常工作。

技术比选：公开公告机制、电话热线机制、信息平台机制能促进政务公开、提高政府重视程度，提高公众参与积极性，为有效落实河湖长制工作做好宣传工作。信息平台机制拓展高校、社会团体参与河湖管理保护的新渠道，建立实时、公开、高效的信息平台，积极引导社会力量参与河湖长制工作，形成政府与社会共治格局，形成河湖管理保护的强大合力。曝光反馈机制发挥媒体舆论的引导和监督作用，产生了重要的社会反响。

8.2.3 执法督办机制

适用范围：执法督办机制主要用于督促各级各部门及河湖长切实履行职责。

技术要点：可采用提示机制、约谈机制、通报机制、行政处罚机制、挂牌督办机制。

技术方法：

提示机制是指在河湖长制工作中，提醒告知发现的问题，督促提示对象及时开展整改并在规定时间内反馈整改落实情况，提示对象通过书面反馈整改落实情况。

约谈机制是指约见未履行河湖长制工作职责或履行职责不到位的相关责任人，通过告诫谈话指出问题、提出整改要求并督促整改到位。约谈可单独实施，必要时也可邀请相关部门（单位）、纪检监察机关共同实施。约谈实施前，以书面形式通知约谈对象，明确约谈事由、程序、时间、地点、邀请参加方等事项。约谈实施后应形成约谈纪要，印送约谈对象，同时抄送参加各方，并督促约谈对象按约谈要求落实到位。

通报机制是指在河湖长制工作中，针对工作严重滞后或河湖长履职严重不到位，经提示约谈问题仍未得到明显整改等突出问题，按照相关程序在一定范围通报。通报对象应在接到通报后以书面形式将整改落实情况上报，上级部门对整改落实情况适时进行复核。

行政处罚机制指对违反行政法规范，尚未构成犯罪的人给予警告、罚款、行政拘留等行政处罚。无权部门通过行政执法权委托对受委托事项行使日常行政检查权、违法行为制止权和行政处罚权。

挂牌督办机制指对造成重大社会影响治水事项的办理提出明确督办要求，公开督促各级政府及其有关部门认真办理，被督办单位向河湖长办上报综合整治整改工作方案，落实“三张清单”（整改问题清单、整改措施清单、整改责任清单），河湖长办通过明察和暗访相结合的方式进行专项检查。

限制因素：邀请其他部门和机构共同实施约谈的，应就有关约谈内容、程序、要求等事项达成一致意见。对于无权处理的违法行为，调查取证后及时报请上级机关处理。

技术比选：提示机制、约谈机制、通报机制、行政处罚机制、挂牌督办机制分别对应了问题严重性的不同，按实际选择对应的执法督办机制进行处理。

8.3 评估考核机制

8.3.1 验收评估机制

适用范围：验收评估机制主要用于及时全面掌握全省河湖长制工作进展情况，确保河湖长制工作全面落实。

技术要点：落实工作责任，细化评估指标，评估内容重点包括河湖长组织体系建设、制度建设情况、河湖管护长效机制建设情况、河湖长履职情况、工作组织推进情况、河湖管理保护及成效、民意调查等方面，按阶段性分为中期评估、总结评估，评估方法包括定量评估、定性评估，评估指标体系构建为多级指标。

技术方法：构建评估指标体系时，把建立河湖长制组织领导体制、推进水治理保护规划和制度建设、健全河湖长制管理体制和工作机制、加强水资源保护、强化河湖水域岸线管理保护、提升水污染防治水平、系统推进水环境治理、加强水生态修复等主要任务作为一级顶层指标的重点，确保指标涵盖河湖长制实施运行的关键领域；在二级、三级等底层指标设计时，必须坚持问题导向和因地制宜的原则，在兼顾顶层设计的基础上，立足本地区水治理的实际，对不同地区不同河湖区域采用差异化对待和差异化考核的方法，保证考核的实效性和公平性，在指标设计完成后，应根据考核情况和阶段性重点工作，对指标进行实时检查、分析、反馈和调整，保障指标体系的整体动态优化。

采用定性与定量相结合的方法，以定量评估为主。

公众评价主要调查公众对所在流域的河湖长制建设、河湖管理和保护等工作的满意度，可通过门户网站、微信公众号等开展网络问卷调查的形式进行。

限制因素：以“实事求是，客观公正，上下联动，严控质量，科学合理，易于操作”为原则，为确保评估工作成果质量可信可靠，须严格把控各项数据的真实性和准确性，统一评估内容选择、评估方法选取和评估指标设置及赋分等方面。

技术比选：顶层指标体系具有导向性、引领性、协调性、系统性，底层指标体系具有差异性、公平性、动态性；验收评估制度可以提炼各地好的做法和典型经验，分析存在的主要问题与面临的困难，提出工作意见建议，对全面推行河湖长制各项工作任务落地生根、取得实效具有重要意义。

8.3.2 工作考核机制

适用范围：工作考核机制主要用于考核省、市、县、乡等各级河湖长的履职情况。

技术要点：可采用自主考核机制、相关职能部门考核机制、第三方专业机构考核机制等。

技术方法：自主考核机制包括河湖长自评、内部成员互评、上级评价。

相关职能部门考核机制通过在县级以上地区设立河湖长制“考核办”或“考核委员会”的专门性机构，与河湖长制管理办公室协调运行，此机构可由党委、政府牵头设立，水利和环保部门主导，吸纳组织部、发展改革委、统计、财政、市政市容、国土、农业、林业、规划、住建、经济和信息化、法院、检察院等相关职能部门工作人员，并下设各级巡视考核组。

第三方专业机构考核机制指政府制定的遴选办法，选择最佳的专业机构，对各级河湖长水治理过程中规划制定、制度建设、事项决策、任务部署、工作指导、环节协调、问题督查、案件督办、事故问责等岗位职责履行情况进行科学、独立、客观、公正的考核。

技术比选：自上而下的自主评价模式，易引发考核中“修饰作假”“报喜不报忧”“相互打掩护”等问题，相关职能部门考核机制具有中立性、公正性和权威性，第三方专业机构考核机制具有独立性、专业性，可防止部门利益的不利影响、最大程度杜绝地方保护主义。

8.3.3 奖惩机制

适用范围：通过严明奖惩，倒逼河湖长制工作落实，提高河湖长的工作积极性。

技术要点：可采用诫勉谈话机制、表扬表彰机制、批评检讨机制、岗位调整与个人考核结果挂钩机制、财政资金与区域考核结果挂钩机制等。

技术方法：诫勉谈话机制包括年度考核排名倒数第一且考核结果不合格的河湖长，由上一级河湖长对其进行诫勉谈话。

表扬表彰机制包括对年度考核结果为优秀的总河湖长、河湖长，政府予以通报表扬；

设置“河湖长制工作先进集体”“优秀河湖长”和“优秀个人”等称号表彰。

批评检讨机制包括对考核结果为不合格的总河湖长、河湖长，政府予以通报批评，由上级河湖长组织约谈；连续两次不合格的河湖长，要在主流新闻媒体做出公开检讨。

岗位调整与个人考核结果挂钩机制包括作为干部任用与问责的重要依据；考核结果送交组织人事部门，作为各区党政领导干部综合考核评价的重要依据；对于考核结果多次不合格的河湖长实行“一票否决”，建议对其工作岗位进行调整，并在两年内不予提拔重用。

财政资金与区域考核结果挂钩机制作为省直有关单位年度预算安排的重要依据，发改、财政等部门将考核结果作为水务、环保、住建、国土规划、农业等相关领域项目安排和资金分配优先考虑的重要参考依据等。

8.4 长效管理机制

8.4.1 平台管理机制

适用范围：平台管理机制主要用于构建信息公开、数据共享、协商交流、工作记录的河湖长制工作管理平台。

技术要点：可采用河湖长制管理系统、通报制度、信息共享制度、会议制度及台账归档等。

技术方法：河湖长制管理系统可实现河湖长制管理信息系统全覆盖，对河湖长履职情况进行网上巡查、电子化考核；乡镇以上河湖长建立河湖长微信或QQ联络群。通报制度包括在主流媒体、党政网站上通报年度工作目标、重点工作推进情况、河湖保护相关重大突发事故应急处理、奖励表彰、通报批评、责任追究等。信息共享制度指公开或协商共享水质在线监测数据等河湖保护相关数据资料。会议制度及台账归档包括主持召开河湖长会议，贯彻落实上级河湖长、本级总河湖长工作要求，对照河湖长制工作年度目标任务，研究解决所担任河湖长的河湖管理保护中的问题，部署“一河一策”“一湖一策”实施、河湖长制督查考核等重要事项，每次会议需形成会议纪要或台账资料。

限制因素：信息共享中须严格遵守保密规定，禁止滥用、未经许可扩散、非授权使用等。

8.4.2 引导创新机制

适用范围：引导创新机制主要用于推进河湖长制工作的落实和深入开展。

技术要点：可采用示范案例推广机制、新技术公开征集机制、业务培训机制。

技术方法：示范案例推广机制包括各级河湖长办要明确专人负责，不断挖掘、总结基层的好做法、好经验，总结工作进展和成效，通过推行河湖长制示范工程、示范镇（村）、样本河道等创建工作，打造精品示范项目，创新工作举措，分享提供可借鉴、可推广的示范经验，充分发挥典型带动、示范引路作用，以样板先行带动河湖长制工作全面提升。

新技术公开征集机制包括通过技术研讨会、河湖长制科技创新论坛、招标会、网络征集等形式，向高校、科研机构、企业征集创新技术，提高河道管理效率，丰富完善治水新思路。

业务培训机制包括与理论和实践经验丰富的高校、科研机构等合作，开展针对性强、专业程度高的河湖长制业务培训，通过理论指导、经验交流与现场教学，在学习、交流、实战中拓宽工作思路，筑牢理论基础，获得实战经验，推进河湖长制工作持续深入。

8.4.3 健全规章制度

适用范围：为各级党委政府持续推进河湖长制提供法律支撑，逐步实现从“有章可循”到“有法可依”，健全流域管理法规制度，构建以部门规章、地方性法规及规范性文件为支撑的层次分明、专业结构配套的水法规体系。

技术要点：健全法律法规、修订保护条例、健全配套制度体系。

技术方法：“河湖长制”在本质上是一种“党政领导负责制”，要确保“河湖长制”运行程序的正当性，需要通过立法来规范和制约“河湖长”的决策权力，防止“河湖长”及其他行政主体恣意、专断、滥权，完善相关法律法规并且赋予职能部门相应的权力和手段，有利于实现河湖长制真正落实。修订保护条例包括将全面推行河湖长制的相关内容写入《水资源条例》《湖泊保护条例》等，出台《实施河长制湖长制条例》等。健全配套制度体系包括出台河湖长会议、信息共享、信息报送、工作督查、考核问责与激励、评估验收、河湖长名单公告、河湖巡查等制度。

限制因素：河湖长制立法工作需从国家层面开展与推进；涉河、涉水法律法规和相关规章保护条例较多，需在不同法律规章制度中协调。关于责任者、参与者、受益者、监督者的权利和义务，相关人员承担的责任内容，包括领导责任、直接责任、间接责任和其他责任，以及河湖长与相关部门之间、正副职之间、不同河湖长层级之间的责任关系较难确定。

技术比选：通过法律的形式规范河湖长制工作，固化河湖长制实施中的有关政策、制度、经验、做法，确保河湖长制稳步推进，常态长效；修订保护条例有利于因地制宜，针对各地不同河、湖现状制定相应的保护政策。健全配套制度可以避免职责不清、权限不明的情况。

8.4.4 落实经费保障

适用范围：落实经费保障主要用于全面落实河湖长制工作经费，确保河湖长制各项工作有序推进。

技术要点：落实经费保障的主要手段包括加大公共财政投入、形成多元化投资格局、加强审计监督、激发市场活力等。

技术方法：加大公共财政投入力度，统筹安排有关专项资金，将河湖长制工作经费纳入基本财力保障范围，列入各级政府预算，加大对村级河湖长、河道巡河员等基层工作人员奖惩考核资金投入力度，提升各级河湖长办督导检查硬件投入，配备现代化设施设备。同时鼓励和吸引社会资金投入，拓宽河道管理保护资金筹措渠道，形成公共财政投入、社会融资、贴息贷款等多元化投资格局，保障河湖管理保护项目经费及河长制工作经费的落实。加强审计监督，规范河湖管理保护资金使用。探索分级负责、分类管理的河湖管理保护模式，积极培育环境治理、维修养护、河道保洁等市场主体，充分激发市场活力，以市场化、专业化、社会化为方向，培育环境治理、维修养护、河道保洁等市场主体。

限制因素：公共财政可增加的资金投入有限，融资政策有待完善、社会资本投入动力不足，政府和企业合作模式规范化与专业化不足，存在回报机制不健全、边界责任界定不清晰、项目落地比较慢的问题。

技术比选：通过加大公共财政投入，将工作导向从保障日常工作运作向奖补并举、激发工作积极性转变。形成多元化投资格局，引入社会资本，有利于获得更充足的资金。加强审计监督，及时发现在行政审批、政策法规执行、污水处理及黑臭水体治理、畜禽污染防治、生活和建筑垃圾处理、涉水项目建设运行等方面存在的问题，助推河湖长制的贯彻实施。激发市场活力、推进河湖管护的市场化是未来积极努力的方向。

第9章　河长制信息化建设技术指南

《意见》中要求全国加快推进“河长制”信息化建设的精神，综合应用GIS、移动互联网等多项技术，构建面向河长、工作人员、巡查人员和公众的河长制信息化平台，实现对城市基础设施的精准管理、动态监控和高效维护，提高河道业务管理能力和对外服务能力，促进水利与社会生态环境的协调发展。

本章介绍了河长制湖长制信息化建设的技术要点，共包括四部分：河长制湖长制信息管理系统建设依据，河长制湖长制信息管理系统数据获取技术，河长制湖长制信息管理系统功能，河长制湖长制信息管理系统建设技术。本章技术路线如图9.1所示。

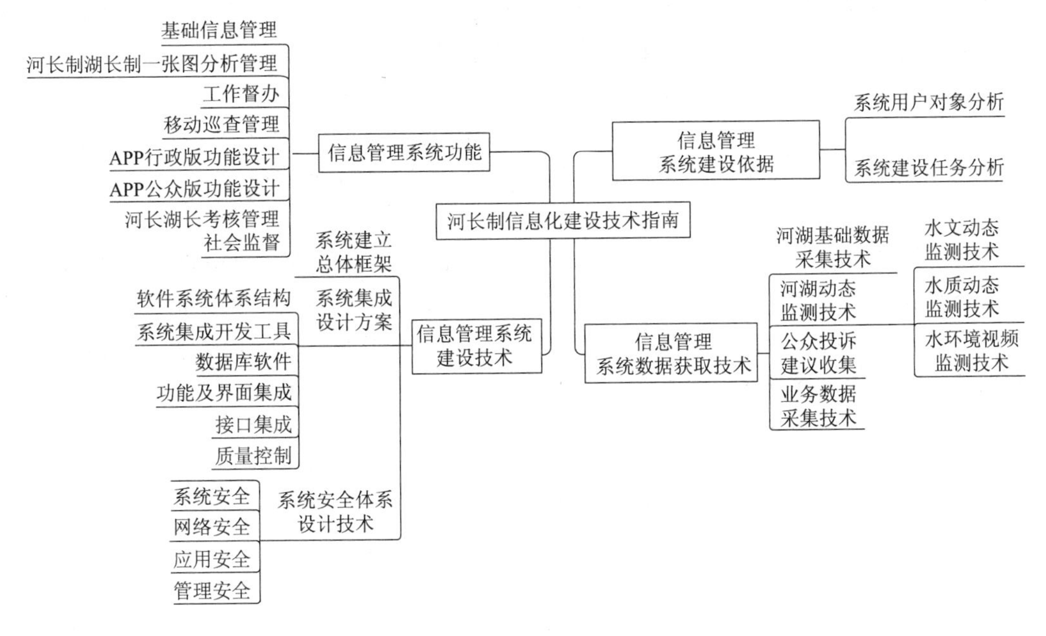

图9.1　河长制信息化建设技术指南技术路线

9.1　信息管理系统建设依据

9.1.1　系统用户对象分析

“河长制湖长制”，即由各级党政主要负责人担任某条河道的“河长”或湖泊的“湖长”，负责组织领导相应河湖的管理和保护工作。根据各级河长制湖长制管理工作要求，要按照横向到边、纵向到底的要求，完善省、市、县、乡、村五级河长湖长体系，实现河湖长制全覆盖。市、县、乡党委和政府主要领导担任本地区总河长湖长，各级河长湖长由各级党委、人大、政府、政协负责同志担任，村两委主要负责人为本村（社区）河长制湖长制总负责人。县级以上河长湖长要设立相应的联系部门，成立工作班子，乡级河长湖长要确定具体的联系人，协助河长湖长负责日常工作。本次项目建设主要面向四大类用户对象进行服务（表9.1），提供相关支持。

表9.1 信息管理系统建设服务对象

用户对象	工作描述
河长制湖长制办公室	掌控全局，综合管理，监督考核，分析决策
河长湖长	工作协调，综合事务管理执行
河长湖长辅助体系	具体日常事务执行，业务移交
社会公众	获知公示信息，投诉建议

1. 河长制湖长制办公室

各级省、市、县（区）、乡镇（街道）设置相应的河长制湖长制办公室，统筹协调落实本地区河长制湖长制工作。市、县（区）河长制湖长制办公室参照省级河长制湖长制办公室设置，有条件的可单设常设机构。乡级河长制湖长制办公室由乡镇抽调专兼职人员组成。各级河长制湖长制办公室要加强指导、协调、督查、考核，建立健全规章、制度和台账，统一设立监督电话，明确各类管理、考核和督查督办要求，全力推进河湖长制实施。各级河长制湖长制办公室要积极组织开展培训，提高河长湖长履职能力。

2. 河长湖长

各级总河长湖长：是本行政区域河湖管理保护的第一责任人，对河湖管理保护负总责。各级河长湖长是相应河湖管理保护的直接责任人，要切实履行“管、治、保”三位一体的职责，负责组织领导相应河湖的管理和保护工作，包括水污染防治、水环境治理、水资源保护、水域岸线管理等，牵头组织对河湖污染、超标排污、侵占河道、围垦湖泊等突出问题依法进行清理整治。

县级以上河长湖长：职责主要是牵头制定“一河一策”治理方案，协调解决河湖治理和保护中的重大问题；对跨行政区域的河湖明晰管理责任，协调上下游、左右岸实行联防联控；对相关部门和下一级河长湖长履职情况进行督导，对目标任务完成情况进行考核，强化激励问责。

乡、村两级基层河长湖长：主要职责是对责任河湖进行日常巡查管护，及时发现问题、解决问题，并协助上级河长湖长开展工作。

3. 河长湖长辅助体系

河长湖长辅助体系包括联系部门、职能部门、巡查人员等，负责配合河湖长推进具体事务。

联系部门：各级河长湖长可以确定一个部门作为联系部门，协助河长湖长履行指导、协调和监督职能，开展日常巡查，发现问题，及时报告河长湖长。

职能部门：指各级政府中和治水工作有关的各个政府部门，各有关部门和单位按照职责分工，协同推进各项工作。

巡查人员：河长制湖长制工作属地中具体负责巡查的人员或是河长湖长联系部门中负责日常巡查的人员。

4. 社会公众

社会公众包括民间河长湖长、企业河长湖长、志愿者、投诉建议的公众等。

民间河长湖长：全面掌握自己监察的河段状况与投诉建议情况。

企业河长湖长：全面掌握企业所在河段的河段状况与投诉建议情况。

志愿者：全面掌握自己志愿巡查的河段状况与投诉建议情况。

投诉建议的公众：公众需要投诉建议的渠道与关于投诉建议的反馈。

9.1.2 系统建设任务分析

“河长制湖长制”管理信息系统平台项目建设范围：主要围绕基于现有基础保障环境建设河长湖长信息化体系构建为主，面向河湖长制事务协调的需求，建设河长制湖长制管理信息系统，汇聚不同业务单位的相关业务数据、业务系统功能，实现河长制湖长制各类行政事务的内部协调与处置。根据“河长制湖长制”管理信息系统总体建设任务规划，结合需求，对需开展的任务进行以下分解。

1. 基础设施建设

为保障“河长制湖长制”管理信息系统的正常稳定高效运行，对软硬件系统进行组网与基础系统架构设计，基于现有资源，需要监控调度中心、通信网络、服务器及存储备份设备、机房环境进行部署。

2. 资料整编处理

根据河长制湖长制相关文件要求内容，对河长制湖长制信息化管理中涉及的基础信息与动态监测信息进行收集处理，对河长制湖长制相关地图数据进行电子化专题处理。

3. 数据库及数据服务建设

根据数据类型与功能模块，主要建设河道基础数据库、河湖监测数据库、空间数据库、视频数据库与业务数据库。数据服务主要建设与其他平台对接的数据服务接口。

4. 平台功能建设

建设完整的PC端平台、河湖长APP以及微信公众平台，实现河长制湖长制信息管理平台的全面构建。信息化系统建设用户职责如图9.2所示。

“河长制湖长制”信息化系统建设的基本特点如下：

双重组织体系：基于河道管理体制，从流域管理及行政区域管理要求，建立行政体系的组织构架以及河道流域的组织构架。

河长湖长全覆盖：系统针对业务功能部分设计了以下几个主要角色：省、市、县（区）、乡镇（街道）、村级五级河长湖长，联系部门以及分级平台管理员，不同角色具有不同的功能权限。

分级管理思想：市、县（区）、乡镇（街道）分级平台管理员可以根据所辖行政区域进行分级管理。

平台基层化：一直覆盖到最基层的村级河长湖长，能解决“最后一公里”的管理问题。

社会公众参与：推出微信公众版，提高全社会对河湖保护工作的责任意识和参与意识。

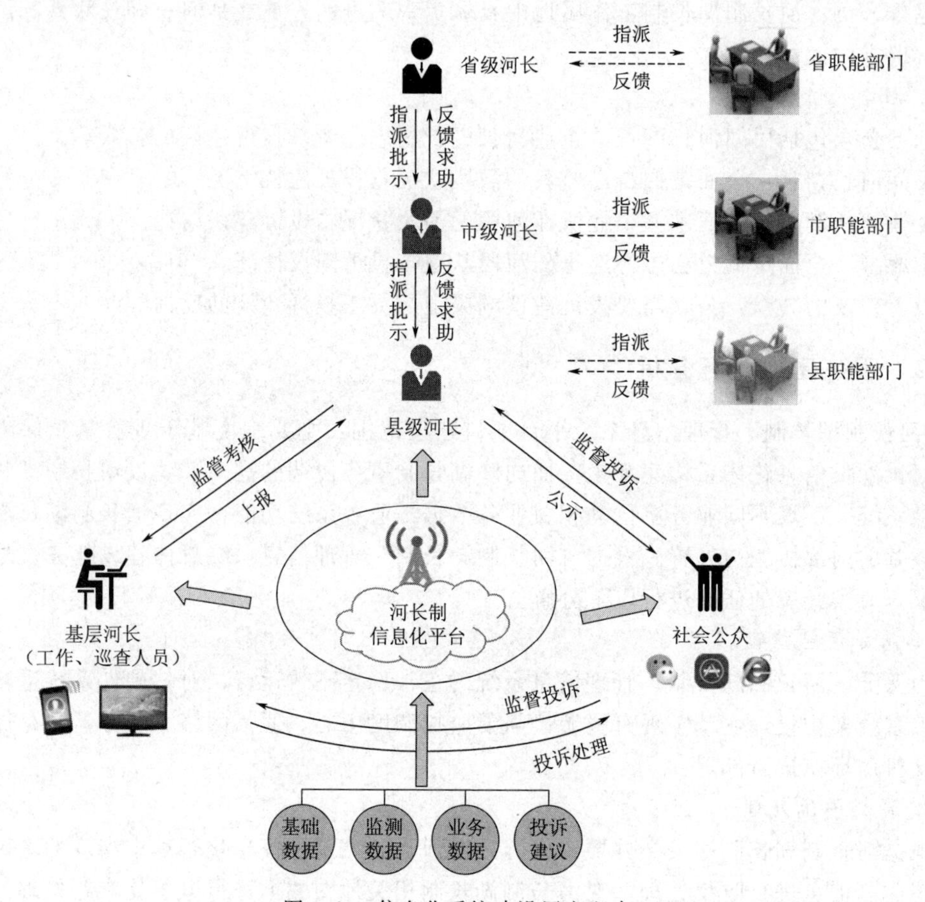

图 9.2 信息化系统建设用户职责

平台开放：允许移动、联通、电信用户使用。

APP简便化：手机客户端简单易用，体验性友好，符合基层河湖长年龄偏大问题。

精细考核、量化指标：每日巡河数据上报平台，管理平台针对采集数据进行精准统计分析，便于河湖长管理。

9.2 信息管理系统数据获取技术

9.2.1 河湖基础数据采集技术

适用范围：该技术适用于采集区域底图、水域数据、河湖长数据、其他基础数据等。

（1）区域底图。区域底图一般采用 Google Earth、ArcGIS 等软件获取，包括特定区域的自然、经济基本情况和区域地理特点。

（2）水域数据。本指南所述水域包括江河、湖泊水库以及沟渠、水塘等水体。各地应根据河湖长制管理需求，确定水域分级名录，数据包括水域基本信息等。

（3）河湖长数据。本指南所述河长湖长是指按照规定履行责任水域巡查、督促解决巡查发现问题等职责的责任人。河湖长数据包括河湖长管辖的河湖、河湖长姓名、所属乡镇区域以及联系电话。

(4) 其他基础数据。其他基础数据包括河湖长公示牌、水功能区、污染源、排污口、取水口、污水设施等。各级平台应充分利用已有的业务系统获取相关数据，缺少部分由市平台负责采集上报，省平台负责更新、发布服务。

技术要点：采集技术主要包括人工调查技术、遥感识别技术、软件（ArcGIS、Google Earth）识别技术、GPS 定位技术等。

技术方法：人工调查技术是最传统最常见的数据采集方法之一，通过已有资料收集与实地调研、走访相结合的方法收集需要的信息；遥感识别技术从人造卫星、飞机或其他飞行器上收集地物目标的电磁辐射信息，判认地球环境和资源的技术；软件 Google Earth 识别技术并非单一数据来源，而是卫星影像与航拍的数据整合，能够远程获取全球地理信息；GPS 定位技术可为用户提供随时随地准确位置信息服务，实时记录管理人员巡查时长、距离等信息。

限制因素：人工调查需要大量的人力、物力，调查结果具有较大的局限性，可信度未知，更新不及时；遥感识别技术获取信息的速度快，周期短，但费用较高，前期建设周期长、难度较大；软件识别技术数据获取便捷，但数据更新周期长，数据准确度未知；GPS 定位技术后期维护难度较大。

技术比选：对于大型河湖，基础数据收集工作量较大，运用远程数据获取与传输能够减小工作量与缩短工作时长。

9.2.2 河湖动态监测技术

9.2.2.1 水文动态监测技术

适用范围：河长制湖长制水文监测技术适用于河长湖长办公室对河湖水文参数进行实时监测。监测内容包括水位、流量、流速、降雨、蒸发等。水文监测系统采用无线通信方式实时传送监测数据，可以大大提高水文部门的工作效率。

技术要点：水文动态监测设备主要包括巡测车、测量船，水位观测设备、降水观测设备，流量测验设备。

技术方法：

(1) 巡测车。巡测车配备了较齐全的水文测验设备，有常用测量仪器、救生衣、涉水测验服装、安装工具、ADCP 等，有的巡测车上还配备机械臂，用于桥上测流。

(2) 测量船。测量船的大小根据测站的水流特性配置，船长为 4～6m，宽为 2～3m，船体材质为不锈钢、玻璃钢、铝合金、橡胶等，通常安装有两个汽油发动机，功率为 200HP。船上无抛锚设备，配备的主要仪器设备有易装卸的 ADCP 安装支架、差分 GPS、激光测距仪、红外水温测量仪、小型电动水文绞车、救生衣等。

(3) 水位观测设备。水位观测设备主要有气泡式、压力式、浮子式、非接触式雷达水位计等，用得较多的是压力式。用于检校水位自记仪测量误差的设备主要有悬垂式水尺。

(4) 降水观测设备。降水观测设备主要采用翻斗式雨量计，并具有固态存储记录和遥测实时远传的功能。

(5) 流量测验设备。流量测验主要采用ADCP、H-ADCP及涉水测量的ADP(ADV),极少测站采用转子式流速仪测流。ADCP的使用由各水科学中心统一调度,1台ADCP可用于10～20个测站甚至更多测站的流量测验,使用效率很高。

限制因素:我国河湖管理保护出现了一些新问题,如河道干涸湖泊萎缩,水环境状况恶化,河湖功能退化等,对保障水安全带来严峻挑战。但是,水文站点明显偏少,且设施陈旧,技术手段落后,远不能满足河湖治理工作对水文信息的迫切需求。因此,加快河湖水文动态监测系统建设迫在眉睫,非常重要,采用无线通信方式实时传送监测数据,可以大大提高水利部门的工作效率,并有效起到在汛期实时预警的作用。

技术比选:水文信息动态监测技术,数据采集、传输、处理过程的实时性和准确性较好,能够降低费用,适应现代水文的需求。

9.2.2.2 水质动态监测技术

适用范围:水质动态监测技术是以在线自动分析系统为核心,对入河湖排污口、地表水、污水处理设施、重点污染物及敏感污染物排放企业等不同河湖长制辖区管理水质监测对象,通过各种传感设备获取信息,形成巨大的感知网络,实现各信息的智能识别、定位、跟踪、监控和管理。

技术要点:水质动态监测技术主要包括水质在线自动监测技术、无人机水质监测采集技术、水下机器人水质监测采集技术。

技术方法:水质在线自动监测技术主要包括水质在线监测系统、自动监测站、在线自动分析仪器等,水质在线监测系统通过建立无人值守实时监控的水质自动监测站和在线自动分析仪器,可以及时获得连续在线的水质监测数据(常规五参数、COD、氨氮、总磷、总氮、重金属、生物毒性等);无人机水质监测主要以无人机为搭载平台,通过集成高清摄像机、自动取样装置、水质在线监测仪或多光谱分析仪等多种设备,对地形复杂、执法和监测车辆无法前往的巡查和监测水域,准确拍摄记录河流水质情况、两岸实景,并实现自动水样采集及水质在线自动监测和远程传输;水下机器人水质监测采集技术以水下机器人(或称潜水器)作为运载平台,通过搭载高清摄像头、声呐扫描或成像装置、自动采水器、流速仪、水深传感器和水质传感器等设备,探测水下水质状况和自动取样进行水质分析,根据水下水流的实时监测,结合视频图像探测,追踪水下排污口位置,并可在线监测、记录并上传水下排污口的水深、污水水质和排污流量等信息,同时可实现自动采水取样,供对比分析。

限制因素:无人机水质监测采集技术可适用于绝大部分河流、河道的水质数据采集,尤其是受地理或交通条件影响的区域。如流域面积较大、河长较长的河流,或是人员不便进入、不便于施工的地点均可用无人机技术进行水体水质数据的采集。

(1) 水质在线自动监测技术。

适用范围:河长制湖长制水质在线自动监测主要是监视和测定水体中污染物的种类、各类污染物的浓度及变化趋势,评价水质状况的过程。监测范围包括未被污染和已受污染的城市、乡镇内的天然河道、人工河道、景观水体、水系等。

技术要点:水质在线自动监测技术由水质在线监测系统、自动监测站、在线自动分析仪器组成，水质在线监测系统通过建立无人值守实时监控的水质自动监测站，可以及时获得连续在线的水质监测数据（常规五参数、高锰酸盐指数、氨氮、总磷、总氮、重金属、生物毒性等），利用现代信息技术进行数据采集并将有关水质数据传送至信息中心系统，实现信息中心对自动监测站的远程监控，有利于全面、科学、真实地反映各监测点的水质情况，及时、准确地掌握水质状况和动态变化趋势。水质在线监测系统由水质在线分析仪、采样系统、辅助参数监测系统等组成。

技术方法：

1）自动监测站。水质自动监测站安装平台有站房式、岸壁式和浮标式三种结构型式。标准型水质监测站应采用站房作为安装平台，其他水质监测站可根据站址条件选择站房、岸壁或浮标安装平台。

a. 站房式。站房式在线水质监测站是在具备固定永久性站房建设条件，在监测点位附件建设（利旧）的标准化水质自动监测站站房。站房应考虑独立管理需求、设备空间占用要求和功耗等指标，并兼顾未来测验项扩展需求及合理冗余。站房式在线水质监测站适用于采用国家或行业标准分析方法的水质分析仪表。站房是用于承载系统仪器、设备的主体建筑物和外部保障条件，外部保障条件是指引入清洁水、电源、通信、道路通达条件、站房基础加固与平整等。新建站房面积应不小于 $40m^2$，主体建筑物包括仪器间、质控间等。对于监测现场已具备水质在线监测站房的站点，可利用当地管理单位提供的独立站房用于安放测站仪器和设备，利用旧站房仪器间面积应不小于 $20m^2$。

b. 岸壁式（岸边式）。岸壁式（岸边式）在线水质监测站是集分析仪表及样品处理系统于一体，并配备有供采水、配水、供电等基本设施，实现水体即时循环，有效的反应监测现场当前水质状况。岸壁式在线水质监测站的体积、耗电量较小，可放置在机箱或小型集装箱式站房内。该类监测站适用于占地面积有限、地理情况复杂、项目建设周期较短、有移址或调整监测点位需求的监测站建设。岸壁式安装平台应选址在监测现场水体断面流畅处，避免选择在断面形态变化较大的位置。

c. 浮标式。浮标式在线水质监测站以浮标为载体，集成水质监测的物联网传感器，用于湖泊、水库、河流等水体的水体水质原位在线监测预警。浮标式在线水质监测站由浮标平台、浮体、太阳能供电系统和锚泊系统组成。浮标式平台应选址在监测现场水体汇流处，根据当地水位变化情况，选择水深合适、水下地形平坦的位置。平台应能在水平流速不大于 3.5m/s、风速不大于 20.7m/s（8 级）环境下正常工作，浮标式不适用于寒区结冰水体。

站房式、岸壁式和浮标式等三种结构型式比选见表 9.2。

表 9.2　　水质监测站结构型式比选

结构型式	建设费用	基础设施建设	运维要求	供电	监测仪器工作环境
站房式	高	有较高基础设施建设要求	设备维护、物料供应要求高	交流供电	工作环境良好，设备可靠性高
岸壁式	中	占地小，需场地平整等较低基础设施建设要求	设备维护、物料供应要求中等	交流供电、太阳能供电	部分受控工作环境，设备可靠性中等，寒区水体测站增加加热设施

续表

结构型式	建设费用	基础设施建设	运维要求	供电	监测仪器工作环境
浮标式	中	无特殊要求	设备维护要求中等、物料供应要求低，维护交通困难	太阳能供电	水体水质原位测试，工作环境恶劣，不适用于寒区结冰水体

2）在线水质监测站系统。在线水质监测站系统由采水单元、配水单元、检测单元、数据采集单元、数据传输单元和辅助单元组成（图9.3）。采水/配水/预处理单元将水样采集、处理后供数据采集单元进行数据采集，控制单元通过统一控制系统进行全过程同一控制，最后通过多种数据传输方式将水质采集数据上传至监控中心。

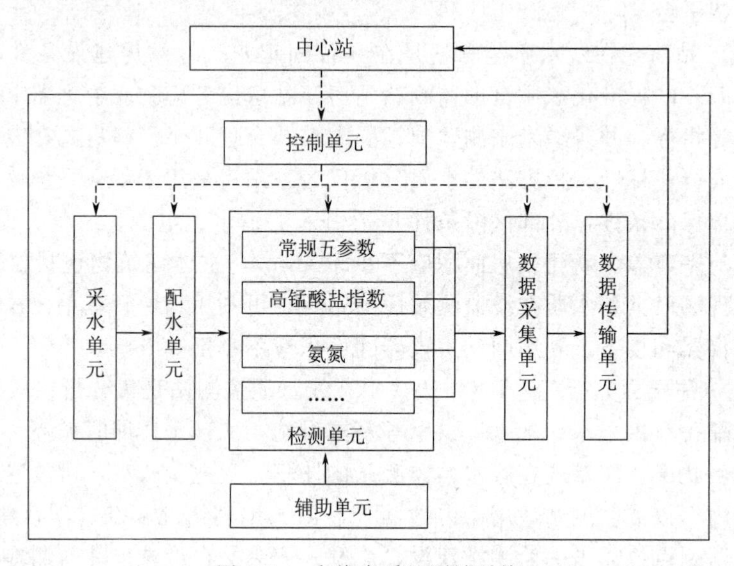

图9.3 在线水质监测站系统

a. 采水单元。采水单元一般由采样水泵、采样浮筏和粗隔离栅、水样分配单元、压力流量监控及采水管道等组成，可向系统提供可靠、有效水样。采水单元的取水量应确保高于现有仪器的总需水量并考虑后续增配仪器的需水量。采水设施一般可分为栈桥、浮船、抛锚浮筒和悬臂梁等形式，可根据现场实际情况进行选择。

b. 配水单元。配水单元应满足以下技术要求：①必须满足各仪器对水量、水质的要求；②应具备人工实时取样接口；③应具备自动或便捷的人工清洗条件；④常规五参数的传感器应安装在水质预处理前，应避免水流流速对溶解氧和浊度测定的影响；⑤水样沉淀池大小应保证水质分析仪表一次分析用水量，水样沉淀时间一般为0.5h左右；⑥在水源地水体含沙量较高情况下，为减少泥沙对测定结果的影响，应设立沉淀池，应设置高效、低维护的过滤装置，沉淀池中应不存在死水部分，具有良好的水力交换条件；⑦沉淀池、过滤装置结构应便于清洁、维护条件。

c. 检测单元。目前应用比较广泛的化学/电化学法在线自动分析仪器有常规五参数（水温、pH值、电导率、溶解氧、浊度）分析仪、高锰酸盐指数分析仪、氨氮分析仪、总氮分析仪、总磷分析仪、重金属分析仪、氟化物（氯化物）测定仪、氰离子测量仪、挥发酚在线分析仪、油类水质在线自动监测仪、亚硝酸盐氮（硝酸盐氮、磷酸盐）测定仪、生物毒性检测仪、叶绿素 a 测定仪、有机物分析仪、VOC 检测仪和 TVOC 检测仪。

d. 数据采集单元。对于现场仪器的数据采集，均由现场数据采集仪进行采集。数据采集仪通过数字通道、模拟通道采集在线监测仪器的监测数据、状态信息后，统一打包通过传输网络将数据、状态传输到监测中心，同时监测中心可通过传输网络发送控制命令，数据采集仪根据命令控制在线监测仪器工作。

数据采集仪器分两大类：数字类仪表、模拟类仪表，两类仪表的数据采集过程如图9.4所示。

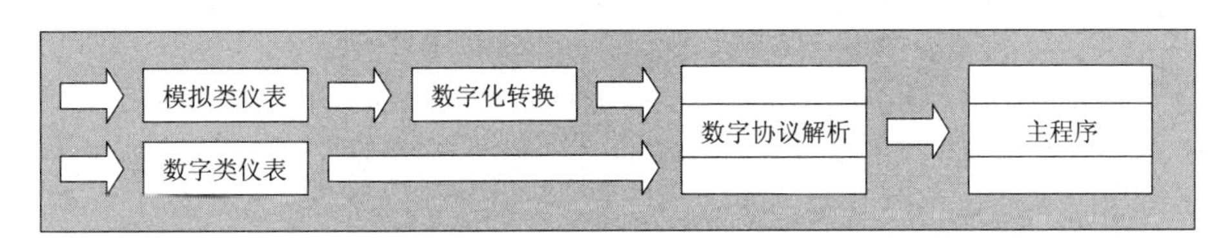

图 9.4　数据采集过程示意图

e. 数字标准接口。采用数字标准接口与现场所有具有数字接口和协议的设备进行对接，实现对仪器设备的数据采集，控制操作，对时等功能；通信协议一般采用标准的 Modbus RTU 协议，同时可任意定制扩展通信协议；数字接口可以是标准 RS-232、RS-485串口或网络口。

f. 数据传输单元。数据传输单元应满足以下技术要求：

操作系统（OS）采用当前主流的操作系统，应用软件应采用标准的语言编程并能可靠升级，应用软件应具有良好的可扩充性和维护性。

在线水质监测站应有数据处理设备（工业控制计算机）在现场进行数据处理，处理结果应至少包括实时测量值、小时均值、日均值、周均值、月均值及均值连续变化曲线，超标值检验及报警记录，并能自动报警。

实时自动记录采集到的异常信息并主动上传到远程控制中心，控制中心可通过自动或手动方式对异常信息进行远程控制处理，自动记录仪器测试数据性质（标准样品测试、实际样品测试、仪器调试等）。

在线水质监测站能现地查询、处理、转出历史数据，方便用户在通信线路故障时到现场获取水质自动水质在线监测站监测数据。

在线水质监测站与远程控制中心之间的数据传输可支持有线/无线多种通信方式，数据传输协议和数据格式应符合《水资源监测数据传输规约》（SZY 206—2016）的规定。

数据采集与传输应完整、准确、可靠，子站断电后数据至少保存 30 天，并能储存 90 天以上的原始数据，同时保存相应时期发生的有关校准、断电及其他事件记录。

控制单元主体设备平均无故障时间（MTBF）不小于 2000h，信号的输入输出具有可扩展性，断电后数据采集和传输继续工作时间不小于 12h。

g. 控制单元。控制单元应满足以下技术要求：

可现场或远程对系统设置连续或间歇的运行模式。

控制系统应能对仪器进行一些基本功能的控制，如待机控制、工作模式控制、校准控制、清洗控制，停水保护等。

应在满足现场控制点的基础上具有10%以上的备用控制点，以备日后控制单元的修改和升级。

断电、断水或设备故障时的安全保护性操作。

具备自动启动和自动恢复功能。

h. 辅助单元。辅助单元应满足以下技术要求：

根据需要，可配置具有标准数字通讯接口的自动分瓶采样器。

应配置不间断电源（UPS)，其功率至少能完成系统二次以上分析流程或保证系统断电后通讯部分仍维持运行24h，完成异常事件的上传和远程数据下载。

应配置相应的空气压缩设备。

根据需要，配备防盗、报警装置和视频监控系统。

3）在线自动分析仪器。

a. 常规五参数监测仪器。

（a）pH水质自动分析仪。测定原理：玻璃电极法。

（b）水温计。方法原理：铂电阻或热电偶测量法。

（c）电导率测量仪。方法原理：电阻测量法。

（d）浊度计。方法原理：光散射法。

（e）溶解氧测定仪。方法原理：膜电极法/荧光法。

b. 高锰酸盐指数、氨氮监测仪器。

（a）高锰酸盐指数监测仪器。高锰酸盐指数是指在一定条件下，以高锰酸钾（$KMnO_4$）为氧化剂，处理水样时所消耗的氧化剂的量。目前有高锰酸钾滴定法、UV法等测定仪器。

（b）氨氮水质监测仪器。

方法原理：氨氮水质自动分析仪包括气敏电极法和光度法。

气敏电极法：采用氨气敏复合电极，在碱性条件下，水中氨气通过电极膜后对电极内液体pH值的变化进行测量，以标准电流信号输出。

光度法：在水样中加入能与氨离子产生显色反应的化学试剂，利用分光光度计分析得出氨氮浓度。

（c）总磷、总氮监测仪器。

a）总磷水质自动分析仪。方法原理：将水样用过硫酸钾氧化分解后，用钼锑抗分光光度法测定。氧化分解方式主要有三种：水样在120℃、30min加热分解；水样在120℃以下紫外分解；水样在100℃以下氧化电分解。

b）总氮水质自动分析仪。方法原理：水样经过过硫酸钾消解转化为硝酸盐，用紫外分光光度法测量吸光度。

具体监测分析内容和选用方法参见表9.3。

表 9.3　　水质监测参数及分析方法

序号	参　数	分析方法	备　注
1	水温	温度传感器	常规五参数
2	pH 值	玻璃电极法	
3	电导率	电极法	
4	浊度	光散射法	
5	溶解氧	膜电极法/荧光法	
6	高锰酸盐指数	高锰酸钾滴定法	河道、湖库型必测参数
7	氨氮	气敏电极法或光度法	
8	总氮	过硫酸盐消解，紫外分光光度法	湖库型必测参数
9	总磷	过硫酸盐消解光度法或光度法	
10	氟化物、氯化物	离子选择电极法	选测参数
11	氰离子	光度法或离子选择电极法	
12	六价铬	分光光度法	
13	挥发酚	光度法或紫外荧光法	
14	汞	冷原子吸收法/原子荧光法	
15	镉	阳极溶出伏安法	
16	铅	阳极溶出伏安法	
17	铜	阳极溶出伏安法或光度法	
18	总砷	冷原子吸收法或原子荧光法	
19	油类	荧光光度法	
20	亚硝酸盐氮、硝酸盐氮、磷酸盐	分光光度法	
21	叶绿素 a	荧光法	
22	蓝绿藻	荧光法	
23	生物毒性	发光细菌法	
24	挥发性有机物	吹扫捕集气相色谱法	
25	半挥发性有机物	固相微萃取气相色谱法	

(2) 无人机水质监测采集技术。

适用范围：无人机水质监测采集技术可适用于绝大部分河流、河道的水质数据采集，尤其是受地理或交通条件影响的区域。如流域面积较大、河长较长的河流，或是人员不便进入、不便于施工的地点均可用无人机技术进行水体水质数据的采集。

技术要点：无人机水质监测主要以无人机为搭载平台，通过集成高清摄像机、自动取样装置、水质在线监测仪或多光谱分析仪等多种设备，对地形复杂、执法和监测车辆无法前往的巡查和监测水域，准确拍摄记录河流水质情况、两岸实景，并实现自动水样采集及水质在线自动监测和远程传输。

技术方法：

1) 水样采集离线分析集成技术。水样采集离线分析集成技术是通过在无人机上搭载水样采水器，对待测水域的水样自动采集，以实现水质离线分析。

2）多参数水质在线分析仪集成技术。多参数水质在线分析仪集成技术是通过在无人机上搭载多参数水质传感器，对待测水域的水样进行点上的水质在线自动监测。通过GPRS、4G等无线网络，把实时监测水质数据传输至远程监测中心。

3）多光谱图像分析与应用技术。水环境评估依据的参数有藻类，溶解性有机物，化学物质，水中悬浮物，油类物质，热释放物，病原体等。不同的水质由于含有以上水中物质的成分不同，不同物质的光谱特征不同，会在遥感图像中反映出不同的色段和变化。根据这一特性，可以利用遥感技术收集水环境的光谱数据并分析出水环境特征。因此，可通过在无人机上集成多光谱图像分析仪器，对水体的光谱数据进行分析，以判断水环境的污染类型，评估水体污染程度，并通过对监测水体获取的大量光谱数据进行大数据分析和回归分析，实现水体水质分析和监测。

（3）水下机器人水质监测采集技术。

适用范围：水下机器人可进行水下水质监测、水下排污点水质监测、水下排污点位置和污染溯源。

技术要点：水下机器人水质监测采集技术以水下机器人（或称潜水器）作为运载平台，通过搭载高清摄像头、声呐扫描或成像装置、自动采水器、流速仪、水深传感器和水质传感器等设备，探测水下水质状况和自动取样进行水质分析，根据水下水流的实时监测，结合视频图像探测，追踪水下排污口位置，并可在线监测、记录并上传水下排污口的水深、污水水质和排污流量等信息，同时可实现自动采水取样，供对比分析。

技术方法：水下机器人主要分为两大类：一类是有缆水下机器人，习惯称为遥控潜器；另一类是无缆水下机器人，习惯称为自主式水下潜器。自主式水下潜器是新一代水下机器人，具有活动范围大、机动性好、安全、智能化等优点，成为完成各种水下任务的重要工具。

1）智能控制技术。智能控制技术旨在提高水下机器人的自主性，其体系结构是人工智能技术、各种控制技术在内的集成，相当于人的大脑和神经系统。软件体系是水下机器人总体集成和系统调度系统，直接影响智能水平，它涉及基础模块的选取、模块之间的关系、数据（信息）与控制流、通信接口协议、全局性信息资源的管理及总体调度机构。

通过在水下机器人集成摄像头、流速、水深、声呐等多种传感器设备，进行多传感器信息融合，增强图像效果，以便于寻找、定位水下排污口的具体位置，再通过自动取样装置，通过控制算法自动完成水下排污口污水水样的取样，该技术的实现可很大程度上方便特别是隐藏的水下污水排放监管工作。

2）水下目标探测和识别技术。目前，水下机器人用于水下目标探测与识别的设备仅限于合成孔径声呐、前视声呐和三维成像声呐等水声设备。合成孔径声呐是用时间换空间的方法，以小孔径获取大孔径声呐基阵的合成孔径声呐，非常适合尺度不大的水下机器人，可用于侦察、探测、高分辨率成像，大面积地形地貌测量等。前视声呐组成的自主探测系统，是指前视声呐的图像采集和处理系统，在水下计算机网络管理下，自主采集和识别目标图像信息，实现对目标的跟踪和对水下机器人的引导。通过不断的试测，找出用于水下目标图像特征提取和匹配的方法，建立数个目标数据库。特别是在目标图像像素点较少的情况下，较好地解决数个目标的分类和识别。系统对目标的探测结果，能提供目标与机器人的距离和方位，为水下机器人避碰与作业提供依据。

三维成像声呐用于水下目标的识别，是一个全数字化、可编程、具有灵活性和易修改的模块化系统。可以获得水下目标的形状信息，为水下目标识别提供了有利的工具。

3）水下导航（定位）技术。用于自主式水下机器人的导航系统有多种，如惯性导航系统、重力导航系统、海底地形导航系统、地磁场导航系统、引力导航系统、长基线、短基线和光纤陀螺与多普勒计程仪组成的推算系统等。由于价格和技术等原因，目前被普遍看好的是光纤陀螺与多普勒计程仪组成的推算系统。该系统无论从价格上、尺度上和精度上，都能满足水下机器人的使用要求，目前国内外都在加大力度研制。

4）通信技术。目前潜水器的通信方式主要有光纤通信、水声通信。光纤通信由光端机（水面）、水下光端机、光缆组成。其优点是不仅传输数据率高（100Mbit/s）且具有很好的抗干扰能力；缺点是限制了水下机器人的工作距离和可操纵性，一般用于有缆水下机器人。

水声通信是水下机器人实现中远距离通信唯一的也是比较理想的通信方式。实现水声通信最主要的障碍是随机多途干扰，要满足较大范围和高数据率传输要求，需解决多项技术难题。

5）能源系统技术。水下机器人，特别是续航力大的自主航行水下机器人，对能源系统的要求是体积小、重量轻、能量密度高、可多次反复使用、安全和低成本等。目前的能源系统主要包括热系统和电-化能源系统两类。

热系统是将能源转换成水下机器人的热能和机械能，包括封闭式循环、化学和核系统。其中由化学反应（铅酸电池、银锌电池、锂电池）给水下机器人提供能源，是现今一种比较实用的方法。

电-化能源系统是利用质子交换膜燃料电池来满足水下机器人的动力装置所需的性能。该电池的特点是能量密度大、高效产生电能，工作时热量少，能快速启动和关闭。但是该技术目前仍缺少合适的安静泵、气体管路布置、固态电解液以及燃料和氧化剂的有效存储方法。随着燃料电池的不断发展，它有望成为水下机器人的主导性能源系统。大数据分析和回归分析，实现水体水质分析和监测。

9.2.2.3 水环境视频监测技术

（1）水环境视频图像识别技术。

适用范围：水环境视频图像识别技术可以用于水体微生物识别、水质中浮游生物（蓝藻、绿藻等）识别、水体漂浮物（水面垃圾）识别、垃圾倾倒、企业偷排等，可以用于水利部门、环保部门、河湖长办等部门的水环境数据获取。

技术方法：水环境视频图像识别技术包括图像采集、图像预处理、图像特征向量提取、图像特征向量的选择、分类识别和最终结果输出6部分内容。水环境视频图像识别技术要求准确性高、识别速度快、可学习性好、鲁棒性强，以便提供有效及时的水环境数据服务。

技术要点：

1）图像预处理技术包括滤波去燥、图像二值化处理、图像灰度化处理等。

2）图像特征提取技术包括最大类间方差法、二值形态学、纹理特征法等。

3）特征向量的选择技术包括离散入侵性杂草优化算法等。

4）分类识别技术包括BP神经网络、决策树、支持向量机、K近邻法、模拟退火技术等。

限制因素：水环境视频图像识别技术要求视频图像为高清图像，保证识别的有效性。

（2）水环境遥感影像识别技术。

适用范围：水环境遥感影像识别技术可以用于水体富营养化、黑臭水体、化学需氧量COD、水域岸线变化、非法建筑、非法围垦、有色液体排放等问题识别，可以用于水利部门、环保部门、河湖长办等部门的水环境数据获取。

技术方法：水环境遥感影像识别技术包括遥感影像预处理（几何校正、辐射定标、大气校正、图像融合、图像拼接与裁剪）、水体提取、水环境问题识别、结果输出。水环境遥感影像识别技术要求准确性高、识别速度快、范围广，以便提供有效及时的水环境数据服务。

技术要点：水污染识别技术包括解译、单波段阈值法、波段差值法、波段比值法、色度法、Fisher判别分析法、NDVI指数计算等。

限制因素：水环境遥感影像识别技术要求遥感影像为高清影像。

9.2.3 公众投诉建议收集

适用范围：公众投诉建议收集适用于面向社会公众的县（区）、市、省、流域、部级河长制湖长制办公室主导建设的各类河湖长制信息化系统。

技术要点：公众投诉建议主要包括治水动态、河道信息公开、投诉建议等，公众投诉建议收集原则主要是需求导向、功能实用，以方便公众参与河湖治理为目标，以公众参与河湖治理需求为导向，建设实用管用好用的系统。

微信公众号、APP公众版为公众提供参与河湖治理的平台，公众关注后，可通过微信公众号、APP公众版了解所在地河湖长制工作状况、投诉河湖问题，跟踪河湖问题解决进程。

技术方法：微信公众号建设技术包括web前端开发、css后台接口技术、微信平台开发文档等。

9.2.4 业务数据采集技术

适用范围：该技术服务于河湖长、河湖长办公室、社会公众等的日常工作需要。

技术要点：业务数据采集技术主要存储河湖长制管理日常业务涉及的数据，包括河湖长巡河数据、重点项目管理过程数据、问题处理数据、任务督导数据、统计分析数据等。

技术方法：建设技术包括web前端开发、css后台接口技术、平台开发文档等。

9.3 信息管理系统功能

9.3.1 基础信息管理

基础信息管理至少包括各级河长湖长信息、水务信息、“一河（湖）一档”和“一河

（湖）一策”、一河（湖）四长相关信息。

五级河湖长：通过层级展现（省级、市级、县级、乡级、村级五级）各河湖区域范围所对应河长湖长的基本信息，方便河长湖长办公室在出现紧急情况时迅速查找到对应的河湖长。同时为方便数据更新，可以对这些基础信息进行相关维护。相应的河长湖长信息包括河长湖长管辖的河湖、河长湖长姓名、所属乡镇区域以及联系电话。

水务信息：展现河湖的基础信息，包括水功能区、水库、界河断面、水源地、排污口、河道等。

一河（湖）一档：针对市管辖各条河湖，建立覆盖河道整治管理全过程的电子档案，包括河道基础管理（规划蓝线、基础水文、责任单位）、感知监测（水面率监管、水环境监测）、综合整治［一河（湖）一策、工程管理］、综合评价、长效管理（河湖长制管理、河湖巡查）、执法监管等各类信息，涵盖水环境整治工作中要求的各类电子档案，以及整治前后各阶段的图文及多媒体资料，同时涵盖工程建设管理归档的要求。

一河（湖）一策：主要体现每条河湖的整治策略和工程方案，包括河湖概况、黑臭原因、主要措施、实施主体、实施计划、实施难点等内容。为截污治污、拆违动迁、水系沟通及河湖整治等工程性措施，以及执法监督、长效管理等非工程措施的持续开展提供依据。

一河（湖）四长：针对近年来探索推行的“一河（湖）四长”制度。即：一条重要河湖除了河湖长外，同时设立河湖督查长、河湖警长，还有一名社会名人担任民间河湖长。

9.3.2 河长制湖长制一张图分析管理

应能够调用地理信息共享服务平台，实现行政区域内水务空间信息的共建共享，打造河湖长制“一张图”分析管理。调用地理信息共享服务平台，实现行政区域内水务空间信息的共建共享，打造河湖长制“一张图”，整合叠加行政区域内河湖、水库、河湖长、水雨情、入河排污口、水质监测等河湖长制专题数据，实现基础地理信息与河湖长制专题数据的深度融合，实现地图二维展示和河湖长制信息统计、分析、查询，为河湖长制业务系统快速搭建GIS模块，为实现河湖长制“一张图”奠定坚实的基础。

9.3.3 工作督办

建立实时、公开、高效的信息化平台，将“河湖长制”问题督办、情况通报、责任落实等纳入信息化管理，各级部门间互联互通，旨在消除信息孤岛，提高工作效能，接受社会公众监督。

水资源管理与保护：充分利用已建和在建水资源系统的成果为河湖长制管理提供服务。主要功能应包括水资源消耗总量和强度双控成果，用水效率和效益成果，河湖纳污容量和限制排污总量成果，水资源配置和调度成果以及水资源保护监控能力、水环境承载能力等。

河湖水域岸线管理保护：记录河湖岸线基本信息，河湖地理坐标，设立界桩、标示牌等内容：对河湖岸线进行分区分级管理；结合河湖巡检、水政执法等系统，严格控制河湖岸线不被非法占用，对已被占用的通过水政执法手段进行退还。

水污染防治：建立水污染防治指标管理，主要对河湖排放指标、水源地水质指标、水功能区水质指标的管理；对污水管理建设工程进行管理，管理内容按工程管理要求进行管理；通过智慧水务数据中心调用本期建设的水务工程项目管理系统数据，获取河湖整治工程信息，包括工程概况、工程批复、工程中标单位情况、工程建设进度、工程视频调用和工程评价等，辅助河湖长对整治工程的监督管理；通过智慧水务数据中心调用水资源系统数据，加强入河湖排污口的监控，逐步杜绝企业直排；提供模型模拟演示和人工比对的方式，对污染源进行追根溯源，辅助应急处置和行政执法；提供主要污染河湖的水质监测监控功能，并显示相关责任单位或责任人。

水环境治理：建立水源地保护红线的划示；审批管理；通过智慧水务数据中心调用水资源监控管理信息平台中的农业取用水监测数据进行展示；对河湖保洁责任单位进行划示管理，明确河湖保洁责任范围。

水生态修复：建立水生态基础信息管理功能，对分区分级水生态设施及工程进行管理；对各区各级水生态环境治理的方案进行管理，包括方案的编制、调用、更新等；对各区各级水生态环境应急预案、处置方案的管理，包括应急预警服务，应急预案、方案管理和应急信息服务；通过智慧水务数据中心调用本期建设的水务工程项目管理系统数据，获取水生态治理工程信息，包括工程概况、工程批复、工程中标单位情况、工程建设进度、工程视频调用、工程评价等，辅助河湖长对水生态治理工程的监督管理；对严重污染或持续恶化的水生态进行严密监测，定期或不定期定点检查或抽查，并将河湖评价成果进行内部通报，必要时进行门户网站或社会公众服务平台进行发布。

巡查管理：建立河湖长制巡查记录管理跟踪制度，用于查看巡查员相关巡查记录，并对有问题的巡查记录进行退回或者纠错，由对应的巡查员重新巡查上传，同时还可以进历史巡查记录进行追踪处理以及分析，找出问题出现的规律性和分布性。

工作督查督办：通过智慧水务共用的工作流管理模块，将“河湖长制”问题督办、情况通报、责任落实等纳入信息化管理，各级部门间互联互通，旨在消除信息孤岛，提高工作效能，接受社会公众监督。

9.3.4 移动巡查管理

移动巡查管理：在统一移动开发平台的框架下，开发河湖长制专用业务 APP，并统一集成到整个智慧水务移动平台中。以系统后台功能为驱动，针对移动端用户开发适合于手机端的前台展示页面，具体内容可根据领导关注程度及使用频率定制。

手机端的前台展示页面完成后，通过行政版 APP 或公众 APP 平台进行功能菜单集成，用户通过安装行政版 APP 或公众版 APP，并通过点击平台的功能菜单实现信息展示和即时互动。用户每次登录时，系统后台都会推送最新的数据信息用于首页展示，用户也可通过输入关键字实现特定数据信息的推送。

河湖移动监管前端软件 APP 包括 Android 和 iOS 两个版本，软件在界面布局上保持高度一致性，只是在操作方式上因手机操作系统的不同而存在部分操作习惯上的差异。

掌上河湖主要分为行政版和公众版两个版本。行政版的主要功能有基础信息、河湖监测、视频监控、事件上报、事件督办、移动巡查等功能。公众版的主要功能有河湖长篇、监督篇、成效篇。

9.3.5 APP行政版功能设计

掌上河湖-行政版，行政版的使用人员是针对各级河长湖长、河湖巡查员而专门开发的一套移动系统，方便他们使用。由于本系统是针对市级平台研发的，涵盖了县、乡各级的人员，根据每个级别的人员所属的位置不同，所拥有的权限不同，他们能看到的信息也各有差异。针对巡查员的版本，系统主要功能有移动巡查、事件上报、河湖监测、视频监控和基础信息的主要功能。河湖长版本的系统功能主要有事件督办、河湖监测、视频监控和基础信息等。

行政版巡查员专用的功能主要有基础信息、河湖监测、视频监控、事件上报和移动巡查五个功能模块。基础信息主要展示的信息人员信息、河湖信息、水务工程、采砂管理、水域岸线、水功能区、排污口信息、水生态文明村和其他责任部门信息。河湖监测主要是水雨情监测、水文监测和水质监测。事件上报是巡查员向上级反映有关河湖事宜的情况。移动巡查主要分为事件巡查和日常巡查。

行政版河长湖长专用的主要功能有基础信息、河湖监测、视频监控和事件督办。与行政版巡查员专用不同的是行政版河湖长有事件督办的功能，没有移动巡查和事件上报的功能。事件督办有事件查询、事件跟踪和事件批示的功能。事件已完结的流程没有事件批示的功能。

9.3.6 APP公众版功能设计

掌上河湖-公众版，系统功能包括用户注册、登录、首页、河长湖长篇、监督篇、成效篇、个人信息管理等。并可为社会公众提供如气象预报、涉河污染信息等一系列实用的功能或者链接。

掌上河湖公众版主要分为用户注册、登录、首页、河湖长篇、监督篇、成效篇几个功能模块，用户注册是提供用户登录本系统的一个账号，且必须经过实名认证，只有经过注册成功的账号才能进入本系统。首页主要是展示河湖长动态的一些新闻信息。河湖长篇有河湖长信息、治理方案、治水新闻这三个功能；监督篇有公众投诉（随手拍）和金点子两个功能；成效篇则分为情况通报和水质月报。

9.3.7 河长湖长考核管理

以考核制度为核心，以事件处理的数据和资料为依托，建设一套考核评分子系统。同时完善市级及以下各级考核系统。考核指标管理：根据“河长制湖长制”工作考核办法，将省里面针对市级考核的所有考核指标进行信息化管理起来，方便考核自评。考核评分管理：根据考核办法中的考核指标及分值情况，再结合实际执行完成进度通过系统自动识别打分，实现考核打分的客观性、真实性。考核管理平台：建立各县（区）、乡镇、责任单位等考核管理平台，针对各单位工作的完成情况进行自动统计分析，并遵循相关考核办法进行规范科学评分，体现考核的公正公平，利用数据信息平台完成相关考核工作。根据市级出台的河湖长考核办法，将市级针对县级考核的所有考核指标进行信息化管理起来，方便考核自评（可修改）。依据乡镇考核以及责任单位考核管理方案，制定考核模板，用来最终评价乡镇及责任单位考核结果，结果以得分方式体现。

9.3.8　社会监督

建设统一开放的社会监督平台，实现公众可以利用移动设备通过在河道附近整立的广告牌上扫描二维码参与河湖治理，群众可通过随手拍等手段上传河道情况，让决策者第一时间掌握即时河道信息。

公众通过移动APP反映的问题可以在地图上进行展现，包括问题描述、来源、所属乡镇、问题处理情况等，问题展现需要公众在反映的时候打开GPS定位，并且必须进行实名认证，这样才能方便数据出现在地图中，河湖长办工作人员可以根据问题的详细信息查看到问题的来源分布以及相关事件的处理情况，如果还未处理的，可以在地图上选择相应的信息转交给相关乡镇的河湖长处理。

9.4　信息管理系统建设技术

9.4.1　系统建立总体框架

根据系统建设的实际业务管理需求，参照有关国家、省（自治区、直辖市）标准，并总结以往项目建设所积累的经验，设计构建系统建设的总体框架，主要包括采集及传输层、数据服务层、业务应用层、用户层等组成部分，如图9.5所示。

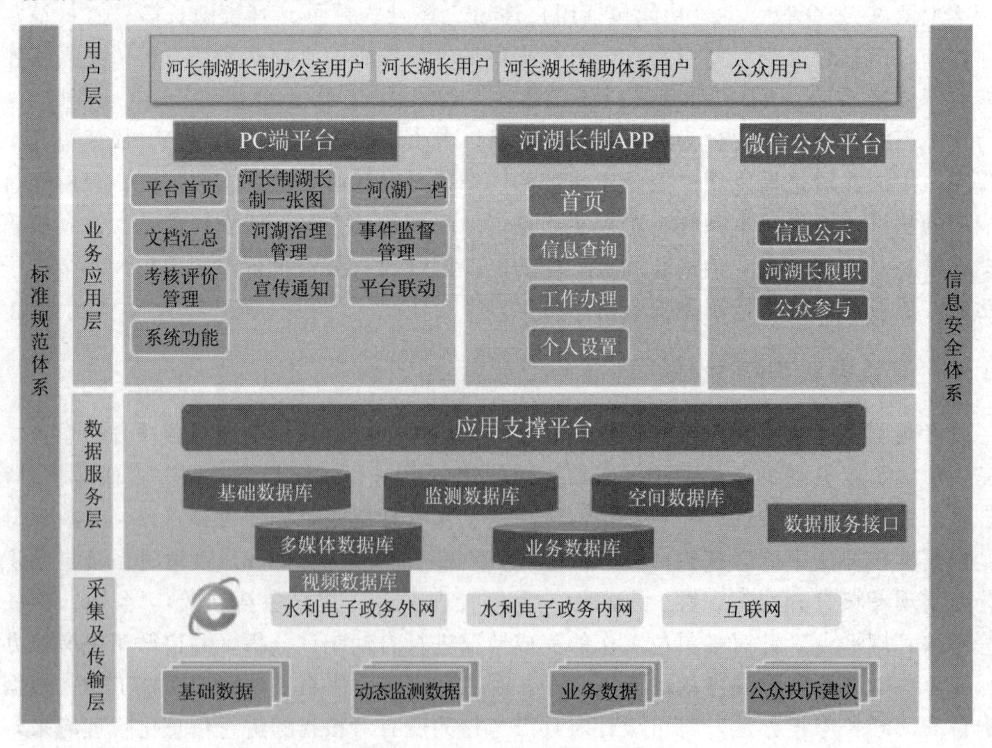

图9.5　系统建设的总体框架

1. 采集及传输层建设

采集及传输层是河长制湖长制实现信息化管理的基础数据支撑，将依托相关标准规范实现各类数据的采集，主要包括基础数据、动态监测数据、业务数据和公众投诉建议等，同时依托水利电子政务外网、水利电子政务内网和互联网快速实时地传输到数据层的数据库系统，为业务应用提供数据支持。

2. 数据服务层建设

数据服务层是整个系统的数据支撑，各个应用系统围绕数据库提供信息服务。数据库包括基础数据库、监测数据库、空间数据库、多媒体数据库和业务数据库。同时具有与其他信息平台进行数据交换的数据服务接口，以及为应用提供 GIS、权限设置等数据支撑服务的应用支撑平台。

3. 业务应用层建设

业务应用层主要包括河长制湖长制信息化管理涉及的相关业务应用系统，主要包括 PC 端平台、河长制湖长制 APP 和微信公众平台三方面。

（1）PC 端平台。河长制湖长制 PC 端平台主要包括平台首页、河长制湖长制一张图、一河（湖）一档、文档汇总、河湖治理管理、事件监督管理、考核评价管理、宣传通知、平台联动、系统功能等，为各级河湖长、河长湖长办提供河长制湖长制涉及的河段信息、水域信息、重点项目等信息查询服务及业务办公流程服务。

（2）河湖长制 APP。河长制湖长制 APP 主要包括首页、信息查询、工作办理、个人设置等功能，为各级河长湖长提供移动办公服务。

（3）微信公众平台。微信公众平台主要包括信息公示、河长湖长履职、公众参与三个一级菜单，以及河湖信息、河长湖长治水、微信举报等二级菜单。

4. 用户层建设

用户层主要包括河长制湖长制办公室用户、河长湖长用户、河长湖长辅助体系用户、公众用户四个方面。

河长制湖长制办公室用户包括区五水办领导、区五水办管理人员等。河长湖长用户主要包括省、市、县（区）、乡镇（街道）、村五级河湖长等。

河长湖长辅助体系用户主要包括保洁员、负责河道问题处理及推进重点项目的业务部门、河道治理任务重的水域配备的河湖警长等。

公众用户包括民间河湖长、企业河长湖长、志愿者、投诉建议的公众等。

9.4.2 系统集成设计方案

9.4.2.1 软件系统体系结构

系统基于 B/S 形式开发，结合 GIS 电子地图技术，采用组件化技术构建。

用户可通过多种主流客户端访问本平台，包括 IE、chrome、Firefox 等，以及采用 HTML5 技术的客户端。

系统建设过程中考虑了跨多业务系统体系结构，支持同已经存在的业务系统数据对接。

系统中各子模块之间的数据交换，统一通过数据库完成。

9.4.2.2 系统集成开发工具

软件系统开发语言选用先进、成熟编程语言JAVA进行开发，采用统一的MyEclipse作为集成开发平台。MyEclipse通过提供一个统一的集成开发环境及工具，为JAVA开发提供了便捷方式，大大提高了开发者的效率；集成了多种语言支持，简化了服务器端的开发，提供了高效创建和使用网络服务的方法。

9.4.2.3 数据库软件

从数据管理软件发展来看，关系型数据库已经成为数据库的主流，其并发操作、查询能力都相当成熟，尤其对大数据量的管理具有相当的优势。本系统中数据量较大，宜采用大型关系型数据库。目前应用比较广泛且较成熟的大型关系型数据是SQLServer，因此采用MSSQLServer数据库管理软件。

9.4.2.4 功能及界面集成

1. 功能集成

功能集成是将系统的功能通过动态库、COM组件或编写接口程序等方式进行实现，功能集成的集成点存于程序代码中，集成处可能只需简单地使用公开的API就可以访问，当然也可能需要添加附加的代码来实现。功能集成也是黑盒集成，本次系统建设需要进行集成的功能包括水雨情信息查询、工程运行实时监控、工程运行历史统计分析、工程基础信息管理等。

实现功能集成借助于以下几种方法：

(1) 远程过程调用（PRC)。

(2) 分布式对象技术。

(3) 事务处理监控器（TPM)。

2. 界面集成

界面集成是实现系统建设的重要组成部分，考虑到系统通常包括PC端（WEB界面)、移动端（Android、iOS系统)、微信公众号不同平台开发与应用，界面集成设计的好坏直接影响到平台的使用和实施，因此这部分整合是本平台首先要解决的问题。对于用户来说，在水利工作中因工作范围的需要往往要使用多种应用软件，这样就因不同软件之间操作习惯不同而使用户不能集中精力进行工作。因此使用统一的、通用的操作界面是界面整合首先解决的问题。

平台采用主流浏览器的方式实现界面的统一管理，既能将各个系统的功能集中在统一的浏览器中进行操作，具有统一操作规范、用户无需安装、升级维护方便等特点，又能在页面中模拟实时监控的操作画面和数据表示方式，与原系统无缝结合，满足用户原有使用习惯。

9.4.2.5 接口集成

接口提供了不同系统之间或者系统不同组件之间的界定，在软件中接口提供了一个屏障，从而从实现中分离目标，从具体中分离抽象，从作业中分离用户。

1. 用户接口

目前不对用户提供的命令和它们的语法结构进行说明，但是关于用户命令应该遵循以下的一些原则：

1）用户命令应该尽量使用界面实现，不用命令行。

2）命令的语法结构应该简单，并尽量提供默认值。

3）尽量少用或者不用用户命令。

2. 内部接口

业务应用平台各系统直接的接口是内部接口，包括类的继承、实现、聚合关系等，以及各个系统之间如何进行数据交换和共享，内部接口中包括信息发布使用的数据库接口。

3. 外部接口

外部接口包括提供平台与其他部门各业务专项应用项目的接口、与负责向本平台提供数据的政府部门接口等。

4. 预留接口

本平台的建设提供 Web Service 的接口方式进行平台的平行扩展，预留备用的接口，以供未来新的信息化系统的集成设计。

一般包括三类操作的接口：

读取数据，提供可以检索数据的方法，由调用的系统传入检索参数，返回 dataset 或者 xml。

写入数据，由调用的系统传入新数据的参数，然后增加相应新记录。

执行动作，接到调用请求后，执行响应的操作。

9.4.2.6 质量控制

（1）要求系统平台具备良好兼容性和开放性。

（2）根据使用的功能不同，将用户划分为不同角色和权限。

（3）根据地理信息数据库建设的有关规范对数字图形数据合理分层，不同类别、不同要素的空间信息需要分布在不同的数据层面上，做到逻辑清楚、结构清晰，显示直观简洁。

（4）新建业务数据库需符合标准、统一、完整要求。

（5）为保证系统的可扩展性，系统设计时应预留交换和共享接口。

（6）要求内容全面丰富，网页栏目清晰、内容布局合理，应用服务层级满足少于或等于三次点击操作即可获取相关信息，页面美观、简洁、大方。

（7）访问高效，既能够提供高速度的访问响应，同时界面友好易用，方便用户查找浏览相关信息。

（8）支持大量用户的突发性同时访问，例如网站能够承受大量用户在某个时间（段）内的网页点击。

（9）安全可靠，能有效防止来自于网络的各种恶意攻击，防止病毒入侵和传播。

（10）运行维护简单，提供程序化和模块化的配置管理。

9.4.3 系统安全体系设计技术

9.4.3.1 系统安全

1. 物理安全性

主机系统运行的物理环境是保证安全的前提。机房内的温度、湿度、防震、防磁必须符合机房环境国家有关标准的要求，同时机房的防火、防盗措施也必须相当严整，尽可能杜绝意外的灾害性事故对系统可能造成的损失。

2. 操作系统安全性

口令技术是一种简单有效的资格审查技术，它以口令作为鉴别依据，通过核对口令来证实用户身份。口令安全性可以采用如下一些方式：口令不允许输出，即不在屏幕上显示输入的口令；口令进行加密，口令在系统内以密文表示；口令有期限，超过一定期限则必须输入新口令，旧口令不能重复使用；口令输入限定时间、限定次数，超过限定则不接受输入的口令：口令不能为空。

对于从远程外部网进入系统进行管理的情况要尽量避免，实在必要时可采用一次性密码，以使网络黑客偷听到密码也无法用来进入系统。

服务管理中的第一点是关闭不必要的服务，对于没有必要提供的服务要尽量关闭，以免成为他人攻击系统的途径。第二点是正确配置服务，很多的安全漏洞是由于对服务的配置不正确而造成的。对 DNS、Web Server、匿名 FTP 等的配置应充分注意安全形漏洞。

9.4.3.2 网络安全

在本系统中，可以通过若干不同的途径来保障网络的安全性，如可以在网络的访问级实现对用户的身份进行确认，也可以在网络上实施基于每个具体应用端口的安全性措施。所有这些安全性措施对应于网络中的进行确认，也可以在网络上实施基于每个具体应用端口的安全性措施。所有这些安全性措施对应于网络中的不同应用和不同层次，可以根据具体需要灵活采用，也可以同时采用多种安全性措施以实现多级安全性。在网络中，防火墙是指一类逻辑障碍，用以防止一些不希望的类型分组扩散。路由器经常是防火墙技术的关键所在。防火墙对网络访问进行限制的手段有两类：一类是网络隔断；另一类是包过滤。

考虑本系统的实际，其过滤表可基于以下匹配模式来设计：IP 地址、MAC 地址、TCP 端口号、UDP 端口号、主机域名、网段等。例如，只允许合法的 IP 地址通过，而屏蔽含非法 IP 地址的数据包，只允许特定的端口号（即具体的服务）通过，而屏蔽含非法端口号的数据包等。

9.4.3.3 应用安全

一个信息系统的安全性由多种因素决定，除了上述的主机系统、操作系统、数据库系统、网络系统等的安全性考虑之外，应用系统的安全性也是非常重要的，在应用系统设计中主要考虑如下的一些安全性措施。

1. 数据加密处理

设计中将对关键敏感信息（如用户口令等）进行加密处理，尤其是在外网上的应用，其关键数据将被加密之后再送入数据库中，保证数据库层面没有关键敏感信息的明码保存，保证在数据库存储层的安全性。

2. 权限控制

将所有应用逻辑都集成在中间应用服务器层，通过严格的权限控制进行数据存取。权限控制的另一个方面是应用系统的授权使用，将保证用户所需要的服务，均在用户身份认证库进行校验，并根据执行权限进行控制。

3. 日志和安全审计

所有用户访问记录将记载在中心服务器，供系统管理员备查。在系统中提供安全审计工作，安全审计主要记录用户操作行为的过程，用来识别和防止网络攻击行为、追查网络泄密行为并用于电子举证的重要手段，对用户的越权访问进行预警。

4. 事务处理技术

充分应用数据库系统提供的事务处理技术，保证数据库中数据的完整性、一致性。

9.4.3.4 管理安全

计算机系统的安全问题从来不是单纯的技术问题，同时也是管理问题。有效地把安全问题落实到实处，设计、建立一套完备的安全管理体制。从组织上、措施上、制度上为本系统提供强有力的安全保证。安全管理制度包括领导责任制度、各项安全设备操作使用规则制度、岗位责任制度、报告制度、应急预备制度、安全审计和内部评估制度、档案和物资管理制度、培训考核制度和奖惩制度等。

附　录

主要术语和定义

（1）用水定额　Water Consumption Norm

每计量单位需作用的新鲜水量。

（2）农作物净灌溉定额　Net Irrigation Quota for Crops

在农作物播插前及全生长期内为保证农作物正常生长所必需的田间灌水量之和。

（3）灌溉水利用系数　Utilization Coefficient of Irrigation Water

灌入田间可被作物利用的水量与渠首引进的总水量的比值。

（4）灌溉保证率　Probability of Irrigation

在多年运行中，灌区用水量能得到充分满足的几率，一般以正常供水或供水不破坏的年数占总年数的百分数表示。

（5）工业产品用水定额　Water Duty Determination of Industry

针对用水核算单位制定的，以生产工业产品的单位产量为核算单元的合理取用常规水资源的新鲜水量。

（6）水质监测　Water Monitoring

监视和测定水体中污染物的种类、各类污染物的浓度及变化趋势，评价水质状况的过程。

（7）地下水　Ground Water

地下水是指赋存于地面以下岩石空隙中的水，狭义上是指地下水面以下饱和含水层中的水。

（8）水功能区　Water Function Zone

为满足人类对水资源合理开发、利用、节约和保护的需求，根据水资源的自然条件和开发利用现状，按照流域综合规划、水资源保护和经济社会发展要求，依其主导功能划定范围并执行相应水环境质量标准的水域。

（9）应急水源　Emergency Water Source

解决突发性水源污染、咸潮、季节性排污等水源水质安全问题而建设，以提高城市供水安全性和应对供水风险的能力为目标，并具备与现有水源切换运行条件的水源。

（10）备用水源　Backup Water Source

以解决特枯年份水源短缺、周期性断流等水源水量不足问题，以提高城市供水保证率为目标而建设的水源。

(11) 用水效率　Water - Use Efficiency

用水效率是指在特定的范围内，水资源有效投入和初始总的水资源投入量之比。

(12) 用水总量　Total Water Use

用水总量是指用水户所使用的水量总和，通常是由供水单位提供，也可以是由用水户直接从江河、湖泊、水库（塘）或地下取水获得。

(13) 地表水　Surface Water

地表水是指陆地表面上动态水和静态水的总称，亦称陆地水，包括各种液态的和固态的水体，主要有河流、湖泊、沼泽、冰川、冰盖等。

(14) 节水型社会　A Water - Saving Society

节水型社会是指主要通过制度建设，注重对生产关系的变革，形成以经济手段为主的节水机制。通过生产关系的变革进一步推动经济增长方式的转变，推动整个社会走上资源节约和环境友好的道路。

(15) 合同节水管理　Contract Water Conservation Management

合同节水管理创造性总结出“募集社会资本＋集成先进适用节水技术＋对目标项目进行节水技术改造＋建立长效节水管理机制＋分享节水效益”的新型市场化商业模式。其实质是募集资本，先期投入节水改造，用获得的节水效益支付节水改造全部成本，分享节水效益，实现多方共赢，实现可观的生态、经济、社会综合效益。

(16) 纳污能力　Decontamination Capability

纳污能力指区域环境最大自净能力下，所能够容纳的最大污染物的量。主要指单一环境，在保障水质满足功能区要求的条件下，水体所能容纳的污染物的最大数量。

(17) 限排总量　Total Quantity Limited

限排总量是指按纳污能力与污染物现状入河量综合确定的排放量。

(18) 序批式活性污泥法　sequencing batch reactor activated sludge process，SBR

在同一反应池（器）中，按时间顺序由进水、曝气、沉淀、排水和待机五个基本工序组成的活性污泥污水处理方法，简称 SBR 法。其主要变形工艺包括循环式活性污泥工艺（CASS 或 CAST 工艺）、连续和间歇曝气工艺（DAT - IAT 工艺）、交替式内循环活性污泥工艺（ AICS 工艺）等。

(19) 上流式厌氧污泥床法　up - flow anaerobic sludge bed/blanket，UASB

废水通过布水装置依次进入底部的污泥层和中上部污泥悬浮区，与其中的厌氧微生物进行反应生成沼气，气、液、固混合液通过上部三相分离器进行分离，污泥回落到污泥悬浮区，分离后废水排出系统，同时回收产生沼气的厌氧反应器（简称 UASB 反应器）。

(20) 厌氧-缺氧-好氧活性污泥法　anaerobic - anoxic - aerobic activated sludge process，A^2/O

通过厌氧区、缺氧区和好氧区的各种组合以及不同的污泥回流方式来去除水中有机污染物和氮、磷等的活性污泥法污水处理方法，简称 A^2O 法。主要变形有改良厌氧缺氧好氧活性污泥法、厌氧缺氧好氧活性污泥法、缺氧厌氧缺氧好氧活性污泥法等。

(21) 膜生物反应器生化处理法　membrane bioreactor，MBR

膜生物反应器是由膜分离和生物处理结合而成的一种新型、高效污水处理技术。

(22) 亚表层渗滤技术　Subsurface percolation technique

利用自然生态系统中土壤—基质—植物微生物系统的自我调控机制和物质的生物地球化学循环原理，通过在土壤亚表构建地下贮水层，并在亚表层构建基质材料过滤层。

(23) 生态保护红线　Ecological red line

生态保护红线指依法在重点生态功能区、生态环境敏感区和脆弱区等区域划定的严格管控边界，是国家和区域生态安全的底线。

(24) 河岸生态保护蓝线　Riverbank ecological blue line

河岸生态保护蓝线是指在河岸划定一定区域作为河流生态空间管制界限。

(25) 河势　River regime

河势是指河道水流的平面形式及发展趋势。包括河道水流动力轴线的位置、走向以及河弯、岸线和沙洲、心滩等分布与变化的趋势。河势演变主要是指河道水流平面形式的变化。

(26) 河口演变　Estuary evolution

河口演变指河口水流或外海海平面变化引起河口河床的变迁过程。

(27) 饮用水水源保护区　Drinking water source protection area

饮用水水源保护区指为防止饮用水水源地污染、保证水源水质而划定，并要求加以特殊保护的一定范围的水域和陆域。饮用水水源保护区分为一级保护区和二级保护区，必要时可在保护区外划分准保护区。

(28) 饮用水水源地　Drinking water source

提供居民生活及公共服务用水的取水水域和密切相关的陆域。

(29) 集中式饮用水水源地　Centralized drinking water source

进入输水管网送到用户和具有一定取水规模（供水人口一般大于1000人）的在用、备用和规划水源地。依据取水区域不同，集中式饮用水水源地可分为地表水饮用水水源地和地下水饮用水水源地；依据取水口所在水体类型的不同，地表水饮用水水源地可分为河流型饮用水水源地和湖泊、水库型饮用水水源地。

(30) 饮用水水源一级保护区　Primary protected area of drinking water source

以取水口（井）为中心，为防止人为活动对取水口的直接污染，确保取水口水质安全而划定需加以严格限制的核心区域。

(31) 饮用水水源二级保护区　Secondary protected area of drinking water source

在一级保护区之外，为防止污染源对饮用水水源水质的直接影响，保证饮用水水源一级保护区水质而划定，需加以严格控制的重点区域。

(32) 饮用水水源准保护区　Quasi protected area of drinking water source

依据需要，在饮用水水源二级保护区之外，为涵养水源、控制污染源对饮用水水源水质的影响，保证饮用水水源二级保护区的水质而划定，需实施水污染物总量控制和生态保护的区域。

(33) 风险源　Risk source

可能向饮用水水源地释放有毒有害物质，造成饮用水水源水质恶化的污染源，包括但不限于工矿企业、事业单位以及运输石化、化工产品的管线、规模化畜禽养殖等点源；运输危险化学品、危险废物及其他影响饮用水源安全物质的车辆、船舶等流动源；有可能对水源地水质造成影响的无固定污染排放点的分散式畜禽养殖和水产养殖污水等非点源。

（34）潮汐河段　Tidal reach

潮汐河段指河口地区河流中受潮汐影响明显的河段。

（35）潜水　Submerged groundwater

地表以下第一个稳定隔水层以上，具有自由水面的地下水。

（36）承压水　Confined groundwater

充满两个连续稳定隔水层之间含水层中的地下水。

（37）孔隙水　Pore water

赋存并运移于松散沉积物颗粒间孔隙中的地下水。

（38）裂隙水　Fissure water

赋存并运移于岩石裂隙中的地下水。

（39）岩溶水　Karst water

赋存并运移于岩溶化岩层中的地下水。

（40）预警监控　Early warning monitoring

利用特定监测断面，选择特定指标，采用自动（在线）检测方式，监控水源水质变化情况及趋势，为风险防控提供决策信息的一种手段。

（41）风险评估　Risk assessment

因饮用水水源地所在区域污染源的非正常排放或自然过程对水源水质、水量可能造成破坏的环境风险进行的量化评估。

（42）水生态安全　Water ecological security

在一定的技术条件下，水生态系统的健康和完整情况。

（43）水生态环境质量　Water ecological environment quality

以生态学理论为基础，在特定的时间和空间范围内，水体不同尺度生态系统的组成要素总的性质及变化状态。

（44）生态需水　Ecological water requirement

将生态系统结构、功能和生态工程维持在一定水平所需要的水量，指一定生态保护目标对应的生态系统对水量的需求。

（45）单因子评价　Single factor evaluation

取某一评价因子的多次监测的极值或平均值，与该因子的标准值相比较。

（46）生态安全　Ecology security

生态安全是指生态系统的健康和完整情况。是人类在生产、生活和健康等方面不受生态破坏与环境污染等影响的保障程度，包括饮用水与食物安全、空气质量与绿色环境等基本要素。健康的生态系统是稳定的和可持续的，在时间上能够维持它的组织结构和自治，以及保持对胁迫的恢复力。反之，不健康的生态系统，是功能不完全或不正常的生态系统，其安全状况则处于受威胁之中。

（47）层次分析法　Analytic hierarchy process

层次分析法简称AHP，是指将与决策总是有关的元素分解成目标、准则、方案等层次，在此基础之上进行定性和定量分析的决策方法。

(48) 吞吐型湖泊　Huff and puff river

吞吐型湖泊指既有河流流出或流入的湖泊。湖水流动的主导因素是进出水动力，一般“吞吐性湖泊”的换水周期较短，湖泊容积不是很大。

(49) 闭口型湖泊　Closed river

闭口型湖泊又称不排水湖、不流通湖、无出流湖、死水湖，是指湖水不能通过河流向外排泄的湖泊。

(50) 生态基流　Ecological base - flow

生态基流指下游生态所依赖的上游河流水文基本流量。

(51) 湖泊富营养化　Lake eutrophication

湖泊富营养化是一种氮、磷等植物营养物质含量过多所引起的水质污染现象。在自然条件下，随着河流夹带冲积物和水生生物残骸在湖底的不断沉降淤积，湖泊会从平营养湖过渡为富营养湖。

(52) 截洪沟　Flood intercepting trench

截洪沟就是一条在下雨时截留从坡头流下的雨水，将夹杂泥沙的水引往别处的引水渠。作用就是为了截留从坡头流下的雨水。

(53) 生物砂滤　Bio - sand filter

生物砂滤是一种将传统的过滤技术与微生物技术合二为一的新型过滤工艺，由生物膜和石英砂滤料组合而成，它可以起过滤作用，既能满足常规过滤技术对浊度和色度的去除要求，同时又能去除原水中微量有机污染物、氨氮、铁、锰等物质。

(54) 滤食性动物　Filter feeder

滤食性动物是以过滤方式摄食水中浮游生物的动物；包括主动滤食者和被动滤食者两类。

(55) 氧化塘　The oxidation pond

氧化塘是一种利用天然净化能力对污水进行处理的构筑物的总称。其净化过程与自然水体的自净过程相似。通常是将土地进行适当的人工修整，建成池塘，并设置围堤和防渗层，依靠塘内生长的微生物来处理污水。主要利用菌藻的共同作用处理废水中的有机污染物。

(56) 海绵城市　The Sponge City

新一代城市雨洪管理概念，也可称之为“水弹性城市”。国际通用术语为“低影响开发雨水系统构建”。下雨时吸水、蓄水、渗水、净水，需要时将蓄存的水“释放”并加以利用。

(57) 水源涵养　Water conservation area

水源涵养是指养护水资源的举措。一般可以通过恢复植被、建设水源涵养区达到控制土壤沙化、降低水土流失的目的。

(58) 前置库　Pretank

前置库就是在大型河湖、水库等水域的入水口处设置规模相对较小的水域（子库），将河道来水先蓄在子库内，在子库中实施一系列水的净化措施，同时沉淀污水挟带的泥沙、悬浮物后再排入河湖、水库等水域（主库）。

(59) 后置库　Post library

后置库就是在大型河湖、水库等水域的出水口处设置规模相对较小的水域，将湖库出水先蓄在子库内，在子库中实施一系列水的净化措施，同时沉淀污水挟带的泥沙、悬浮物后再排入河道。

(60) 生物操纵　Biomanipulation

通过一系列湖泊中生物及其环境的操纵，促进一些对湖泊使用者有益的关系和结果，即藻类特别是蓝藻类的生物量的下降。换言之，生物操纵亦指以改善水质为目的的控制有机体自然种群的水生生物群落管理。

(61) 地统计插值方法　Geostatistical Method

地统计插值方法是一个方法集，用于估计尚未进行任何采样的位置的值以及评估这些估计的不确定性。

(62) 剩余产量模型　Surplus ycild model

剩余产量模型又称总产量模型和一般产量模型、综合产量模型、产量模型和平衡产量模型等。它是现代渔业资源评估与管理的主要理论模型之一，该模型是把总群和群体作为一个研究分析的单位，表明一个资源群体的持续产量、最大持续产量与捕捞努力量和资源群体大小之间的平衡关系。

(63) 声学多普勒流速剖面仪　Acoustic Doppler Current Profilers ，ADCP

ADCP是20世纪80年代初发展起来的一种测流设备。ADCP具有能直接测出断面的流速剖面，具有不扰动流场、测验历时短、测速范围大等特点。目前被用于海洋、河口的流场结构调查、流速和流量测验等。

(64) 化学需氧量　Chemical Oxygen Demand，COD

以化学方法测量水样中有机物被强氧化剂氧化时所消耗之氧的相当量，用以表示水中有机物量的多寡。

(65) 挥发性有机物　Volatile Organic Compounds ，VOCs

挥发性有机物是指常温下饱和蒸汽压大于70 Pa、常压下沸点在260℃以下的有机化合物，或在20℃条件下蒸汽压不小于10 Pa具有相应挥发性的全部有机化合物。

(66) 多光谱图像　Multispectral image

多光谱图像指包含很多带的图像，有时只有3个带（彩色图像就是一个例子），但有时有很多，甚至有上百个。每个带是一幅灰度图像，它表示根据用来产生该带的传感器的敏感度得到的场景亮度。在这样一幅图像中，每个像素都与一个由像素在不同带的数值串，即一个矢量相关。这个数串就被称为像素的光谱标记。

(67) 鲁棒性/抗变换性　Robustness

鲁棒性原是统计学中的一个专门术语，20世纪70年代初开始在控制理论的研究中流行起来，用以表征控制系统对特性或参数扰动的不敏感性。鉴于中文“鲁棒性”的词义不易被理解，“robustness”又被翻译成了语义更加易懂的“抗变换性”，“抗变换性”和“鲁棒性”在译文中经常互相通用。

(68) 遥感影像　Remote - sensing image

遥感影像是指记录各种地物电磁波大小的胶片或照片，主要分为航空像片和卫星相片。

(69) Fisher 线性判别分析　Linear Discriminant Analysis，LDA

对费舍尔的线性鉴别方法的归纳，这种方法使用统计学，模式识别和机器学习方法，试图找到两类物体或事件的特征的一个线性组合，以能够特征化或区分它们。

(70) 植被覆盖指数　NDVI

植被覆盖指数应用于检测植被生长状态、植被覆盖度和消除部分辐射误差等。

(71) SQL Server

由 Microsoft 开发和推广的关系数据库管理系统（DBMS)。

(72) ETL

英文 Extract - Transform - Load 的缩写，用来描述将数据从来源端经过抽取（extract)、交互转换（transform)、加载（load）至目的端的过程。

(73) FME

加拿大 Safe Software 公司开发的空间数据转换处理系统，它是完整的空间 ETL 解决方案。该方案基于 Open GIS 组织提出的新的数据转换理念"语义转换"，通过提供在转换过程中重构数据的功能，实现了超过 250 种不同空间数据格式（模型）之间的转换，为进行快速、高质量、多需求的数据转换应用提供了高效、可靠的手段。

(74) Web Services

基于网络的、分布式的模块化组件，它执行特定的任务，遵守具体的技术规范，这些规范使得 Web Service 能与其他兼容的组件进行交互操作。

(75) 域名系统　Domain Name System，DNS

因特网上作为域名和 IP 地址相互映射的一个分布式数据库，能够使用户更方便地访问互联网，而不用去记住能够被机器直接读取的 IP 数串。

(76) 匿名 FTP

匿名 FTP 是这样一种机制：用户可通过它连接到远程主机上，并从其下载文件，而无需成为其注册用户。

(77) MAC 地址　Media/Medium Access Control

MAC 译为媒体访问控制或称为物理地址、硬件地址，用来定义网络设备的位置。

(78) 用户数据报协议　User Datagram Protocol，UDP

开放式系统互联（Open System Interconnection，OSI）参考模型中一种无连接的传输层协议，提供面向事务的简单不可靠信息传送服务，IETF RFC 768 是 UDP 的正式规范。

(79) 传输控制协议　Transmission Control Protocol，TCP

一种面向连接的、可靠的、基于字节流的传输层通信协议，由 IETF 的 RFC793 定义。

(80) 岸线　Coastline

河湖水域水陆边界线一定范围的带状区域。

(81) 岸线功能　Function of coastline

河湖水域岸线具有防洪、水资源保护、交通航运保障、水环境改善、水生态修复、滨水生产和景观休闲利用等作用。

(82) 岸线功能区划 Function regionalization of coastline

根据岸线资源的自然和经济社会功能属性以及不同的要求，将岸线资源划分为不同类型的区段。岸线一级功能区分为岸线保护区、岸线保留区、岸线控制利用区和岸线开发利用区。

(83) 岸线边界 Boundary of coastline

河流、湖泊、水利工程等调查登记单元的外围界线。例如，一般无堤防的天然河湖以历史最高洪水位或设计洪水位为界，有堤防的河湖或水利工程以堤防、库坝外坡脚为界。

(84) 岸线控制线 Shoreline control line

为加强岸线资源的保护和合理开发利用，沿河道水流方向或湖泊沿岸周边划定的管理和保护的控制线。岸线控制线分为临水控制线和外缘控制线。

(85) 临水控制线 Waterside control line

为稳定河势、保障河道行洪安全和维护河流健康生命的基本要求，在河岸的临水一侧顺水流方向或湖泊沿岸周边临水一侧划定的管理控制线。

(86) 外缘控制线 Outer control line

岸线资源保护和管理的外缘边界线，一般以河（湖）堤防工程背水侧管理范围的外边线作为外缘控制线，对无堤段河道以设计洪水位与岸边的交界线作为外缘控制线。

(87) 感潮河段 Tidal reaches

河口至潮区界的河段即为感潮河段。

(88)“清四乱” Clean four disorderly

对乱占、乱采、乱堆、乱建等河湖管理保护突出问题进行清理整治。

(89) 生态护坡 Ecological protection of revetment

综合工程力学、土壤学、生态学和植物学等学科的基本知识对斜坡或边坡进行支护，形成由植物或工程和植物组成的综合护坡系统的护坡技术。开挖边坡形成以后，通过种植植物，利用植物与岩、土体的相互作用（根系锚固作用）对边坡表层进行防护、加固，使之既能满足对边坡表层稳定的要求，又能恢复被破坏的自然生态环境的护坡方式，是一种有效的护坡、固坡手段。

编制依据

(1)《城市防洪工程设计规范》(GB/T 50805—2012)

(2)《城市供水水质标准》(CJ/T 206—2005)

(3)《城镇污水处理厂污染物排放标准》(GB 18918—2002)

(4)《畜禽养殖业污染治理工程技术规范》(HJ 497—2009)

(5)《堤防工程设计规范》(GB 50286—2013)

(6)《地表水和污水监测技术规范》(HJ/T 91—2002)

(7)《地表水环境质量标准》(GB 3838—2002)

(8)《地下水环境监测技术规范》(HJ/T 164—2004)

(9)《地下水质量标准》(GB/T 14848—2017)

(10)《防洪标准》(GB 50201—2014)

(11)《福建省河流岸线规划技术大纲》(2016 年)

(12)《福建省人民政府关于进一步加强重要流域保护管理切实保障水安全的若干意见》(闽政〔2014〕27 号)

(13)《甘肃省水域岸线管理保护办法》(2018 年)

(14)《海洋保护区生态补偿评估技术导则》(201502068 - T)

(15)《河道建设规范》(DB 33T614—2016)

(16)《河道整治设计规范》(GB 50707—2011)

(17)《河湖生态需水评估导则》(SL/Z 479—2010)

(18)《河流生态保护与修复规划导则》(SL 709—2015)

(19)《河流水生态环境质量评价技术指南(试行)》(2014 年)

(20)《化肥施用环境安全技术导则》(HJ 555—2010)

(21)《环境影响评价技术导则 地表水环境》(HJ 2.3—2018)

(22)《环境影响评价技术导则 地下水环境》(HJ 610—2016)

(23)《集中式饮用水水源地规范化建设环境保护技术要求》(HJ 773—2015)

(24)《建设项目环境风险评价技术导则》(HJ 169—2018)

(25)《建设项目环境影响评价技术导则 总纲》(HJ 2.1—2016)

(26)《建设项目交通影响评价技术标准》(CJJT 141—2010)

(27)《江河流域规划编制规程》(SL 201—2015)

(28)《江苏省水利工程管理实例》(HJ/T 81—2001)

(29)《江苏省水资源管理条例》(GB 7959—87)

(30)《节水灌溉工程技术规范》(GB/T 50363—2018)

(31)《晋江市河道岸线及河岸生态保护蓝线规划》(2017 年)

(32)《膜生物法污水处理工程技术规范》(HJ 2010—2011)

(33)《南京长江岸线资源综合利用总体规划》(2012 年)

(34)《农村饮用水水源地环境保护技术指南》(HJ 2032—2013)

(35)《农用污泥中污染物控制标准》(GB 4284—2018)

(36)《全国河道(湖泊)岸线利用管理规划技术细则》(2008年)

(37)《人工湿地污水处理工程技术规范》(HJ 2005—2010)

(38)《升流式厌氧污泥床反应器污水处理工程技术规范》(HJ 2013—2012)

(39)《生活垃圾堆肥处理技术规范》(CJJ 52—2014)

(40)《生活饮用水卫生标准》(GB 5749—2006)

(41)《生态环境状况评价技术规范》(HJ 192—2015)

(42)《水土保持综合治理技术规范坡耕地治理技术》(GB/T 16453.1—2008)

(43)《水文基本术语和符号标准》(GB/T 50095—2014)

(44)《水资源保护规划编制规程》(SL 613—2013)

(45)《水资源评价导则》(SL/T 238—1999)

(46)《太湖流域综合规划(2012—2030)》(2013年)

(47)《土地开发整理项目规划设计规范》(TD/T 1012—2000)

(48)《屋面工程技术规范》(GB 50345—2012)

(49)《序批式活性污泥法污水处理工程技术规范》(HJ 577—2010)

(50)《厌氧-缺氧-好氧活性污泥法污水处理工程技术规范》(HJ 576—2010)

(51)《饮用水水源保护区划分技术规范》(HJ 338—2018)

(52)《长江岸线保护和开发利用总体规划》(2016年)

(53)《浙江省河湖"清四乱"专项行动实施方案》(2018年)

(54)《浙江省河湖水域岸线管理保护规划技术导则》(2017年)

(55)《中华人民共和国防洪法》(2016年)

(56)《中华人民共和国河道管理条例》(2017年修正)

(57)《中华人民共和国环境保护法》(2014年修订)

(58)《中华人民共和国水法》(2016年修订)

(59)《中华人民共和国水土保持法》(2010年修订)

(60)《中华人民共和国水污染防治法》(2017年修订)

(61)《地表水自动监测技术规范(试行)》(HJ 915—2017)

(62)广东省水利厅《广东省河湖及水利工程界桩、标示牌技术标准》(粤水建管函〔2016〕1292号)

(63)国家环保总局《关于开展生态补偿试点工作的指导意见》(环发〔2007〕130号)

(64)国家环境保护局 卫生部 建设部 水利部 地矿部《饮用水水源保护区污染防治管理规定》(〔89〕环管字第201号)

(65)国务院《关于实行最严格水资源管理制度的意见》(国发〔2012〕3号)

(66)国务院《关于印发水污染防治行动计划的通知》(国发〔2015〕17号)

(67)国务院《取水许可制度实施办法》(中华人民共和国国务院令 第119号)

(68)国务院办公厅《实行最严格水资源管理制度考核办法》(国办发〔2013〕2号)

(69)环保部 发展改革委 水利部《关于印发〈长江经济带生态环境保护规划〉的通知》(环规财〔2017〕88号)

(70) 环保部《生态保护红线划定技术指南》(环发〔2015〕56号)

(71) 建设部《城市居民生活用水量标准》(建设部公告〔2002〕60号)

(72) 江苏省人民政府《关于印发江苏省主体功能区规划的通知》(苏政发〔2014〕20号)

(73) 江苏省人民政府《江苏省国家级生态保护红线规划》(苏政发〔2018〕74号)

(74) 江苏省人民政府《江苏省生态红线区域保护规划》(苏政发〔2013〕113号)

(75) 江苏省委办公厅　政府办公厅《关于在江苏全省全面推行河长制的实施意见》(2017)

(76)《浙江省2017年度河长制长效机制考评细则》(2017)

(77) 南京市人民政府《南京市关于推进可持续发展的实施意见》(宁政发〔2013〕142号)

(78) 水利部 环境保护部《贯彻落实〈关于全面推行河长制的意见〉实施方案》(水建管函〔2016〕449号)

(79) 水利部《"一河(湖)一策"方案编制指南(试行)》(办建管函〔2017〕1071号)

(80) 水利部《"一河(湖)一档"建立指南(试行)》(办建管函〔2018〕360号)

(81) 水利部《关于加强河湖管理工作的指导意见》(水建管〔2014〕76号)

(82) 水利部《关于在湖泊实施湖长制的指导意见》(水建管〔2018〕23号)

(83) 水利部《河道管理范围内建设项目防洪评价报告编制导则(试行)》(办建管〔2004〕109号)

(84) 水利部《水功能区监督管理办法》(水资源〔2017〕101号)

(85) 水利部办公厅 环保部办公厅《关于建立河长制工作进展情况信息报送制度的通知》(办建管函〔2017〕18号)

(86) 水利部办公厅 生态环境部办公厅《关于印发全面推行河长制湖长制总结评估工作方案的通知》(办河湖函〔2018〕1509号)

(87) 水利部办公厅《关于加强全面推行河长制工作制度建设的通知》(办建管函〔2017〕544号)

(88) 水利部办公厅《关于明确全面建立河长制总体要求的函》(办建管函〔2017〕1047号)

(89) 水利部办公厅《关于实施乡村振兴战略加强农村河湖管理的通知》(2018)

(90) 水利部办公厅《全面推行河长制工作督导检查制度的函》(办建管函〔2017〕102号)

(91) 苏州市人民政府《市政府印发关于调整生态补偿政策的意见的通知》(苏府〔2016〕114号)

(92) 浙江省"五水共治"(河长制)工作挂牌督办办法(试行)(2017)

(93) 浙江省人民代表大会常务委员会《浙江省河长制规定》(浙江省人民代表大会常务委员会公告第60号)

(94) 浙江省人民政府《关于进一步完善生态补偿机制的若干意见》(浙政发〔2005〕44号)

(95) 浙江省治水办《浙江省"一河(湖)一策"编制指南(试行)》(浙治水办发

〔2017〕26 号）

（96）浙江省治水办《浙江省河长制管理信息化建设导则》（浙治水办发〔2017〕31 号）

（97）中共广兴镇委员会《广兴镇河长制湖长制工作提示约谈通报制度》（2018）

（98）中共中央 国务院《关于加快推进生态文明建设的意见》（2015）

（99）中共中央 国务院《关于加快水利改革发展的决定》（中发〔2011〕1 号）

（100）中共中央办公厅 国务院办公厅《党政领导干部生态环境损害责任追究办法（试行）》（2015）

（101）中共中央办公厅 国务院办公厅《关于全面推行河长制的意见》（厅字〔2016〕42 号）

（102）中共中央办公厅 国务院办公厅《关于在湖泊实施湖长制的指导意见》（厅字〔2017〕51 号）

（103）中共中央办公厅 国务院办公厅《生态文明建设目标评价考核办法》（2016）

（104）中国环境监测站《湖泊（水库）富营养化评价方法及分级技术规定》（总站生字〔2001〕090 号）

（105）中华人民共和国住房和城乡建设部《海绵城市建设技术指南——低影响开发雨水系统构建（试行）》（建城函〔2014〕275 号）